Sanatan Kulshrestha

Negociação da aquisição de nanotecnologias na Índia

Sanatan Kulshrestha

Negociação da aquisição de nanotecnologias na Índia

ScienciaScripts

Cover image: www.ingimage.com

This book is a translation from the original published under ISBN 978-3-659-85076-9.

Publisher:
Sciencia Scripts
is a trademark of
Dodo Books Indian Ocean Ltd. and OmniScriptum S.R.L publishing group

120 High Road, East Finchley, London, N2 9ED, United Kingdom
Str. Armeneasca 28/1, office 1, Chisinau MD-2012, Republic of Moldova, Europe
Printed at: see last page
ISBN: 978-620-3-19566-8

ÍNDICE

Reconhecimento

Este estudo deve muito às pessoas que entrevistei, com as quais mantive conversações ou que deram o seu imenso apoio e cooperação ao longo dos últimos quatro anos, de muitas formas. A lista é grande e não seria possível nomeá-las a todas; além disso, algumas preferem manter o anonimato. Pushpesh Pant pela sua imensa paciência, pelos seus conselhos inestimáveis e pelo seu apoio inabalável ao longo deste estudo. Pushpesh Pant pela sua imensa paciência, conselhos inestimáveis e apoio inabalável ao longo deste estudo. Tem sido o meu mentor desde meados de 2007 na Escola de Estudos Internacionais e prezo a nossa longa e frutuosa associação. Sem a sua ajuda, este estudo não teria atingido a sua forma atual. Estou também imensamente grato aos Professores C.S.R Murthy, Varun Sahni, Rajesh Rajagopalan e Swaran Singh pela sua orientação e apoio inestimável.

Ganhei imenso com as minhas discussões com o Dr. Vikram Kumar, o Dr. Ashutosh Sharma, o Dr. Murali Shastri, o Dr. S B Ogle, o Dr. Sundararajan, bem como com o Dr. B R Mehta e vários outros cientistas dos laboratórios IIT, TIFR e DRDO. Sendo uma tecnologia nascente, beneficiei do facto de testemunhar a sua evolução desde os laboratórios até aos centros de produção na Índia.

Devo também registar aqui a minha profunda gratidão pelo apoio incondicional dos meus colegas que, de tempos a tempos, me deram o seu apoio incondicional e me ajudaram a organizar reuniões e entrevistas com vários cientistas e industriais no domínio da nanotecnologia. Gostaria de agradecer os contributos dos meus muitos amigos que têm sido uma grande fonte de força ao longo dos últimos anos e de outros que não consegui nomear devido a limitações de espaço.

Finalmente, sem o apoio constante e inestimável da minha mulher Uma, os seus cuidados e muitos sacrifícios, esta tese não teria sido realizada. Ela está muito feliz pelo facto de o estudo ter sido finalmente concluído. Estou-lhe sempre grato. As minhas duas filhas, Prajna e Preetika, têm sido uma fonte inesgotável de apoio e encorajamento nos meus esforços para concluir esta tarefa a tempo.

Esta tese é dedicada à memória dos meus pais, cujo amor e carinho foram sempre as minhas maiores fontes de força e que me moldaram para procurar e olhar para além do comum. A tese é também dedicada à memória do meu falecido irmão mais velho, que me inspirou e despertou em mim uma sede inesgotável de conhecimento.

No final, gostaria de reconhecer que o meu interesse pela nanotecnologia foi despoletado pela palestra histórica de Richard Feynman, por Engines of Creation de Eric Drexler, e temperado por Prey de Michael Crichton.

Acrónimos e abreviaturas

ACES	-	Advanced Catalytic Enzyme System
AMCHAM	-	American Chamber of Commerce
ARCI	-	Advanced Research Centre for Powder Metallurgy and New Materials
ARL	-	Army Research Laboratory
ASSOCHEM	-	The Associated Chambers of Commerce and Industry of India
CAS	-	Chinese Academy of Science
CBA	-	Center for Bits and Atoms
CBW	-	Chemical/Biological Warfare
CERL	-	Construction Engineering Research Laboratory
CII	-	Confederation of Indian Industries
CISD	-	Computational and Information Sciences Directorate
CoE	-	Centre of Excellence
CSIR	-	Council of Scientific and Industrial Research
CSP	-	Collaborative Signal Processing
CTBT	-	Comprehensive Test Ban Treaty
DAE	-	Department of Atomic Energy
DARPA	-	Defence Advanced Research Projects Agency
DBT	-	Department of Biotechnology
DIA	-	Defense Intelligence Agency
DIT	-	Department of Information Technology
DPSU	-	Defence Public Sector Unit
DRDO	-	Defence Research and Development Organisation
DSIR	-	Department of Scientific and Industrial Research

DST	-	Department of Science and Technology
EHS	-	Environmental, Health and Safety
EPO	-	European Patent Office
ERDC	-	Engineer Research Development Centre
EU	-	European Union
FCS	-	Future Combat Systems
FICCI	-	Federation of Indian Chambers of Commerce and Industry
GATT	-	General Agreement on Trade and Tariffs
GMOs	-	Genetically modified organisms
GMR	-	Giant Magneto Resistance
GOI	-	Government of India
ICAR	-	Indian Council of Agricultural Research
ICT	-	Information and communication technology
ICMR	-	Indian Council of Medical Research
IEEE	-	Institute of Electrical and Electronic Engineers
IFF	-	Identification Friend or Foe
IHE	-	Insensitive High Explosive
IIT	-	Indian Institute of Technology
ILO	-	International Labour Organization
IMF	-	International Monetary Fund
INUP	-	The Indian Nanoelectronics Users Programme
ITU	-	International Telecommunications Union
IVP	-	International Visitor Programs
MEMS	-	Microelectromechanical Systems
MNRE	-	Ministry of New and Renewable Energy

MNT	-	Molecular Nanotechnology
MoD	-	Ministry of Defence, India
MoEF	-	Ministry of Environment and Forest
MoHFW	-	Ministry of Health and Family Welfare
MSP	-	Multi-Sensor Probe
NAFTA	-	North Atlantic Free Trade Agreement
NESF	-	National Science Foundation
NIF	-	National Ignition facility
NNI	-	National Nanotechnology Initiative
NNSFC	-	National Natural Science Foundation Committee
NOMFET	-	Nanoparticle Organic Memory Field-Effect Transistor
NRC	-	National Research Council
NSSLS	-	Nano Sized Self-assembled Liquid Structures
NSTI	-	Nanoscience and Technology Initative
NSTM	-	Nanoscience and Technology Mission
NT	-	Nanotechnology
OFW	-	Objective Force Warrior
OHS	-	Occupational Health and Safety
PF	-	Personal Fabrication
PGM	-	Precision Guided Munitions
PV	-	Photvoltaic
R&D	-	Research and Development
RMA	-	Revolution in Military Affairs
RTA	-	Regional trade agreements
TABD	-	Trans-Atlantic Business Dialogue

TACOM	-	Tank Automotive & Armaments Command
TMR	-	Tunneling Magneto Resistance
TOT	-	Transfer of Technology
UAV	-	Unmanned Aerial Vehicle
USDA	-	United States Department of Agriculture
USTR	-	United States Trade Representative
VC	-	Venture Capital
WESEE	-	Weapons and Electronic Systems Engineering Establishment
WIPO	-	World Intellectual Property Organization
WTO	-	World Trade Organization

Capítulo 1

Introdução

O tema da minha dissertação "Negotiating Acquisition of Nanotechnology -A Study of the Indian Experience" suscitou muita curiosidade entre os distintos professores do departamento (DAD) da School of International Science, JNU. Durante as interações que conduziram à aprovação da sinopse, foram levantadas várias questões muito pertinentes, a começar por "de que trata esta tecnologia?"; "Esta tecnologia saiu dos laboratórios?"; "De que modo irá afetar as massas?"; "Será que isto se enquadra no âmbito do DAD/SIS?"; "Existe material de fonte aberta suficiente para o estudo?"; "Qual é a situação da Índia? E podem ser citados estudos de caso? Escusado será dizer que, após as deliberações, eu era muito mais sábio e mais claro quanto ao caminho a seguir do que era na fase inicial.

O conceito de nanotecnologia nasceu em 29 de dezembro de 1959, quando o Prémio Nobel Richard Feynman proferiu estas famosas palavras:

"Quero construir um bilião de pequenas fábricas, modelos umas das outras, que produzam simultaneamente. . . Os princípios da física, tanto quanto me é dado ver, não se opõem à possibilidade de manobrar as coisas átomo a átomo. Não se trata de uma tentativa de violar quaisquer leis; é algo que, em princípio, pode ser feito; mas, na prática, não foi feito porque somos demasiado grandes".

Com a sua palestra intitulada "There's Plenty of Room at the Bottom, An Invitation to Enter a New Field of Physics" (Há muito espaço no fundo, um convite para entrar num novo campo da física), na reunião anual da Sociedade Americana de Física, no Instituto de Tecnologia da Califórnia (Caltech), ele entusiasmou o mundo da física e abriu infinitas possibilidades de investigação e exploração. Em 1974, Norio Taniguchi introduziu o termo nanotecnologia quando afirmou que "a nanotecnologia consiste principalmente no processamento da separação, consolidação e deformação de materiais por um átomo ou uma molécula". Estava a falar da chamada abordagem "de cima para baixo" do fabrico relacionado com os processos de semicondutores. Em 1986, K Eric Drexler foi o responsável por dar à palavra nanotecnologia uma conotação muito mais ampla, quando definiu o termo do ponto de vista de um físico como "mecanossíntese em grande escala baseada no controlo posicional de moléculas quimicamente reactivas".

Desde então, as nanotecnologias evoluíram consideravelmente depressa e a investigação subjacente está agora a passar para produtos economicamente viáveis, como se pode aferir pelo aparecimento de três alianças, nomeadamente a Associação Europeia de Nanoempresas, o Fórum de Nanotecnologias Ásia-Pacífico e a Aliança de Nanoempresas dos EUA. Além disso, os laboratórios de todo o mundo estão a trabalhar em novas abordagens e em novas formas de aumentar a escala da nanotecnologia para níveis industriais.

As nanotecnologias representam uma das tecnologias emergentes de "plataforma" que podem proporcionar capacidades melhoradas muito necessárias para a defesa de um país. A natureza omnipresente da investigação em nanotecnologias e os importantes produtos previstos que influenciarão os futuros produtos industriais implicam a necessidade de nos centrarmos em áreas onde é provável que surjam preocupações de segurança. A vantagem económica parece ser uma área de grande ameaça na indústria, em que as nações e as multinacionais tentarão obter segredos empresariais para fins de progresso, quota de mercado ou lucros, etc. O risco ou ameaça neste caso é a espionagem industrial e a consequente proliferação descontrolada de tecnologias para obter ganhos monetários.

As nações vêem interesses estratégicos na nanotecnologia, na medida em que esperam estar numa posição de força para explorar as oportunidades que surgirão, quando a nanotecnologia começar a ter um impacto considerável na economia global. A situação atual foi descrita por Harper (2002) como uma "corrida ao armamento" global. Os interesses estratégicos em nanotecnologias, tanto de países grandes como pequenos, podem ser vistos nos níveis de investimento público em nanotecnologias. Hollister (2002) estima que existem atualmente 455 empresas públicas e privadas, 95 investidores e 271 instituições académicas e entidades governamentais que estão envolvidas nas aplicações a curto prazo das nanotecnologias a nível mundial. Mais notavelmente, a National Science Foundation (NSF) dos EUA prevê que o mercado total de produtos e serviços nanotecnológicos atingirá 1 bilião de dólares em 2015.

A segurança nacional envolve a proteção da nossa forma de governo e do nosso modo de vida contra ameaças internas e/ou externas e envolve a manutenção da estabilidade nas funções nacionais e internacionais, de modo a que a força violenta (ou uma ameaça de força) não seja utilizada para influenciar o discurso económico e social. Isto inclui não só a guerra aberta, mas também conflitos localizados, terrorismo e uma grande variedade de cenários de combate, bem como missões de manutenção da paz. Em grande medida, a segurança económica tem impacto na segurança de uma nação. O rápido declínio da competitividade industrial pode conduzir a grandes níveis de desemprego, agitação e a uma base para questões de segurança. É de importância vital manter uma vantagem competitiva envolvendo empresas consideradas importantes para a competitividade internacional. A manutenção de uma defesa forte tem sido uma componente fundamental da segurança nacional de todos os países. Uma pedra angular da postura de defesa dos EUA inclui a manutenção de um forte programa de I&D em ciência e tecnologia, a fim de dispor de tecnologias de ponta para o desenvolvimento atempado de armas, conforme necessário. Também no nosso caso, o governo articulou-o como um dos objectivos de segurança, declarando "Proteger o país contra restrições à transferência de material, equipamento e tecnologias que afectem a segurança da Índia, em especial a sua preparação para a defesa. Isto implica uma maior ênfase na investigação, no desenvolvimento e na produção internos para satisfazer as necessidades da nação". (Relatório anual do MOD, 2001-2002).

O estatuto internacional das nações que dominam primeiro as novas tecnologias pode subir, enquanto as nações demasiado empenhadas em processos industriais antigos ou em recursos extraídos podem ficar para trás. A redistribuição da força tecnológica mundial poderá resultar em realinhamentos da prosperidade e da influência mundiais. Estas alterações poderão resultar em mudanças na abordagem diplomática e nas alianças que afectam a estabilidade e a segurança nacionais e internacionais. Assim, os aspectos globais e nacionais da segurança devem ser considerados.

As tecnologias emergentes da nanociência podem vir a revelar-se disruptivas. As "tecnologias disruptivas" são aquelas que produzem novos produtos de novas formas e acabam por se tornar tão mais baratas e melhores que expulsam do mercado as tecnologias mais antigas. Terão implicações sociais que se estendem para além das suas aplicações funcionais e para os domínios da indústria e da economia. Determinadas empresas transformadoras, e talvez indústrias inteiras (por exemplo, petróleo, agricultura), poderão ser profundamente alteradas, ou mesmo reduzidas à insignificância. As redistribuições do poder económico podem levar a redistribuições correspondentes da influência política.

Verificamos que a emergência da nanotecnologia teria um impacto na segurança nacional das nações. O desejo de uma nação de emergir como beneficiária económica (ou líder) através de uma utilização rentável da nanotecnologia dependeria das suas capacidades diplomáticas e de negociação com outras nações para forjar relações complexas que protejam os seus interesses nacionais. A evolução desta indústria na Índia através de negociações durante o TOT, joint ventures/parcerias, etc., é suscetível de moldar as relações e alianças que a Índia partilha na arena global.

Por conseguinte, é importante estudar as caraterísticas salientes das negociações para a aquisição de nanotecnologias que tiveram lugar em vários domínios académicos, industriais e governamentais (DRDO/DPSU) na Índia.

Definição, justificação e âmbito do estudo

É interessante notar que a política científica e tecnológica dos EUA engloba: acesso às fronteiras da ciência, acesso ao talento científico, aumento do capital humano científico através da imigração, segurança através da equidade baseada na tecnologia, aproveitamento das capacidades científicas estrangeiras, diplomacia científica, apoio global a questões científicas globais e a ciência como um bem transacionável.

As capacidades de criar novas tecnologias e de adquirir e adaptar tecnologias, tanto de fontes externas como internas, são factores determinantes da capacidade de um país para competir com êxito. Dada a centralidade da tecnologia para o desenvolvimento económico e social e a necessidade de aquisição de tecnologia pelos países em desenvolvimento como meio de promover o desenvolvimento, é essencial que os países possam beneficiar da transferência e difusão de tecnologia. A transferência de tecnologia de fontes estrangeiras e de institutos de investigação internacionais e nacionais representa uma fonte potente de informação tecnológica, especialmente para os países em desenvolvimento. Os países em desenvolvimento expressaram repetidamente em fóruns internacionais o seu desejo de melhorar o acesso à tecnologia estrangeira e de reforçar as suas capacidades tecnológicas. Nas duas últimas décadas, foram incluídas disposições relativas à transferência de tecnologia em vários instrumentos internacionais. Essas disposições têm diferentes objectivos, âmbitos e modos de aplicação e financiamento, e estão sujeitas a diferentes termos e condições.

O crescimento consistente da economia indiana a uma taxa de 8-9% nos últimos anos deu origem a uma série de novos produtos nos mercados indianos. Muitas empresas indianas e multinacionais estão a tentar conquistar uma parte deste mercado potencial, inovando e melhorando os seus produtos através da expansão da sua I&D. O programa nacional de nanociência da Índia teve um lançamento tardio, e a sua Iniciativa de Nanociência e Tecnologia foi lançada em 2001, mas a utilização efectiva dos fundos só começou há cinco anos.

Para além do lançamento do NSTI, foram iniciados programas bilaterais de nanotecnologia com os Estados Unidos, a Alemanha, a União Europeia, Taiwan e Itália. Em colaboração com os Estados Unidos, o Japão, a Ucrânia, a Alemanha e a Rússia, foi criado um centro nacional de nanomateriais no Advanced Research Centre for Powder Metallurgy and New Materials (ARCI), em Hyderabad. O ARCI já transferiu quatro produtos para a indústria, incluindo um produto de utilidade social rural, "o filtro de água", baseado em nanopartículas de prata.

O Tata Group, a Mahindra & Mahindra, a Reliance e a Intel India investiram cerca de 250 milhões de dólares em nanotecnologia para melhorar produtos existentes e identificar produtos e actividades de geração futura. A Mahindra & Mahindra está a investir em tecnologias como para-brisas sem limpa para-brisas e películas nano-cerâmicas para vidros no segmento dos acessórios para automóveis. A Tata Chemical, no seu laboratório de I&D em Hyderabad, está a estudar o negócio da nanobiotecnologia, visando os fertilizantes de elevado valor. A Reliance também criou um centro de I&D em nanotecnologia. O total de colaborações nacionais e internacionais na indústria é de 17 e 28 e na I&D é de 45 e 77, respetivamente.

Neste contexto, o aparecimento da nanotecnologia constitui uma oportunidade única para estudar as principais caraterísticas das negociações efectuadas para a sua aquisição. O âmbito incluiria assim as negociações conduzidas pelas várias agências indianas, como as agências governamentais, a I&D, as PSU e a indústria privada, para a aquisição de nanotecnologias nas suas esferas de especialização/fabrico.

Problema de investigação e hipóteses

Quando uma nova tecnologia começa a tornar-se economicamente viável e está a ser adaptada ao tecido industrial de uma nação, as comunidades envolvem-se num processo de negociação entre si e com a sociedade envolvente, numa tentativa de legitimar e dar poder a diversos conjuntos de comunidades envolvidas. Isto, por sua vez, molda as políticas, leis, tarifas, etc. que regem a indústria emergente e a forma que esta assumirá numa determinada nação. Dependendo da rentabilidade da indústria, as nações negociariam e envolver-se-iam em diplomacia para obterem benefícios económicos ou de poder, tangíveis ou intangíveis, sobre outras. As alianças moldar-se-iam em conformidade e a contestação continuaria à medida que a indústria emergente se estabilizasse. Na Índia, temos sido os seguidores, uma vez que os desenvolvimentos no estrangeiro nos têm sido disponibilizados, aos custos (políticos, económicos ou outros) decididos pelos países desenvolvidos. No contexto indiano, valeria a pena estudar as negociações relativas à aquisição de nanotecnologias através de diferentes métodos (TOT/MOU/JV, etc.), uma vez que nos dá a oportunidade de as observar, à medida que passam dos laboratórios para a arena da produção comercial. Por sua vez, permitiria obter uma perspetiva ou uma linha de orientação sobre a forma como a indústria nanotecnológica é suscetível de tomar forma e como as negociações poderiam afetar o nosso posicionamento externo nos tempos vindouros.

Questões de investigação.

(i) Quais os factores que conduziram às negociações? Que plano/estratégia foi decidido quanto à forma como as negociações deveriam ser conduzidas/progressadas?

(ii) Foram tidas em conta as diferenças culturais e os valores culturais?

(iii) Quais eram as áreas de interesse comuns? Quais eram as áreas de conflito?

(iv) A negociação foi efectuada a partir de uma posição de força ou de fraqueza? (v) A rentabilidade foi a principal consideração no planeamento das negociações?

(vi) A negociação foi confiada exclusivamente a tecnólogos? Em caso afirmativo, porquê?

Hipóteses.

1. A parceria público-privada tem sido eficaz na aquisição de nanotecnologias na Índia.

2. As limitações de recursos materiais tornam necessário o desenvolvimento das nanotecnologias na Índia sob a direção do Estado.

Métodos de investigação

Proponho-me testar a hipótese através de estudos de casos do sector nascente da nanotecnologia. A vantagem de estudar o campo da nanotecnologia é que, embora os aspectos comerciais do campo ainda estejam em formação, a história pré-comercial do campo remonta a mais de 20 anos, permitindo tanto um estudo longitudinal como investigações em tempo real de categorizações e contestações através de entrevistas e observações etnográficas.

O estudo basear-se-á em fontes primárias e secundárias, como documentos do Departamento de Ciência e Tecnologia (CSIR e outros laboratórios), documentos CII, MOU/OTT entre a indústria privada, PSUs/instituições académicas/ DRDO/parceiros estrangeiros, etc. Os dados primários serão igualmente recolhidos através de um inquérito no terreno com a ajuda de questionários e de entrevistas com a ajuda de questionários. As entrevistas com representantes das diferentes partes interessadas associadas à nanotecnologia revelariam a forma como encaram e falam sobre as negociações relativas à aquisição de nanotecnologia. Por último, através da participação direta/observações em conferências e eventos relacionados com a nanotecnologia, onde os delegados se podem encontrar e falar informalmente sobre aspectos relacionados com a minha investigação.

Além disso, os dados e o material contidos em fontes secundárias, como revistas, ajudarão a efetuar a análise. Serão utilizadas fontes da Internet para obter informações actualizadas.

Estrutura da tese

A dissertação está organizada em torno de cinco capítulos centrais - os capítulos 2 a 6 - entre este capítulo introdutório (capítulo 1) e um segmento conclusivo (capítulo 7), onde são apresentadas as principais conclusões. Os capítulos estão organizados da seguinte forma

2. A nanotecnologia em perspetiva. Para além de fornecer uma perspetiva das nanotecnologias, este capítulo abrangerá as aplicações civis e militares das nanotecnologias e as questões estratégicas emergentes no que se refere às armas nucleares, ao papel da diáspora indiana e à evolução das nanotecnologias na China.

3. Contornos do poder económico integrados na emergência da indústria nanotecnológica. Começando com os fundamentos da segurança nacional, este capítulo tentará traçar a forma como, no mundo rapidamente globalizado, o poder económico está cada vez mais envolvido em questões de segurança nacional, à medida que surgem novas tecnologias e se tornam comercialmente viáveis. É também analisado o papel crescente do poder económico na diplomacia externa, com a crescente interdependência mútua das nações no comércio e nas trocas comerciais. Por último, será abordada a questão de saber se a nanotecnologia se tornou ou não uma questão de segurança nacional.

4. Negociações no mundo dos negócios internacionais com relevância para a aquisição de tecnologias. A primeira parte deste capítulo abordará as principais caraterísticas das negociações no mundo dos negócios internacionais. Na segunda parte, procurar-se-á destacar aspectos mais vastos dos preparativos antes de negociar com países que têm/desejam adquirir essas tecnologias. Na terceira secção, será apresentada a dimensão global da comercialização das nanotecnologias e na quarta secção será apresentado um estudo das opiniões públicas indiana e mundial sobre as nanotecnologias. Este capítulo forneceria assim um contexto abrangente sobre o tema das negociações internacionais relevantes para as nanotecnologias.

5. Desenvolvimento das nanotecnologias na Índia. Este capítulo apresenta uma panorâmica da dimensão e dos esforços de desenvolvimento das nanotecnologias na Índia. Tentará determinar as partes interessadas, os actores e as questões que abrangem os aspectos associados às aquisições de tecnologia. Proporcionará uma visão aprofundada dos esforços envidados pelo Governo da Índia no desenvolvimento de nanotecnologias e da situação atual em áreas críticas da agricultura, água e energia.

6. Estudos de casos de aquisição de nanotecnologias. Neste capítulo serão apresentados estudos de casos representativos de negociações envolvendo aquisições de nanotecnologias em organizações governamentais e no sector privado. Este capítulo apresentaria também estudos de casos relativos à transferência de nanotecnologias para o sector privado por laboratórios governamentais, tanto por razões de benefício social como por considerações comerciais.

7. Conclusão. Este capítulo procura resumir as principais caraterísticas do estudo sobre a negociação da aquisição de nanotecnologias na indústria indiana e apresentar as conclusões e os resultados que

emergem deste estudo.

Capítulo 2

A nanotecnologia em perspetiva

SECÇÃO UM: A NANOTECNOLOGIA EM PERSPECTIVA

A nanotecnologia é um domínio que não deriva de uma disciplina académica estabelecida (Economist, 2002). Há várias formas de definir a nanotecnologia. A versão mais comum considera a nanociência como "a capacidade de fazer *coisas - medir, ver, prever e fabricar - à escala dos átomos e das moléculas e de explorar as novas propriedades encontradas a essa escala" (DoTI, 2002)*. Tradicionalmente, esta escala é definida como estando compreendida entre 0,1 e 100 nanómetros (nm), sendo 1 nm a milésima parte de um micron (micrómetro; mm), que é, por sua vez, a milésima parte de um milímetro (mm). No entanto, esta definição está aberta a interpretações e pode ser facilmente aplicada a uma série de tecnologias diferentes que não têm uma relação comum óbvia (Economist, 2002). Outra forma de caraterizar a nanotecnologia é distinguir entre os processos de fabrico de cima para baixo e de baixo para cima. A tecnologia descendente refere-se ao *"fabrico de estruturas à escala nanométrica através de técnicas de maquinagem e gravação"* (Saxl, 2000). No entanto, top-down significa mais do que apenas miniaturização; ao nível da nanoescala, entram em ação diferentes leis da física, as propriedades dos materiais tradicionais mudam e o comportamento das superfícies começa a dominar o comportamento dos materiais a granel.

Por outro lado, a tecnologia ascendente - frequentemente designada por nanotecnologia molecular (MNT) - aplica-se à criação de estruturas orgânicas e inorgânicas, átomo a átomo ou molécula a molécula (Saxl, 2000). É este domínio da nanotecnologia que tem suscitado maior entusiasmo e publicidade. Num mundo nanotecnológico maduro, as macroestruturas seriam simplesmente desenvolvidas a partir dos seus componentes mais pequenos: uma "caixa de qualquer coisa" pegaria numa semente molecular contendo instruções para a construção de um produto e utilizaria nanobots minúsculos ou máquinas moleculares para o construir átomo a átomo (Miller, 2001). De facto, como salienta Forrest (1989), *"o desenvolvimento da tecnologia (ascendente) não depende da descoberta de novos princípios científicos. Os avanços necessários são de engenharia"*. Em suma, a nanotecnologia ascendente de pleno direito promete nada menos do que o controlo total sobre a estrutura física da matéria - o mesmo tipo de controlo sobre a composição molecular e estrutural dos objectos físicos que um processador de texto proporciona sobre a forma e o conteúdo do texto (Reynolds, 2002). O facto de esta investigação subjacente estar agora a evoluir para produtos economicamente viáveis pode ser aferido pelo aparecimento de três alianças, nomeadamente a Associação Europeia de Nanocomércio, o Fórum Ásia-Pacífico de Nanotecnologia e a Aliança Americana de Nanocomércio. Além disso, os laboratórios de todo o mundo estão a trabalhar em novas abordagens e em novas formas de aumentar a escala da nanotecnologia para níveis industriais. Por exemplo, as primeiras fábricas para o fabrico de nanotubos de carbono e fulerenos estavam em construção no Japão (DoTI, 2002) e já iniciaram a produção.

Financiamento público da investigação e desenvolvimento

As nações vêem interesses estratégicos na nanotecnologia, na medida em que esperam estar numa posição de força para explorar as oportunidades que surgirem, quando a nanotecnologia começar a ter um impacto considerável na economia global. Harper (2002) descreve a situação atual como uma "corrida ao armamento" global, afirmando -

"Basta ver como as TI fizeram uma enorme diferença tanto para a economia dos EUA como para a força militar dos EUA para ver como a tecnologia é crucial. A nanotecnologia é uma tecnologia ainda mais fundamental do que as TI. Não só tem a capacidade de alterar o equilíbrio do poder militar como também de afetar o equilíbrio global de poder nos mercados da energia."

Smith (1996) afirma que o poder militar está na base do impulso dado à nanotecnologia. O autor indica que os planeadores militares podem mesmo estar a orientar a investigação governamental nos EUA no domínio da nanotecnologia. O crescente interesse estratégico das grandes e pequenas nações pelas nanotecnologias é evidenciado pelo aumento do investimento público em nanotecnologias. O grupo ETC (2002A) estimou em cerca de 4 mil milhões de dólares a dotação para I&D global em nanotecnologias e o investimento público dos líderes em nanotecnologias aumentou rapidamente entre 1997 e 2002 (503%). O Quadro 2.1 resume o financiamento dos Estados em I&D em nanotecnologias:

QUADRO 2.1: FINANCIAMENTO GOVERNAMENTAL MUNDIAL PARA INVESTIGAÇÃO E DESENVOLVIMENTO EM NANOTECNOLOGIAS (MILHÕES DE DÓLARES)

Área	1997	1998	1999	2000	2001	2002	2003
nós*	116	190	255	270	422	604	710
Ocidental Europa	126	151	179	200	225	o~400	NA
Japão	120	135	157	245	465	o~650	NA
Outros * *	70	83	96	110	380	o~520	NA
Total	432	559	687	825	1502	~2174	NA
% de 1997	100	129	159	191	348	503	NA

NA: Não disponível.

*Excluindo despesas não federais, por exemplo, na Califórnia.

** Outros. Inclui a Austrália, o Canadá, a China, a Europa de Leste, a antiga União Soviética, Singapura, Taiwan e outros países com I&D em nanotecnologia. Por exemplo, no México, há 20 grupos de investigação a trabalhar independentemente em nanotecnologias. A Coreia, já um ator mundial no domínio da eletrónica, tem um ambicioso programa de 10 anos para atingir uma posição de classe mundial em nanotecnologia. Fonte: Department of Trade and Industry (2002). New Dimensions for

Manufacturing: UK Strategy for Nanotechnology. Relatório do UK Advisory Group on Nanotechnology Applications; junho de 2002. REINO UNIDO.

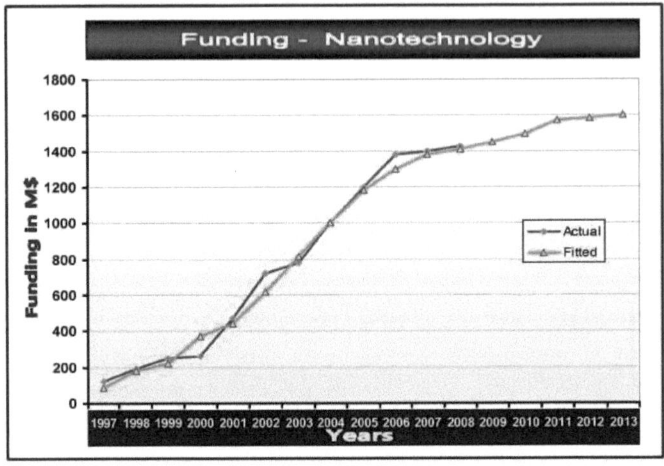

A figura 2.1 refere-se à projeção do financiamento mundial da nanotecnologia (Fonte: Hullmann)

A figura 2.1 mostra uma projeção até 2013 do financiamento mundial da nanotecnologia. A tendência mostra que o financiamento continuará a aumentar durante algum tempo.

Aplicações e mercados

As aplicações da nanotecnologia são extremamente diversas, principalmente porque o domínio é interdisciplinar (Miles e Davis, 2001). Além disso, o efeito que a nanotecnologia terá durante a próxima década é difícil de estimar devido a aplicações potencialmente novas e imprevistas. Por exemplo, se a simples redução da microestrutura dos materiais existentes puder ter um grande impacto no mercado, isso poderá, por sua vez, conduzir a todo um novo conjunto de aplicações. Contudo, parece razoável supor que, durante os próximos dois a três anos, a maior parte da atividade no domínio das nanotecnologias continuará a ser na área da investigação e não em projectos ou produtos concluídos. Holister 2002 estima que existem atualmente 455 empresas públicas e privadas, 95 investidores e 271 instituições académicas e entidades governamentais que estão envolvidas nas aplicações a curto prazo das nanotecnologias a nível mundial. A capacidade dessas instituições para transferir os resultados da investigação para aplicações industriais pode ser indicada pelo número de patentes registadas. Compano e Hullman, 2002, apresentam uma análise deste aspeto, utilizando o número de nanopatentes registadas no Instituto Europeu de Patentes (IEP) em Munique. Durante todo o período de 1981-1998, o número de nanopatentes aumenta de 28 para 180 patentes, com uma taxa média de crescimento na década de 1990 de 7%. Uma caraterística importante da atividade agrupada nesta secção é que grande parte do trabalho sobre aplicações a curto prazo das nanotecnologias é "puxado pelo mercado": em cada caso, foi identificada uma utilização específica e potencialmente lucrativa na indústria e/ou no mercado de consumo. Contudo, tal como acontece com a dificuldade em prever as futuras aplicações das nanotecnologias, muitos analistas de mercado consideram que é demasiado cedo para produzir números fiáveis para o mercado global - é simplesmente demasiado cedo para dizer onde e quando surgirão os mercados e as aplicações (DoTI, 2002). Apesar destas dificuldades, existem algumas previsões que apontam para o tipo de crescimento que se pode esperar.

Mais notavelmente, a National Science Foundation (NSF) prevê que o mercado total de produtos e serviços nanotecnológicos atingirá 1 trilião de dólares em 2015 (Roco et al 2001). Compano e Hullman (2002) abordam o problema através da comparação de dados de publicações (que representam a ciência básica ou I&D) e de patentes (que representam aplicações tecnológicas) sobre nanotecnologia com a teoria de Grupp (1993) do Desenvolvimento Tecnológico Estilizado. Como resultado, concluem que o pico da atividade científica ainda está para vir, possivelmente dentro de três a cinco anos, e que a exploração em grande escala dos resultados nanotecnológicos poderá surgir dentro de dez anos. Tendo em conta os comentários acima referidos sobre o desenvolvimento nanotecnológico e a atração do mercado, é instrutivo examinar quais as áreas da indústria que serão afectadas em primeiro lugar. No caso da química e dos produtos farmacêuticos, um grande número de patentes destina-se a "encontrar novas abordagens para a administração de medicamentos, o diagnóstico médico e os tratamentos do cancro, que supostamente terão enormes mercados futuros. As patentes de nanotecnologia para outros sectores (por exemplo, aeroespacial, indústrias de construção e transformação de alimentos) apresentam valores crescentes anuais, mas os seus números absolutos são relativamente pequenos". Por conseguinte, parece que as TI e a medicina terão provavelmente um impacto no mercado em primeiro lugar. A figura 2.2 mostra o crescimento previsto da nanotecnologia no que respeita a patentes, artigos, revistas e dados de informação sobre fundos.

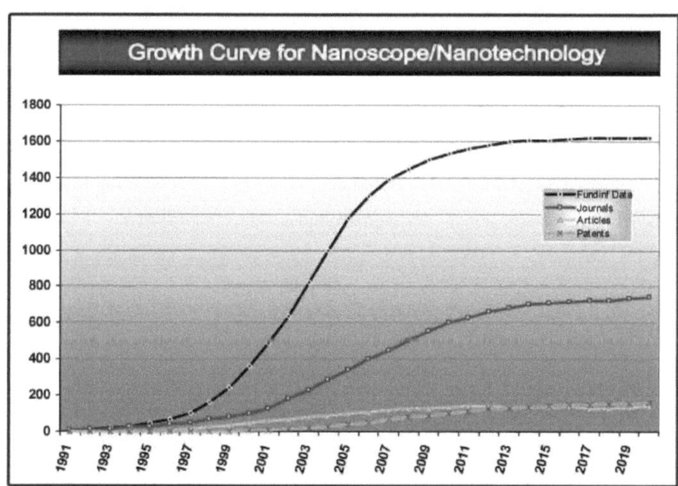

A figura 2.2 mostra o crescimento previsto da nanotecnologia no que respeita a patentes, artigos, revistas e dados de informação sobre fundos (Fonte: Hullmann)

Michail Roco, conselheiro sénior da NSF para as nanotecnologias, considera que "os primeiros resultados serão obtidos nos domínios da informática e dos produtos farmacêuticos" (Leo, 2001), enquanto Holister (2001) salienta que a medicina é um mercado enorme, o que implica que as receitas da nanotecnologia neste domínio poderão ser substanciais. Por outro lado, a NSF considera que, devido aos elevados custos iniciais envolvidos:-

"Os bens e serviços baseados em nanotecnologias serão provavelmente introduzidos mais cedo nos mercados em que as caraterísticas de desempenho são especialmente importantes e o preço é uma consideração secundária" (DoTI, 2002).

As aplicações na ciência médica e na engenharia de naves espaciais são exemplos claros deste facto. As repercussões e a experiência adquirida facilitarão a redução das incertezas na produção e das falhas técnicas. Isto acelerará o lançamento de produtos nanotecnológicos no mercado.

Uma boa indicação das áreas de atividade nanotecnológica comercial atual e futura é o tipo de patentes registadas (Miles e Davis 2001). Compano e Hullman (2002) afirmam que um quarto de todas as patentes registadas se centra na instrumentação. Este facto corrobora o ponto de vista de que a nanotecnologia se encontra no início da fase de desenvolvimento de uma tecnologia facilitadora em que a primeira preocupação é desenvolver ferramentas e técnicas de fabrico adequadas. Os sectores industriais mais importantes são a informática (ciência da informação) e os produtos farmacêuticos e químicos. No primeiro sector, "os dispositivos de armazenamento maciço, os ecrãs planos ou o papel eletrónico são áreas proeminentes de registo de patentes de TI. Além disso, são dominantes as abordagens de semicondutores alargados e os dispositivos alternativos de processamento, transmissão ou armazenamento de informação à nanoescala".

Usos destrutivos. A utilização não controlada a longo prazo da nanotecnologia em aplicações militares pode conduzir a resultados desastrosos para a humanidade. Howard (2002) considera que "uma vez disponível a tecnologia de base, não seria difícil adaptá-la como instrumento de guerra ou de terror". Gsponer, 2002, opina que os desenvolvimentos nanotecnológicos na refinação de materiais nucleares e na conceção de armas nucleares de quarta geração, juntamente com o fabrico de novos tipos de explosivos, podem ser perigosos e desestabilizadores. Isto poderia conduzir a uma corrida às armas nano tecnológicas, uma vez que estas armas podem ser desenvolvidas sem comprometer o Tratado de Proibição Total de Testes Nucleares (CTBT). Zyvex, 2002, define a lógica subjacente a uma tal ocorrência:

"É evidente que as armas ofensivas fabricadas com nanotecnologia avançada só podem ser travadas por sistemas defensivos fabricados também com nanotecnologia avançada. Se um lado tiver essas armas e o outro não, o resultado será rápido e muito desequilibrado. Este é apenas um exemplo específico da regra geral de que a superioridade tecnológica desempenha um papel importante e muitas vezes crítico na determinação do vencedor numa batalha. É claro que vamos precisar de muito mais investigação sobre sistemas defensivos, à medida que esta tecnologia se torna mais madura".

Na secção seguinte, são descritas as principais aplicações das nanotecnologias aplicáveis à população comum, seguidas das aplicações militares das nanotecnologias.

SECÇÃO DOIS: APLICAÇÕES CIVIS DAS NANOTECNOLOGIAS

Nanotecnologia na agricultura

É provável que a agricultura e a indústria alimentar venham a registar enormes melhorias com as aplicações e desenvolvimentos da nanotecnologia. Entre estas contam-se a deteção e o tratamento de doenças em plantas, nanosensores e sistemas de distribuição para combater agentes patogénicos e vírus, e catalisadores nanoestruturados para obter herbicidas e pesticidas muito melhores. Isto conduzirá a um ambiente melhor, associado aos avanços da nanotecnologia nas energias renováveis e nos agentes de eliminação da poluição do ar e da água.

Agricultura de precisão Maximizar os resultados e minimizar os factores de produção também tem sido o objetivo da agricultura. Por conseguinte, o sonho dos agricultores tem sido monitorizar as culturas em condições locais muito precisas, fornecer nutrientes e prevenir e controlar doenças. Atualmente, são utilizados sensores remotos, sistemas de posicionamento global e redes informáticas para localizar problemas locais, fornecer soluções e garantir o máximo crescimento das culturas. O aconselhamento em tempo real sobre as condições do solo, o tipo de sementes, os fertilizantes, a quantidade de água, etc. a utilizar reduzirá os custos e evitará desperdícios (Rickman et al, 2003). A nanotecnologia terá um enorme impacto neste sector, com a utilização de nanosensores e sistemas de nanodistribuição. As condições do solo e o crescimento das culturas podem ser monitorizados utilizando nanosensores distribuídos uniformemente no campo e sistemas baseados em GPS. A Accenture ajudou a Pickberry (condado de Sonoma, Califórnia) a instalar sistemas Wi-Fi (Millman, 2004). Curiosamente, uma tecnologia semelhante está a ser utilizada para monitorizar mercearias no Minnesota, pela Honeywell (Hardy, 2003). Esta tecnologia ajuda-os a controlar o prazo de validade dos produtos e, consequentemente, a iniciar as compras. É provável que o mercado dos sensores sem fios cresça até 7 mil milhões de dólares em 2014. (ONWorld, 2004)

Os bio-nano sensores terão aplicações como: -Detetar bactérias ou contaminação e gerar um sinal químico ou elétrico. -Utilização de dendrímeros para desencadear reacções enzimáticas (Grupo ETC, 2004).

-Medição de proteínas ou moléculas minúsculas utilizando nanotubos/nano cantilevers.

Assim, quando estiver plenamente desenvolvida, a agricultura de precisão com a ajuda da nanotecnologia será uma grande vantagem para o agricultor.

Sistemas inteligentes de distribuição Atualmente, na Índia e noutros países, a rotação tradicional de culturas e o controlo biológico de pragas estão associados à manutenção do rendimento das culturas. Os nanosensores permitem monitorizar o estado das culturas/plantas antes de este se tornar visível para os agricultores. Além disso, estes dispositivos podem alertar e/ou iniciar acções para remediar a situação. Estes dispositivos podem fornecer produtos químicos direcionados para áreas específicas, reduzindo assim a utilização desnecessária de produtos químicos em grandes áreas. Estes sensores funcionarão como um sistema de alerta precoce e de prevenção.

Atualmente, muitas empresas utilizam nanopartículas ou nanoemulsões de herbicidas e pesticidas, em modos de libertação encapsulada ou controlada (Gleiche et al, 2006). Estas podem ser utilizadas em múltiplas aplicações de prevenção/tratamento de culturas ou colheitas. O regulador de crescimento vegetal Primo MAXX da Syngenta utiliza nanoemulsão para reforçar as plantas contra o início do calor, o tráfego, a seca, etc. Os cientistas estão a desenvolver sistemas que respondem ao ambiente para a distribuição de pesticidas e fertilizantes (Syngenta, 2011). Também está a ser feita investigação para tornar as plantas mais eficientes na utilização de nutrientes, pesticidas e água. As empresas mais pequenas, com conhecimentos específicos, estão a colaborar com as grandes empresas para melhorar a eficácia dos produtos e comercializar soluções de monitorização da saúde das plantas.

Desenvolvimentos em curso nas nanotecnologias - Setor agrícola À medida que a população mundial cresce, as pressões sobre a agricultura vão aumentar, a procura de produtos agrícolas não vai diminuir, mesmo que possam mudar de tipo. As nanotecnologias vão ajudar não só a compreender e a cuidar das culturas e das plantas, mas também a fortificar as plantas com mais nutrientes. As nanopartículas para uso industrial podem ser cultivadas em condições específicas do solo. As nanopartículas de ouro são absorvidas pela planta alfafa e acumuladas nos tecidos, quando esta é cultivada num solo rico em ouro. Estas podem então ser colhidas mecanicamente (Kalaugher, 2010).

Nanotecnologia na indústria alimentar

Tem havido uma maior consciencialização dos meios de comunicação social e do público em geral em relação aos nanoalimentos, o que levou as empresas que lidam com esses produtos a declarar pormenores sobre os seus programas de investigação e produtos. Estes incluem alimentos interactivos, embalagens inteligentes e conservantes a pedido, etc. Os alimentos interactivos implicam que o consumidor pode decidir a cor, o sabor e os nutrientes imediatamente antes de consumir o alimento. Os nutrientes nanoencapsulados, a cor ou o sabor já estariam presentes no alimento e seriam libertados pelo consumidor de acordo com as suas necessidades (Dunn, 2004). A Kraft, a Unilever, a Nestlé, etc., estão a investir fortemente na investigação sobre nanoalimentos para ganharem a liderança no futuro. Nanofood não significa alimentos fabricados por nanomáquinas ou alimentos modificados atomicamente; significa alimentos em que a nanotecnologia foi utilizada na agricultura, transformação, produção ou embalagem.

Segurança alimentar e embalagem Alertar os clientes de alimentos contaminados, reparar pequenos danos nas embalagens de alimentos, responder às condições ambientais, otimizar o prazo de validade, etc., são alguns dos aspectos em que a indústria de embalagens de alimentos se tem concentrado. A nanotecnologia deu passos gigantescos no aumento das propriedades de barreira microbiana, térmica, química e mecânica, na sinalização e deteção de alterações bioquímicas e microbianas, na modificação da permeação da folha, no crescimento de superfícies activas antifúngicas e antimicrobianas (Harrington, 2009).

Perspectivas financeiras A indústria das embalagens inteligentes está a amadurecer rapidamente e é provável que venha a ocupar uma parte substancial do crescente mercado das embalagens. É provável que o mercado das embalagens cresça para cerca de 3,7 mil milhões de dólares até ao final do atual exercício financeiro (2010-11).

A investigação da Frost and Sullivan (Amin, 2005) mostra que as expectativas dos consumidores em relação a esta indústria estão a aumentar e que estes esperam frescura, segurança e qualidade dos produtos alimentares. O desenvolvimento da "língua eletrónica" pela Kraft Foods em associação com a Universidade Rutgers dos EUA consiste numa série de nanosensores que detectam os gases libertados pelos alimentos à medida que estes se estragam. Isto faz com que as tiras dos sensores mudem de cor, dando uma indicação clara de que os alimentos estão estragados. Já se encontra no mercado a película para embalagem de alimentos Durethan KU2-2601 da Bayer Polymers, que protege os alimentos do oxigénio, da humidade e do calor. Esta película tem incorporadas partículas de silicato que reduzem a saída de humidade, a entrada de oxigénio e de outros gases e impedem que os alimentos se estraguem. [1]

No âmbito do Good Food Project, de 2004, na Europa, foi desenvolvido um sensor portátil para a deteção no local de agentes patogénicos, toxinas e produtos químicos nos alimentos. Isto eliminaria o envio de amostras para laboratórios alimentares e a espera pelos resultados. Os alimentos podem ser analisados na própria fonte de produção (explorações agrícolas, fábricas de transformação, etc.). O projeto está também a desenvolver uma série de sensores para detetar pesticidas em legumes e frutas e as condições na exploração agrícola. Também está a ser desenvolvido nesta série de "sensores de boa alimentação" um dispositivo de biochip de ADN para detetar diferentes agentes patogénicos que afectam os produtos hortícolas e de carne.

Foi formado um consórcio Nanofood com as indústrias alimentares do Norte da Europa (Interdisciplinary Nanoscience Centre (iNANO), Aarhus United A/S, Danisco A/S, Systematic Software Engineering A/S, Danish Crown amba e Arla Foods) para uma utilização responsável da nanotecnologia na indústria alimentar. As principais prioridades incluem: desenvolver alimentos mais seguros, saudáveis e nutritivos, desenvolver máquinas com superfícies antibacterianas, desenvolver películas de embalagem mais baratas, mais fortes e mais finas e desenvolver sensores para detetar instantaneamente bactérias e compostos tóxicos.

O Centro de Estudos Alimentares Avançados (LMC) da Dinamarca, num estudo, definiu as seguintes prioridades no 7º Programa Quadro (DFR, 2005):

- A inovação inteligente no domínio dos géneros alimentícios e dos alimentos para animais exige uma compreensão fundamental.
- a investigação alimentar para incorporar a biologia de sistemas.

---

1 As nanopartículas tornam os filmes de Durethan® herméticos e brilhantes, Bayer Polymers

- o sector alimentar/produção biológica deve ter uma renovação biológica
- desenvolvimento da tecnologia
- a comunicação e a inovação no domínio alimentar devem ser orientadas pelas necessidades dos consumidores. -nutrigenómica

Processamento de alimentos Estão a ser desenvolvidos alimentos interactivos que detectam as necessidades do nosso corpo e fornecem os nutrientes necessários e em quantidade adequada. Estão também a ser pensados alimentos dormentes que serão activados e fornecerão nutrientes às células quando necessário. Estão a ser estudados dois tipos de utilização de nanopartículas: um é o nanoencapsulamento de nutrientes para entrega quando necessário e o outro é a fortificação dos alimentos existentes com nano nutrientes para melhor absorção pelo organismo.

A Nutralease está a utilizar estruturas líquidas auto-montadas de dimensão nanométrica (NSSLS) para fornecer nutrientes nanométricos às células (Nutralease, 2010). Uma padaria australiana está a comercializar um pão chamado "Tip Top", enriquecido com óleo de atum envolto em nanocápsulas, que libertam o óleo apenas no estômago e fornecem uma fonte rica em ácido ómega 3. Os nanocochleates (BSI, 2010) desenvolvidos pela Biodelivery Sciences International podem fornecer ácidos gordos ómega, vitaminas, licopeno, etc., sem afetar o sabor, a cor ou o cheiro dos alimentos.

Numa evolução interessante, as empresas de cosméticos e de produtos alimentares estão a desenvolver novos métodos de administração de vitaminas diretamente na pele. A Nestlé está a desenvolver um creme de proteção UV, sob a forma de um protetor solar transparente, para fornecer vitamina E diretamente à pele. A Nestlé detém 49% da L'Oreal. As fórmulas anti-envelhecimento da Estee Lauder já se encontram no mercado.

Os gelados com baixo teor de gordura estão a ser desenvolvidos pela Unilever através da diminuição do tamanho das partículas emulsionantes, utilizando assim menos 90% de emulsionante (Daily Telegraph, 2005) e reduzindo o teor de gordura de 16% para 1%.

Energia e nanotecnologia

A investigação no domínio da energia está a tornar-se cada vez mais importante, nomeadamente no que diz respeito ao papel que desempenha no apoio a uma vasta gama de políticas nacionais fundamentais (por exemplo, segurança e diversificação do aprovisionamento energético, luta contra as alterações climáticas e a poluição atmosférica, liberalização do mercado da energia, desenvolvimento sustentável, competitividade industrial, desenvolvimento e coesão regionais, etc.). As nanotecnologias revelam um potencial promissor em todos os segmentos do sector da energia: produção, armazenamento, distribuição e utilização, com potencial para mudar a forma como convertemos, armazenamos e utilizamos o aprovisionamento energético mundial.

A Comissão Europeia, DG Investigação, Direção J. "Preservar o ecossistema: acções de investigação no domínio da energia" publicou um relatório sobre "Necessidades e desafios futuros para a investigação no domínio da energia não nuclear na União Europeia" (fevereiro de 2002). O relatório resume as necessidades de investigação sobre tópicos relacionados com a energia. Conclui que as nanotecnologias ou os materiais nanoestruturados podem contribuir para a tecnologia do hidrogénio, as células de combustível, a energia fotovoltaica (PV), as centrais eléctricas avançadas e a captura e fixação de CO, bem como para novos conceitos e sistemas de armazenamento, transporte e redes de distribuição de eletricidade.

Os projectos de nanotecnologia mais avançados relacionados com a energia são: armazenamento, conversão, melhorias no fabrico através da redução de materiais e taxas de processamento, poupança de energia, por exemplo, através de um melhor isolamento térmico, e melhoria das fontes de energia renováveis. Mais especificamente em produtos como baterias, catalisadores de fabrico, células de combustível, células solares e materiais leves e resistentes, entre outros. Há desenvolvimentos notáveis na nanotecnologia e na sua relevância para o domínio da energia e a maioria está a antecipar avanços e soluções para as questões da sustentabilidade, da poluição e das energias renováveis.

Produção de energia As nanotecnologias são muito promissoras para as tecnologias de energias renováveis. Por um lado, o controlo preciso da matéria a nível atómico e molecular é um requisito para as energias renováveis, como a energia solar fotovoltaica, que pode ser rentável com uma fina camada de material ativo num substrato barato, como o plástico, que é muito mais barato e mais leve do que o vidro. O vidro é o fator limitador de custos na energia fotovoltaica e, por conseguinte, com o vidro não será realmente possível fazer um grande avanço na energia fotovoltaica ou ser competitivo em termos de custos. Por outro lado, as tecnologias de energias renováveis podem beneficiar de apoio financeiro e de incentivos públicos nos primeiros anos. O principal objetivo das energias renováveis (ER) a longo prazo é serem competitivas em termos de custos (Gleiche et al, 2006).

Por exemplo, a construção de células solares com nanolâminas ou nanobastões poderia aumentar significativamente a quantidade de eletricidade convertida a partir da luz solar, utilizando superfícies nanoestruturadas como absorventes de luz mais eficazes (variação dos comprimentos de onda de absorção por pontos quânticos) e eléctrodos nanoporosos. Estes mesmos nanomateriais são combinados com a eletrónica plástica para desenvolver sistemas fotovoltaicos de polímeros semicondutores e são especialmente vantajosos pelas suas propriedades de leveza e flexibilidade. Já foram concluídos trabalhos de investigação sobre células solares flexíveis e os potenciais utilizadores vão desde campistas, alpinistas a naves espaciais da NASA.

As células de combustível beneficiam de eléctrodos e electrólitos com uma superfície nanoestruturada e, por conseguinte, alargada de películas finas de espessura nanométrica. As microturbinas são um novo tipo de turbina de combustão utilizada para aplicações estacionárias de produção de energia. São pequenas turbinas de combustão, aproximadamente do tamanho de um frigorífico, com

As microturbinas têm potências de 25 kW a 500 kW e podem ser instaladas em locais com limitações de espaço para a produção de eletricidade. Algumas microturbinas utilizam a nanotecnologia nos seus componentes.

Células de combustível e nanotecnologia Os catalisadores à base de platina são utilizados em células de combustível para produzir metanol ou hidrogénio, estando a ser experimentadas partículas de nanoplatina substitutas para reduzir os custos devidos à utilização de platina muito cara.

Para aumentar a eficiência, reduzir o peso e aumentar a vida útil das células de combustível, estão a ser desenvolvidas membranas de nanopartículas altamente eficientes para utilização em células de combustível para a passagem apenas de iões de hidrogénio (Mtimicrofuelcells, 2010).

As células de combustível de metanol direto (DMFC) estão a ser desenvolvidas para utilização em dispositivos portáteis como telemóveis, ipad, ipods, lap tops, etc. Prevê-se que durem muito mais tempo e que necessitem apenas de um cartucho de metanol em vez de se ligarem a uma tomada eléctrica para carregar.

Outros desenvolvimentos incluem o desenvolvimento de nanopartículas para reter o hidrogénio e libertá-lo apenas quando necessário. Estas nanopartículas seriam utilizadas em automóveis com células de combustível para reter o combustível (hidrogénio). No futuro, estes poderão substituir as baterias dos automóveis eléctricos.

Nanotecnologia e pilhas de combustível

- A nanoplatina é depositada em alumina porosa para aumentar a eficiência do catalisador e a área de superfície (Mathiesen, 2006).
- Aumento da capacidade de armazenamento (RPI, 2010) para tanques de combustível de hidrogénio utilizando grafeno.
- Substituição dos catalisadores de platina (QSI, 2010) por nanomateriais menos dispendiosos.
- Aumentar a reatividade da platina (SLAC, 2010), ajustando o espaçamento atómico, para reduzir significativamente a quantidade de platina necessária numa célula de combustível.
- Utilização de células de combustível de hidrogénio para alimentar automóveis (Honda, 2010).

Algumas empresas que lidam com aplicações de nanotecnologia em células de combustível são: QuantumSphere, MTI Micro, UltraCell, EDC Ovonics, Unidym, GridShift, etc.

Armazenamento de energia Os nanotubos e as nanopartículas têm um papel importante a desempenhar. Os nanotubos têm uma forma cilíndrica, como uma folha de grafite enrolada. Podem ser semicondutores ou condutores, consoante o alinhamento dos seus átomos de carbono. Foi testado para ser mais resistente do que o aço do mesmo peso, por um fator de 100.

As aplicações da nanotecnologia para o armazenamento de energia incluem a utilização de nanopartículas e nanotubos para baterias e células de combustível. A nanotecnologia está a ser utilizada para melhorar o desempenho das baterias recarregáveis, especificamente através do estudo do comportamento eletroquímico molecular. As baterias de iões de lítio recentemente patenteadas, que utilizam titanato de lítio nanométrico, podem proporcionar taxas de carga/descarga 10-100 vezes superiores às das actuais baterias convencionais.

Vários grupos estão a trabalhar nas possibilidades de armazenamento de hidrogénio em nanotubos de carbono ou magnésio nanocristalino como mecanismo de produção de energia, que poderia ser aplicado ao sector das células de combustível. No entanto, alguns peritos consideram que as expectativas em relação aos nanotubos de carbono como material de armazenamento de hidrogénio não são susceptíveis de se concretizarem, mas, da mesma forma, outros materiais nanoestruturados como, por exemplo, o nano-magnésio ou o nano-ilanato de magnésio com nano-titânio como catalisador, são candidatos muito promissores para um material de armazenamento que pode satisfazer as exigências da futura aplicação automóvel.

Muitas das mais importantes empresas do sector automóvel e aeronáutico (DaimlerChrysler, General Motors, Opel, Boeing, etc.) têm grupos científicos dedicados à investigação das pilhas de combustível. No entanto, os catalisadores das pilhas de combustível apresentam inconvenientes: são caros e têm um rendimento limitado. Para resolver estes problemas, estão a ser realizados trabalhos de investigação utilizando nanoestruturas em favo de mel montadas em eléctrodos de carbono para reduzir a utilização de metais nobres e, por conseguinte, aumentar o desempenho do catalisador. Os nanotubos de carbono podem também ser utilizados como eléctrodos para supercondensadores devido à sua capacidade de armazenar carga.

Bateria nanotecnológica (Nano Battery) As vantagens do fabrico de baterias que utilizam a nanotecnologia são:

- Prevenção de incêndios, uma vez que os eléctrodos utilizam muito menos material inflamável.

- Redução do tempo de recarga e aumento da disponibilidade de energia devido ao revestimento dos eléctrodos com nanopartículas. O fluxo de corrente é maior devido ao aumento da área de superfície dos eléctrodos. Isto, por sua vez, reduz o peso da bateria para aplicações como carros híbridos.

- Vida útil da bateria muito mais longa, uma vez que os nanomateriais separam os eléctrodos dos líquidos da bateria. Esta técnica impede a descarga permanente quando não há carga.

Aplicações nanotecnológicas de baterias em fase de desenvolvimento

- Nanofios de silício (Stanford Univ, 2007) para ânodos de baterias que aumentarão a capacidade das baterias de iões de lítio.

- Bateria minúscula para alimentar a retina artificial (Sandia, 2006) através de um implante no olho.

- Utilização de "nanogrelha" em baterias de longa duração (mTI, 2007), para isolar o elétrodo sólido e os electrólitos líquidos até ser necessária energia.

- Eléctrodos de nanopartículas (Nanophosphate™) em baterias de iões de lítio que qualificam as normas de segurança e melhoram o desempenho dos automóveis eléctricos (A123 Systems, 2007).

- Melhoria da capacidade de carga/descarga a temperaturas abaixo de zero através da utilização de eléctrodos de nanotitanato de lítio (Altair, 2006) em baterias de iões de lítio. Além disso, a bateria permanece segura, uma vez que a fuga térmica é evitada devido ao aumento do limite superior de temperatura.

- A utilização de ultracapacitores de nanotubos (MIT, 2006) em automóveis híbridos pode revelar-se melhor do que as baterias.

- Armazenamento de carga eléctrica em ultracapacitores constituídos por folhas de grafeno (Univ. do Texas, 2008), que têm a espessura de um átomo.

- Revestimento de uma rede de dissilicida de titânio (Boston Univ, 2010) com nanopartículas de silício em ânodos de baterias de iões de lítio para melhorar o tempo de vida da bateria e as taxas de carga/descarga.

- Termocélulas com nanotubos (Univ. do Texas, 2010) que geram eletricidade.

Algumas empresas que lidam com aplicações de nanotecnologia em baterias são: A123Systems, NanoEner Technologies, Mphase Technologies, Altairnano, Naoexa, EcoloCap Solutions, Zpower, Nexeon, NanoAmor, etc.

<u>Células solares e nanotecnologia</u> As nanopartículas são utilizadas em células solares com as seguintes vantagens

- Processo de deposição em vácuo a alta temperatura substituído por um processo a baixa temperatura para produzir material semicondutor cristalino para o fabrico de células. Isto reduz os custos de fabrico.

- Os painéis rígidos cristalinos foram substituídos por rolos flexíveis, o que reduz os custos de instalação. A utilização de películas finas semicondutoras será também utilizada no fabrico de células.

- A utilização de pontos quânticos (NREL, 2007) reduziria os custos e aumentaria a eficiência das nano-células solares, tornando-as rentáveis.

<u>Nanotecnologia e células solares (em desenvolvimento)</u>

- Células solares de baixo custo a serem fabricadas a partir de nanotubos de dióxido de titânio preenchidos com polímeros (ANL, 2010).

- Dióxido de titânio Combinado com pontos quânticos de seleneto de chumbo (Univ. de Minnesota, 2010) para aumentar a eficiência das células solares.

- Produzir células solares mais baratas combinando bolas de bucky, polímeros e nanotubos de carbono, (NJIT, 2007) e simplesmente pintando uma superfície.

- Película de plástico impregnada com nanopartículas (Konarka Technologies, 2010) para fabricar células solares para utilização em computadores portáteis, telemóveis e outros dispositivos semelhantes.

- Processo de impressão a baixa temperatura utilizado para aplicar nanopartículas semicondutoras

(Nanosolar, 2010) para produzir células solares a baixo custo.

- Utilização de moléculas orgânicas (GPEC, 2010) para redução de custos.

- Utilização de películas de polímeros flexíveis com nanofios de absorção de luz (CIT, 2010) no fabrico de células solares flexíveis para reduzir os custos.

- Utilização de folhas de grafeno que absorvem a luz (Indiana Univ, 2010) para produzir painéis solares de baixo custo.

Algumas empresas que lidam com aplicações de nanotecnologia em células solares são: Konarka, Nanosolar, Global Photonics, Innovalight, Bloo Solar, etc.

Utilização de energia As nanopartículas podem tornar os metais mais leves, mais fortes e mais duros, melhorar as propriedades de formabilidade e ductilidade das cerâmicas. Como resultado direto, estes mesmos materiais podem reduzir a energia, o combustível e os materiais.

Está a ser explorado o conceito de utilização de revestimentos de nanomateriais constituídos por nanotubos recheados de enzimas para manter as asas dos aviões limpas e livres de microrganismos. A sujidade ou o óleo degradar-se-iam em contacto com as enzimas. Além disso, poderiam ser utilizadas para atacar microrganismos, que causam a deterioração das superfícies dos aviões. Os nanotubos poderiam ser preenchidos com proteínas "adesivas", de modo a que, quando as fissuras induzidas pelo stress evoluíssem, o adesivo fosse libertado para dar mais força. Estas três ideias podem ser aplicadas às pás das turbinas eólicas de energias renováveis. Isto poderia melhorar a segurança e prolongar a vida útil das pás e, a longo prazo, reduzir os custos.

Os ecrãs visuais podem tornar-se mais eficientes com a utilização de nanotubos de carbono e a engenharia do intervalo de bandas com materiais nanoestruturados pode otimizar o espetro de emissão dos díodos emissores de luz. Também os díodos orgânicos emissores de luz (OLED) com camadas nanométricas estão agora a chegar ao mercado.

Nos sistemas mecânicos, grande parte da energia é necessária para vencer o atrito entre as superfícies. A utilização de lubrificantes à escala nanométrica e a engenharia de superfície de alta precisão à escala nanométrica deverão reduzir substancialmente as necessidades de energia.

A redução do teor de materiais dos produtos é uma questão fundamental para a sustentabilidade. Prevê-se que a utilização de nanomateriais conduza a um ambiente mais limpo no fabrico e ajude a reduzir consideravelmente os custos. A nanotecnologia, em conjunto com a biotecnologia e a investigação de novos materiais, pode ajudar a desenvolver produtos que requerem menos energia para serem reciclados e produzem menos resíduos. A conceção de materiais mais leves e mais resistentes pode também conduzir a poupanças de energia e de matérias-primas, especialmente no sector dos transportes. As nanotecnologias terão impacto na utilização industrial da energia, reduzindo a dimensão dos componentes e, por conseguinte, utilizando menos recursos e desenvolvendo novos materiais mais baratos de produzir. A nanotecnologia contribui para a conceção de materiais, alterando os tipos de materiais que podem ser produzidos.

As possíveis aplicações da nanotecnologia ao fabrico convencional de produtos são muito significativas e estão atualmente em prática. A utilização de nanomateriais com taxas de reação mais elevadas e/ou temperaturas de processamento mais baixas pode aumentar a produtividade. As partículas nanocristalinas podem ser utilizadas para fabricar produtos mais pequenos com uma força semelhante ou superior e com resistência a tensões mecânicas e térmicas. A diminuição das taxas de processamento e a redução dos materiais proporcionam uma dupla vantagem. Também se traduz diretamente em poupanças devido ao menor consumo de energia durante o processo de fabrico e à redução da poluição. Atualmente, estes materiais e novos processos já estão a ser utilizados em tubos de combustão de carboneto de silício e em filamentos cerâmicos condutores de eletricidade em instalações de aquecimento.

Os catalisadores melhoram a eficiência e a especificidade das reacções químicas. A conceção de materiais mais leves e mais resistentes pode levar a poupanças de energia e de matérias-primas, especialmente no sector dos transportes. Além disso, os novos materiais nano-estruturados destinam-se a aplicações em produtos de energia solar. A nanotecnologia não só limitará a produção inicial de poluentes, como também pode ser utilizada para reduzir os poluentes depois de formados. As nanomoléculas poderiam ser concebidas como "purificadores" da água e da atmosfera e funcionar destruindo os poluentes ambientais utilizando a luz solar como fonte de energia. De um modo geral, as vantagens da nanotecnologia que permitem a modificação da superfície podem ser subdivididas em 3 partes: a) ótica (ou seja, captação de luz, transmissão, opacidade), b) mecânica (ou seja, propriedades de fricção, dureza, etc.) e c) eléctrica (ou seja, potenciais, energias de ligação, condutividade, etc.)

Nanotecnologia na medicina

O impacto da nanomedicina no processo de prestação de cuidados A nanotecnologia permite o fabrico e a manipulação da matéria a praticamente qualquer escala, desde átomos e moléculas individuais até objectos de dimensão micrométrica. Isto já permite a miniaturização de muitos dispositivos actuais, resultando num funcionamento mais rápido ou na integração de várias operações. Além disso, a esta escala, as estruturas criadas pelo homem correspondem às dimensões típicas das unidades funcionais naturais dos organismos vivos. Isto permite-lhes interagir com a biologia dos organismos vivos. Por último, os materiais e dispositivos de dimensão nanométrica apresentam frequentemente propriedades inovadoras. Estes três aspectos são promissores para proporcionar avanços na nanomedicina, conduzindo a soluções clínicas no âmbito da medicina preventiva, do diagnóstico, da terapia e dos cuidados de acompanhamento.

Medicina preventiva Os novos testes de diagnóstico que utilizam a nanotecnologia para quantificar os biomarcadores relacionados com a doença poderão oferecer uma avaliação de risco mais precoce e personalizada, antes do aparecimento dos sintomas. Em geral, estas análises devem ser rentáveis, sensíveis e fiáveis. O teste em si deve causar apenas um desconforto mínimo ao doente. Com o apoio de uma análise deste tipo e da bioinformática, os profissionais de saúde poderiam aconselhar os doentes com um risco acrescido a adotar um programa de prevenção personalizado. As pessoas com um risco acrescido de uma determinada doença poderiam beneficiar de controlos regulares personalizados para monitorizar as alterações no padrão dos seus biomarcadores.

A nanotecnologia pode melhorar os testes de diagnóstico in vitro, fornecendo tecnologias de deteção mais sensíveis ou melhores nanolabels que podem ser detectados com elevada sensibilidade quando se ligam a moléculas específicas da doença presentes na amostra. A nanotecnologia pode também melhorar a facilidade de utilização dos testes de diagnóstico in vitro por utilizadores sem formação ou mesmo por doentes em casa (Gleiche et al, 2006). Por exemplo, uma técnica de recolha de amostras minimamente invasiva e relativamente indolor melhoraria muito o conforto do doente. As doenças sem secreção de biomarcadores no sangue ou na urina exigirão procedimentos de imagiologia de elevada especificidade.

Biomarcadores Um biomarcador é um indicador de um processo ou estado biológico, por exemplo, uma doença ou a resposta a uma intervenção terapêutica. Os biomarcadores são de natureza diversa, desde um gene alterado, a uma alteração na produção de proteínas, a uma alteração numa via metabólica regulada, ou mesmo caraterísticas físicas das células. Os biomarcadores podem ser analisados utilizando diagnósticos in vitro de amostras, ou podem ser visualizados e quantificados in vivo para a sua deteção precoce. Um exemplo bem conhecido já utilizado é a mamografia de raios X para a deteção precoce do cancro da mama. Os novos agentes de imagiologia orientada, que se dirigem com precisão às células doentes, prometem uma sensibilidade muito maior do que os actuais procedimentos de imagiologia, tornando possível a deteção do cancro numa fase ainda mais precoce.

Área de aplicação da nanomedicina: Administração de medicamentos Uma das principais aplicações da nanotecnologia é o desenvolvimento de sistemas de administração de medicamentos direcionados. Os desenvolvimentos também incluem a administração de calor, luz ou outras substâncias às células afectadas. Os danos causados às células saudáveis são reduzidos, uma vez que estas partículas especialmente concebidas se fixam apenas nas células doentes. As células cancerosas estão a receber diretamente o medicamento de quimioterapia (CSI, 2009) através da utilização de nanopartículas. O ensaio clínico de fase 1 do primeiro medicamento de quimioterapia direcionado foi publicado pela CytImmune.

Os medicamentos injectados podem também ser substituídos por medicamentos orais (Bisht et al, 2008) através da colocação do medicamento numa nanocápsula que o ajudaria a ser libertado na corrente sanguínea. O Cochleate, uma nanopartícula, está a ser utilizado pela Bio Delivery Sciences para o tratamento de doenças fúngicas. Os ensaios clínicos deste medicamento estão em curso.

Diagnóstico Se um exame médico tiver detectado uma indicação ou um indício de sintomas de uma doença, é importante excluir os "falsos positivos" através da aplicação de procedimentos de diagnóstico mais específicos. Estes podem ser mais trabalhosos e dispendiosos, uma vez que são aplicados a um número mais reduzido de doentes. Neste caso, a imagiologia molecular, que utiliza agentes específicos direcionados, desempenha um papel crucial para a localização e o estadiamento de uma doença ou - igualmente importante - para determinar o estado de saúde de um doente. Neste domínio, as nanotecnologias poderão ajudar a conceber, nos próximos dez anos, uma infinidade de agentes de imagiologia muito específicos. Os sistemas de imagiologia miniaturizados permitirão efetuar diagnósticos por imagem em todo o lado e não apenas nos centros de investigação. Os métodos automáticos darão resultados de diagnóstico sem a necessidade de um perito no local. Métodos concetualmente novos, que combinam técnicas bioquímicas com imagiologia e espetroscopia avançadas, permitem conhecer o comportamento de células doentes individuais e o seu microambiente para cada doente. Isto poderá conduzir a um tratamento personalizado e a uma medicação adaptada às necessidades específicas de cada doente.

A principal vantagem da nanomedicina na qualidade de vida e nos custos dos cuidados de saúde é a deteção precoce de uma doença, o que conduz a necessidades terapêuticas menos graves e dispendiosas e a um melhor resultado clínico. No entanto, uma vez diagnosticada a doença, é necessária uma ação terapêutica. É necessário decidir qual a cura que oferece o melhor rácio terapêutico (risco/benefício) para o doente. Neste caso, os procedimentos de diagnóstico por imagem fornecem dados cruciais para a tomada de decisões clínicas e o planeamento da terapia.

Área de aplicação da nanomedicina: Técnicas de diagnóstico e imagiologia

-A Invitrogen efectuou ensaios em laboratório em animais para localizar e diagnosticar tumores cancerígenos utilizando pontos quânticos (Univ of California, 2010).

-Um péptido que se liga aos tumores cancerígenos é revestido com nanopartículas de óxido de ferro; estas melhoram a imagem de ressonância magnética (Brown Univ, 2008).

Estão em curso vários projectos para desenvolver indicadores de doenças utilizando nanopartículas, uma vez que estas se ligam a moléculas ou proteínas. As nanopartículas magnéticas estão a ser utilizadas pela T2Biosystems para a deteção de ácidos nucleicos, etc. (T2 Biosystems, 2010). Já a Nanosphere está a utilizar partículas de nanogold (Nanosphere, 2011A). Quatro ácidos nucleicos diferentes (Nanosphere, 2011B) são detectados pelo seu sistema Verigene.

Terapia Em muitos casos, a terapia não se restringe apenas à medicação, mas requer uma ação terapêutica mais severa, como a cirurgia ou a radioterapia. O planeamento das intervenções terapêuticas basear-se-á na imagiologia ou poderá ser realizado sob orientação de imagens. Neste domínio, a nanotecnologia conduzirá a uma miniaturização dos dispositivos que permitem procedimentos minimamente invasivos e novas formas de tratamento. As possibilidades vão desde intervenções minimamente invasivas baseadas em cateteres até dispositivos implantáveis. Os sistemas de administração direcionada e a medicina regenerativa assistida por nanotecnologias desempenharão um papel central na terapia futura. Os agentes de administração direcionada permitirão uma terapia localizada que visa apenas as células doentes, aumentando assim a eficácia e reduzindo os efeitos secundários indesejados. Graças à nanotecnologia, as células estaminais pluripotentes e os factores de sinalização bioactivos serão componentes essenciais de implantes inteligentes e multifuncionais que podem reagir ao microambiente circundante e facilitar a regeneração de tecidos endógenos específicos do local (tornando obsoleta a medicação imunossupressora ao longo da vida). Serão utilizadas técnicas de imagiologia e de ensaios bioquímicos para monitorizar a libertação de fármacos ou para acompanhar a evolução da terapia. Esta lógica terapêutica conduzirá ao desenvolvimento de novos tratamentos modificadores da doença que não só aumentarão significativamente a qualidade de vida dos cidadãos como também reduzirão drasticamente os custos sociais e económicos relacionados com a gestão de incapacidades permanentes.

Área de aplicação da nanomedicina: Técnicas de terapia

-As reacções alérgicas geram radicais livres e resultam em inflamação. As bolas de carbono são utilizadas para capturar os radicais livres (Virginia Commonwealth Univ, 2007) e reduzir a inflamação.

A Nanospectra Biosciences foi pioneira num tratamento com nano-cascas (Nanospectra, 2010A), que concentram o feixe de laser infravermelho e intensificam o calor gerado para destruir as células cancerosas com o mínimo de danos para as células saudáveis. A empresa já obteve a aprovação para ensaios-piloto em humanos (Nanospectra, 2008).

- Os resultados de ensaios pré-clínicos realizados pela Nanobiotix (Nanobiotix, 2009) indicam sucesso com nanopartículas que libertam electrões (Nanobiotix, 2008) (ao serem iluminadas por raios X) para destruir as células cancerígenas, às quais estas partículas se ligaram.

- Uma gaze médica que utiliza nanopartículas de aluminossilicato está a ser comercializada pela Z-Medica. As nanopartículas de aluminossilicato absorvem rapidamente a água para coagular rapidamente o sangue e diminuir a hemorragia (Rowe, 2008) em doentes com traumatismos.

- A produção de cartilagem (Rowe, 2008) nas articulações lesionadas é estimulada pela utilização de nanofibras.

-As nanopartículas podem ser utilizadas, quando inaladas, para estimular uma resposta imunitária para combater os vírus que afectam o sistema respiratório (Montana State Univ, 2010).

Monitorização de acompanhamento As razões médicas podem exigir uma monitorização contínua do doente após a conclusão da terapêutica aguda. Pode tratar-se de um controlo regular de reincidência ou, no caso de doenças crónicas, de uma avaliação frequente do estado atual da doença e do planeamento da medicação. A medicação contínua pode ser mais conveniente através de implantes, que libertam fármacos de forma controlada durante um período de tempo prolongado. As técnicas de diagnóstico in vitro e a imagiologia molecular também desempenham um papel importante nesta parte do processo de cuidados. Os biomarcadores podem ser sistematicamente monitorizados para detetar sinais precoces de recorrência, complementados por imagiologia molecular quando necessário. A oncologia é uma das áreas em que estas técnicas já estão a ser avaliadas atualmente. Alguns tipos de tumores podem ser controlados por medicação contínua, prolongando a esperança de vida. No entanto, no caso de resistência aos medicamentos, os sinais de progressão da doença podem ser imediatamente detectados e podem ser prescritos tratamentos alternativos.

A nanomedicina será importante para melhorar os cuidados de saúde em todas as fases do processo de tratamento. Os novos testes de diagnóstico in vitro deslocarão o diagnóstico para uma fase mais precoce, esperemos que antes do desenvolvimento efetivo dos sintomas, e permitirão medidas terapêuticas preventivas. O diagnóstico in vivo tornar-se-á mais sensível e preciso graças às novas técnicas de imagiologia e aos agentes específicos de dimensão nanométrica. A eficácia da terapia também poderá ser grandemente melhorada através de novos sistemas que permitam a administração direcionada de agentes terapêuticos no local da doença, evitando idealmente a administração convencional. A medicina regenerativa pode fornecer uma solução terapêutica para revitalizar tecidos ou órgãos, o que pode tornar desnecessária a medicação ao longo da vida.

Nanomedicina outro domínio de aplicação: Técnicas anti-microbianas

-Frietas no seu artigo "Microbivores: Artifical Mechanical Phagocytes using Digest and Discharge Protocol" discute a eliminação de infecções em minutos, em vez de utilizar antibióticos durante um período prolongado, através da utilização de nanorrobôs anti-microbianos (Frietas, 2000).

-O sítio Web da Nucryst Pharmaceuticals Corporation refere a utilização da prata nanocristalina (Demlinging, 2010) como agente antimicrobiano para o tratamento de feridas, como uma das primeiras aplicações da nanomedicina.

-A utilização de um creme feito de nanopartículas que libertam gás de óxido nítrico (AECM, 2009) no local dos abcessos de estafilococos mata as bactérias e ajuda a cicatrizar mais rapidamente, reduzindo consideravelmente a infeção.

Aplicações da nanomedicina na reparação celular

-O artigo 'The *Ideal Gene Delivery Vetor: Chromallocytes, Cell Repair Nanorobots for Chromosome Repair Therapy"* (Frietas, 2007), apresenta uma análise da conceção da programação de nanobots para efetuar reparações em células danificadas, imitando assim o papel dos anticorpos.

Algumas das empresas que se dedicam ao fabrico de nanomedicamentos são: BioDelivery Sciences, CytImmune, Invitrogen, Nucryst, Luna Inovations, NanoBio, NanoBio Magnetics, Nanobiotix, Nanospectra, Nanosphere, Nanotherapeutics, Oxonica, T2 Biosystems, Z-Medica, Sirnaomics, Makefield Therapeutics, DNA Medicine Institute, NanoViricides, etc.

Ambiente

Poluição da água e nanotecnologia Há três áreas em que os desenvolvimentos nanotecnológicos se estão a centrar na purificação da água. A remoção de sal e metais da água está a ser tentada através da utilização de eléctrodos desionizantes à base de nanofibras. A remoção de vírus é muito promissora quando se utilizam nanofiltros para purificar a água. Por último, a remoção de produtos químicos industriais, como agentes de limpeza, etc., das águas subterrâneas está a ser tentada através da utilização de nanopartículas para os tornar inofensivos. Este método pode ser utilizado em reservatórios subterrâneos sem necessidade de bombear a água para a superfície e de a tratar, reduzindo assim significativamente os custos.

Desenvolvimentos actuais da nanotecnologia na poluição da água

- Os custos da dessalinização da água do mar podem ser reduzidos através da utilização de energia solar e de nanomembranas (IBM, 2010).

- A poluição das águas subterrâneas com tetracloreto de carbono pode ser limpa (OHSU, 2005) utilizando nanopartículas de ferro.

- Decomposição de moléculas orgânicas (ANL, 2010) em águas poluídas num processo de fotocatálise com nanofios de cloreto de prata.

- Desenvolvimento de nanopartículas absorventes de partículas radioactivas para limpar as águas subterrâneas (CDA, 2002).

- Os solventes hidrofóbicos pesados em água podem ser neutralizados por nanopartículas de ferro revestidas (DUNN, 2005).

- Utilização de tapetes de nanofios para absorver derrames de petróleo.

- Utilização de nanopartículas de óxido de ferro para limpar o arsénico (Rice Univ, 2009) de poços de água.

- As gotículas de óleo na água podem ser apanhadas utilizando nanotubos de carbono (com ponta de ouro) (Rice Univ, 2008).

Algumas empresas que lidam com Purificação de Água são: SiREM, Campbell Applied Physics, NanoH2O, Argonide, Lehigh Nanotech etc.

Poluição atmosférica e nanotecnologia A nanotecnologia está a ser utilizada de duas formas para reduzir a poluição atmosférica, nomeadamente, na melhoria dos catalisadores atualmente utilizados e no desenvolvimento de nanomembranas para o futuro. A utilização de nanocatalisadores aumenta a sua área de superfície de interação, deteção e conversão em gases inofensivos, sendo muito mais baratos e eficientes do que os catalisadores normais. A separação do dióxido de carbono está a ser tentada através da utilização de nanomembranas em gases de escape industriais, eliminando assim a necessidade de instalar sistemas antipoluição muito dispendiosos.

Desenvolvimentos em curso no domínio da nanotecnologia - Poluição atmosférica

- O catalisador à temperatura ambiente feito de óxido de manganês poroso incorporado com nanopartículas de ouro (Angewandte Cheme, 2010) pode ser utilizado para purificar o ar através da decomposição de compostos orgânicos voláteis.

- Utilização de cristais com poros nanométricos para reter o dióxido de carbono (Univ. da Califórnia, 2010).

- Reduzir a quantidade de platina utilizada nos conversores catalíticos (Kanellos, 2006).

- As células de combustível podem ser alimentadas com metanol produzido pela conversão de dióxido de carbono (BASF, 2010).

- Redução das emissões das centrais eléctricas através da conversão de dióxido de carbono em nanotubos (Shalleck, 2006).

- As chaminés de fumo industriais podem ser libertadas de dióxido de carbono através de: -

(a) Membranas à base de nanotubos de carbono (Univ. de Queensland, 2007)

(b) Membranas nanoestruturadas (Nanoglowa, 2010)

(c) Enzimas geneticamente modificadas (Hamilton, 2007)

Algumas empresas que se dedicam ao fabrico de produtos para a redução da poluição atmosférica são: NanoStellar, CO2 Solution e American Elements, etc.

Sensores químicos e nanotecnologia Os sensores baseados na nanotecnologia utilizam vários nanomateriais, como os nanofios de óxido de zinco, as nanopartículas de paládio ou os nanotubos de carbono, para detetar quantidades mínimas de vapores químicos. Uma vez que as propriedades eléctricas destes nanomateriais sofrem alterações, a absorção de algumas moléculas é suficiente para induzir alterações na resistência, na capacitância, etc. Assim, mesmo a mais ínfima quantidade de vapor pode ser detectada por nanosensores, o que seria uma grande ajuda na localização de explosivos ou de acumulações de gases perigosos em instalações. O facto de estes sensores serem muito baratos e eficientes contribuiria para a sua ampla implantação e utilização em áreas de segurança, fábricas, laboratórios hospitalares ou estações de rede de monitorização e rastreio da poluição atmosférica (Baraten et al, 2003).

Desenvolvimentos actuais da nanotecnologia em sensores químicos

- A camada de partículas de nano-paládio é utilizada como sensor de hidrogénio. Estas partículas incham (ANL, 2005) e entram em curto-circuito umas com as outras ao absorverem moléculas de hidrogénio, provocando a queda da resistência da camada.

- Para a deteção de um grande número de vapores químicos, são utilizados elementos de nanotubos de carbono (Hanisch, 2008) e elementos de nanofios de óxido de zinco (NASA, 2010).

- Para a deteção de compostos químicos voláteis, é utilizada uma película de polímero com uma camada de nanopartículas de ouro (ORNL, 2010).

- Os nano-cantilevers (Univ. da Califórnia, 2010) estão a ser utilizados em sensores que oscilam na sua frequência de ressonância e que, quando uma molécula química é absorvida, param as oscilações.

- Elementos de silício nanoporoso (GIT, 2010) em sensores poderiam ser implantados em telemóveis para construir uma enorme rede de detectores de gases químicos ou toxinas.

- A energia mecânica, como o vento ou a maré, pode ser aproveitada por sensores que utilizam nanofios piezoeléctricos de óxido de zinco (Lashinsky, 2006) para gerar eletricidade.

Algumas empresas que se dedicam ao fabrico de produtos para aplicações em sensores químicos são: Nanomix, Applied Nanotech e Owlstone Nanotechetc.

Nanotecnologia em produtos de consumo

Considerações gerais A grande maioria dos produtos de consumo nanotecnológicos atualmente existentes no mercado recorre a efeitos de interface. A interface é uma superfície bidimensional que marca a fronteira entre dois materiais. Quando uma interface é tornada mais rugosa, por exemplo, esta área de superfície aumenta. Do mesmo modo, quando as partículas se tornam mais pequenas, a relação entre a área de superfície e o volume aumenta. Um material constituído por blocos de construção nanoscópicos apresenta um rácio área de superfície/volume extremamente elevado. Este efeito influencia, por exemplo, a atividade catalítica das nanopartículas. O inverso, uma estrutura nanoporosa, pode ser utilizada como membrana em processos de filtração ou como material de isolamento (por exemplo, zeólitos). Este efeito também pode ser explorado quando uma propriedade de um determinado material é aplicada a uma superfície (por exemplo, resistência a riscos). Em muitos casos, um revestimento minúsculo, quase invisível, do material continua a proporcionar a propriedade física desejada. Outra classe de efeitos que está a começar a ser incorporada nos produtos nanotecnológicos são os efeitos mecânicos quânticos, embora em muito menor grau do que os efeitos de interface. A mecânica quântica pode resultar em propriedades ópticas, eléctricas e magnéticas únicas dos nanomateriais. Este efeito foi explorado já na época medieval, quando nanopartículas de ouro foram utilizadas para dar uma cor avermelhada às janelas das igrejas. Um leitor de mp3 moderno armazena dados numa memória flash utilizando o efeito de tunelamento da mecânica quântica. Por último, embora não seja um efeito físico típico como no caso dos efeitos de interface e quânticos, a complexidade é outro fator importante que conduz ao valor acrescentado dos produtos de consumo nanotecnológicos (Gleiche et al, 2006). Os benefícios para o consumidor decorrentes da integração de dispositivos cada vez mais pequenos foram mais claramente ilustrados pela indústria microeletrónica. Parece não haver fim à vista para a melhoria constante da velocidade dos processadores e da densidade da memória, utilizando a miniaturização para criar circuitos mais complexos.

Nanotecnologia nos tecidos O fabrico de tecidos com nanopartículas não aumenta o seu peso, rigidez ou espessura, mas aumenta as suas propriedades físicas, como a repelência às manchas e à água, etc.

Aplicações nanotecnológicas em tecidos

- Tecido resistente à água e às nódoas graças à utilização de nanowhiskers que absorvem a água.
- Vestuário resistente ao odor, utilizando tecido impregnado com nanopartículas de prata, que é antibacteriano.
- Inserções isolantes de calçado para tempo frio utilizando nanoporos.
- Efeito "planta de lótus" para tecido revestido com nanopartículas que é utilizado no exterior, resultando na libertação da sujidade da chuva.

Desenvolvimentos actuais da nanotecnologia nos tecidos

- Tecido leve à prova de bala (Nanowerk, 2006) utilizando nanotubos.

- Bateria criada através do revestimento de um tecido com nanopartículas (Stanford Univ, 2010). Tecido de células solares utilizando a Power Fiber da Konarka .TM

- Vestuário de proteção contra produtos químicos perigosos que utiliza um favo de mel de nanofibras de poliuretano (Davis, 2006).

- Movimentos normais para gerar eletricidade no vestuário através da utilização de fibras piezoeléctricas (Univ. da Califórnia, 2010).

Algumas empresas que se dedicam ao fabrico de nano tecidos são: Nano-tex, Aspen Aerogel, BASF, NanoHorizons, Schoeller Technologies, Nano Group, etc.

Artigos desportivos com nanotecnologia Os produtos vão desde a cera para esquiar ("nanowax") até às bicicletas ultraleves para a Volta à França. Pelo menos quatro empresas diferentes em todo o mundo oferecem raquetes de ténis reforçadas com nanotubos de carbono. Ao utilizar um material mais resistente, o peso total da raquete pode ser reduzido enquanto a rigidez é mantida ou mesmo aumentada. Estas raquetes afirmam ser mais reactivas do que as suas congéneres mais pesadas (Wilson, Babolat, Volkl e Yonex). Outros artigos desportivos que utilizam o reforço de nanotubos de carbono incluem tacos de basebol (Easton), raquetes de badminton (Yonex) e sticks de hóquei (Montreal Hockey). No entanto, os preços comparativamente elevados dos nanotubos e a falta de informações técnicas pormenorizadas, como a comparação das propriedades mecânicas antes e depois do reforço, podem deixar margem para questões críticas (Gleiche et al, 2006). Para além das raquetes de ténis, foram produzidas bolas de ténis (InMat) e bolas de golfe (NanoDynamics, Nano-S Inc) com propriedades nanotecnologicamente melhoradas. A estratégia para melhorar as bolas de ténis consiste em diminuir a permeabilidade ao gás, manter a pressão durante mais tempo (alegadamente o dobro; Wilson, Double Core) e, por conseguinte, aumentar o tempo de vida (as bolas de ténis normais não duram normalmente um jogo de ténis de três sets). No entanto, as alegações de que as bolas de golfe voam "mais a direito" e rolam melhor devido a uma superfície hidrofóbica são um pouco mais duvidosas.

Aplicações da nanotecnologia no desporto

- Aumento da resistência das raquetes de ténis através da adição de nanotubos aos quadros, o que aumenta o controlo e a potência quando se bate na bola.

- Preenchimento de quaisquer imperfeições nos materiais do eixo do taco com nanopartículas; isto melhora a uniformidade do material que compõe o eixo, melhorando assim o seu swing.

- Redução da taxa de fuga de ar nas bolas de ténis para que estas mantenham o seu ressalto durante mais tempo.

Desenvolvimentos actuais da nanotecnologia nos artigos de desporto

- Utilização de material de dimensão nanométrica para preencher eventuais espaços vazios (Thomasson, 2006) nos eixos de golfe.

- Utilização de uma película de nanocompósito para manter o ar nas bolas de ténis durante mais tempo.

- Adição de nanotubos de carbono às raquetes de ténis para reforçar a raquete e aumentar a potência.

- Melhorar os guiadores de bicicleta (Easton Inc, 2010) feitos com fibras de carbono, preenchendo os espaços à volta das fibras de carbono com nanotubos, proporcionando guiadores mais leves e mais resistentes.

Algumas empresas que se dedicam ao fabrico de artigos de desporto são:- Easton, AccuFlex, NanoDynamics, Babolat,Wilson

Nanotecnologia em eletrónica (nanoelectrónica) Os leitores de mp3 actuais utilizam um mini-disco rígido ou a chamada memória flash, ambos capazes de armazenar até várias dezenas de gigabytes. Consequentemente, a memória flash está a ultrapassar a sua antecessora magnética, aumentando a sua capacidade e reduzindo as dimensões dos seus transístores. Atualmente, a produção de flash de última geração utiliza a tecnologia de 60 nm, que se refere ao tamanho médio das caraterísticas. Este valor é bastante inferior ao limite de 100 nm do início da nanotecnologia (Gleiche et al, 2006). A memória flash baseia-se no armazenamento de cargas numa porta de transístor isolada eletricamente, denominada porta flutuante. Esta porta flutuante pode estar carregada ou descarregada, representando os estados binários. No entanto, a escrita e o apagamento são frequentemente efectuados através do processo de tunelamento mecânico quântico (FN Tunnelling ou Fowler Nordheim Tunnelling). A este respeito, os produtos modernos de memória flash caem verdadeiramente no domínio da nanotecnologia. Isto aplica-se, naturalmente, a todos os produtos de consumo baseados em flash, sem se limitar aos poucos exemplos que ostentam a palavra "nano" na sua embalagem.

Além disso, a unidade central de processamento, a CPU, de todos os computadores modernos também utiliza a nanotecnologia. Isto deve-se não só ao facto de a dimensão crítica da estrutura de todas as CPUs modernas ser bastante inferior a 100 nm, mas também ao facto de terem sido acrescentadas novas funções. A constante de rede, por exemplo, do silício dopado num transístor de efeito de campo pode ser ajustada através de tensão mecânica. O chamado silício deformado é utilizado para aumentar a condutividade eléctrica.

Atualmente, o efeito Giant Magneto Resistance (GMR) é utilizado nas cabeças de leitura e escrita das unidades de disco rígido comuns. O GMR é um efeito mecânico quântico que tornou possível a enorme capacidade de armazenamento dos actuais HDD. A utilização da tecnologia GMR permitiu densidades de área muito superiores a 100 gigabits por polegada quadrada. Enquanto os domínios magnéticos da atual unidade de disco rígido estão orientados no plano, as futuras unidades serão verticais. Domínios de leitura e escrita mais densamente compactados exigem cabeças de leitura e escrita mais sensíveis, para as quais se pode utilizar o efeito de resistência magnética de tunelamento (TMR). Neste sentido, todas as unidades de disco rígido dos computadores podem ser consideradas produtos nanotecnológicos. Outra peça espantosa da nanotecnologia é o díodo emissor de luz (LED), atualmente muito utilizado. Os LED brancos podem ser encontrados em muitas aplicações de iluminação, como lanternas, onde substituíram as lâmpadas incandescentes. A vantagem é uma vida útil muito mais longa. Os LED brancos geram a sua luz em regiões muito bem definidas, a fim de aumentar a eficiência (confinamento espacial). Estas regiões, designadas por poços quânticos, têm uma espessura de cerca de 10 nm. O movimento dos portadores de carga é limitado a uma camada fina, resultando em níveis de energia quantizados (confinamento quântico). A tecnologia de certos díodos laser é ainda mais avançada: o movimento dos portadores de carga é limitado a pequenos nanocristais semicondutores designados por pontos quânticos.

Desenvolvimentos em curso na nanoelectrónica Os investigadores estão a estudar os seguintes projectos de nanoelectrónica

- Os transístores são fabricados a partir de nanotubos de carbono (InFincon, 2004), o que permite que a dimensão física dos transístores seja da ordem dos nanómetros. Este facto, por sua vez, permite reduzir as dimensões dos circuitos integrados (Stanford Univ, 2008).

- A utilização de eléctrodos feitos de nanofios permitiria que os ecrãs planos fossem flexíveis (Purdue Univ, 2008) e mais finos do que os actuais ecrãs planos.

- Utilização de técnicas MEMS para controlar um conjunto de sondas cujas pontas têm um raio de alguns nanómetros. Estas sondas são utilizadas para escrever e ler dados numa película de polímero, com o objetivo de produzir chips de memória com uma densidade de um terabyte por polegada quadrada (IBM Zurique, 2010) ou superior.

- Transístores construídos em película de grafeno com um átomo de espessura (IBM, 2010) para permitir transístores de velocidade muito elevada.

- Combinação de nanopartículas de ouro com moléculas orgânicas para criar um transístor conhecido como NOMFET (Nanoparticle Organic Memory Field-Effect Transistor) (CNRS, 2010).

- Os painéis de visualização designados por "nanoemissivos" (Motorola, 2005) têm cerca de um milímetro de espessura e são muito leves. Os pixels são iluminados por feixes de electrões, que são dirigidos através da utilização de nanotubos de carbono.

- Realização de circuitos integrados com caraterísticas que podem ser medidas em nanómetros (nm), como o processo que permite a produção de circuitos integrados com portas de transístor com 45 nm de largura (Bohr et al, 2007).

- Utilização de anéis magnéticos nanométricos para fabricar Magnetoresistive Random Access Memory (MRAM) (Univ of Illinois, 2004) que, segundo a investigação, pode permitir uma densidade de memória de 400 GB por polegada quadrada.

- Desenvolvimento de transístores de dimensão molecular (Univ. de Alberta, 2005), que poderá permitir reduzir a largura das portas dos transístores para cerca de um nm, o que aumentará significativamente a densidade dos transístores nos circuitos integrados.

- Utilização de nanoestruturas de alinhamento automático para fabricar circuitos integrados à escala nanométrica (HP, 2007).

- Utilização de nanofios para construir transístores sem junções p-n (TNI, 2010).

- Utilização de pontos quânticos magnéticos (Univ of Queensland, 2010) em dispositivos semicondutores spintrónicos. Espera-se que os dispositivos spintrónicos tenham uma densidade significativamente mais elevada e um menor consumo de energia, uma vez que medem o spin dos componentes electrónicos para determinar um 1 ou 0, em vez de medirem grupos de componentes electrónicos, como acontece nos actuais dispositivos semicondutores.

Algumas empresas que se dedicam ao fabrico de produtos nanoelectrónicos são:- Everspin Technologies, HP, IBM, Intel, California Molecular Electronics Corp, Unidym, etc.

Melhoramento da casa Apenas alguns produtos nanotecnológicos podem ser encontrados nas lojas de ferragens actuais. Um exemplo é a folha de vidro autolimpante à base de partículas de dióxido de titânio (Pilkington Activ™). A camada autolimpante ativa-se a si própria depois de ser exposta à luz UV e resulta na decomposição de compostos orgânicos. No entanto, a chuva é necessária para lavar a sujidade solta após a decomposição. O mesmo princípio fotocatalítico foi utilizado para produzir telhas de barro auto-limpantes (ERLUS Lotus®). Estas telhas de barro combinam as propriedades normalmente contrárias da hidrofobicidade e da fotocatálise. Os materiais nanoporosos oferecem um isolamento térmico superior. Embora os aerogéis de sílica sejam os melhores em termos de condutividade térmica mais baixa, a sua fragilidade e o seu elevado preço têm impedido até agora uma utilização mais alargada. No entanto, foram desenvolvidos materiais nanoporosos sob a forma de mantas flexíveis ou painéis evacuados para uma melhor gestão térmica. (Aspen Aerogels, Va-Q-Tec). Outro exemplo pode ser encontrado nos revestimentos hidrofóbicos para fachadas. O famoso LotusEffect® foi transferido com êxito para a pintura (Lotusan). Esta tinta proporciona uma microestrutura de superfície semelhante à encontrada nas folhas de lótus.

Produtos para o lar Muitos produtos para o lar foram designados nano ou nanotecnológicos. Para além de produtos de limpeza para vidros, azulejos e sapatos, foram introduzidos vários revestimentos diferentes, na sua maioria hidrofóbicos. Até as conhecidas frigideiras antiaderentes passaram a ser "nano", utilizando nanocompósitos para acabamentos de superfície antiaderentes para trabalhos pesados. Os produtos antimicrobianos utilizam principalmente compostos à base de nanosilver como ingrediente básico. Para além da utilização de nanoprata em filtros para ar condicionado, foi também introduzida em máquinas de lavar roupa e frigoríficos (Samsung).

Nanotecnologia e voos espaciais A nanotecnologia pode ser a chave para tornar os voos espaciais práticos para o homem comum. A redução do combustível necessário para os foguetões, sistemas de naves espaciais mais leves, monitorização extensiva e crucial das naves espaciais e dos astronautas através de nanosensores e nanobots, e a redução dos custos dos sistemas de exploração dos planetas e das viagens inter-orbitais através da utilização de nanomateriais, sensores e nanobots é uma das prioridades dos laboratórios espaciais.

Desenvolvimentos em curso no domínio da nanotecnologia - Spaceflight Estão em curso desenvolvimentos interessantes:

- Cabo de elevador espacial feito de nanotubos de carbono (NASA, 2000), reduzindo assim os custos de transporte de material para o espaço.

- Utilização de bio-nanobots em fatos espaciais. A camada mais interna poderia ter nanobots de assistência médica para monitorizar e prestar assistência médica aos astronautas, avaliando o seu estado físico. Os bio-nanobots na camada exterior seriam bots de engenharia capazes de monitorizar, reparar o fato espacial, etc.

- Utilização de enxames de nanosensores para procurar nos planetas vestígios de vários produtos químicos ou de água (NEUB, 2004).

- Redução do peso das naves espaciais através da utilização de nanomateriais como os nanotubos de carbono (NASA, 2002).

- Redução da complexidade e do peso dos sistemas de propulsão das naves espaciais (Univ. de Michigan, 2009) que aceleram as partículas nanotecnológicas, concebendo assim um tipo normalizado de sistema de propulsão para utilização em motores de diferentes dimensões.

- Fabricar velas solares de nanotubos, que impulsionam a nave espacial tirando partido da pressão dos raios solares acumulados nas células solares (Brain, 2010). Isto reduziria a necessidade de transportar combustível adicional da Terra.

- Monitorização de vestígios de produtos químicos e do desempenho dos sistemas de suporte de vida numa nave espacial através da utilização de nanosensores

I&D em curso no domínio da nanotecnologia em voos espaciais

- A redução do consumo de energia, da massa e do volume dos sistemas das naves espaciais (comunicações, sensores, sistemas de propulsão, etc.) está a ser estudada no Centro de Nanotecnologia da NASA Ames.

- A redução do peso das naves espaciais através da utilização de compósitos de nanotubos está a ser estudada no Projeto de Nano Materiais do Centro Espacial Johnson.

- Um projeto de elevador espacial dedicado foi realizado pelo The LiftPort Group com uma data prevista para outubro de 2031.

- A instrumentação para voos espaciais está a ser desenvolvida no Laboratório de Nanotecnologia Espacial do MIT.

- SECÇÃO 3: APLICAÇÕES MILITARES DAS NANOTECNOLOGIAS

É bem sabido que as tecnologias sempre moldaram os resultados nos campos de batalha, catalisando a ascensão e a queda de impérios. Diz-se que a revolução nos assuntos militares (RMA) ocorre quando a tecnologia inovadora tem um enorme impacto na natureza da guerra. Os sistemas microelectromecânicos (MEMS) parecem estar a ficar para trás em relação aos avanços da nanotecnologia e poderão dar início a uma nova RMA. Os dispositivos nanotecnológicos poderão ser os motores desta RMA. O Almirante William Owens definiu o conceito de RMA na década de 1990 como "sistema de sistemas que produz uma consciência situacional total". A arquitetura holística do sistema incorpora em si a capacidade de reconhecimento, vigilância, seleção de alvos, informações, comando e controlo. As capacidades das unidades de combate individuais são integradas num único corpo de combate dominante.

De acordo com Starr (1995), Andrew Marshall previu que "a mudança será profunda... os novos métodos de guerra serão muito mais poderosos do que os antigos". Os MEMS já se estenderam a praticamente todos os dispositivos e a nanotecnologia está a penetrar numa infinidade de aplicações militares que cobrem praticamente todas as fronteiras da tecnologia militar, por exemplo

-Comunicações sem fios

-Sensores biomédicos

-Armazenamento de dados em massa

-Unidades de medida por inércia

-Superfícies conformáveis activas para aeronaves.

-Processamento de sinais

-Sensores não tripulados para seguimento e vigilância

-Instrumentos de análise

-Sensores distribuídos para manutenção baseada no estado e monitorização estrutural

-Componentes e redes de fibras ópticas

-Controlo distribuído de sistemas aerodinâmicos e hidrodinâmicos

Aplicações das munições guiadas de precisão (PGM) A nanotecnologia tornou as PGM mais potentes. O impacto das PGM na guerra do Golfo em alvos estratégicos (instalações de apoio militar e activos C3, etc.) foi semelhante a uma mini RMA. As PGM são preferidas porque são muito precisas, podem ser apontadas a pontos específicos da área-alvo, os danos colaterais são minimizados e a infraestrutura geral fica apenas marginalmente danificada. As PGMs não foram totalmente exploradas em combate, especialmente porque oferecem vantagens de capacidade de afastamento (mantendo as próprias forças longe dos alvos inimigos) e de transporte de menor número (devido à precisão alcançada). Na guerra do Golfo, no entanto, também se verificou que as PGMs nem sempre eram precisas, eram muito caras e eram seduzidas por contramedidas simples. Além disso, os alvos eram frequentemente deslocados e posicionados perto de grandes áreas povoadas, reduzindo assim a utilização de PGMs pelos aliados. As propriedades de peso, dimensão e custo muito reduzidos fazem da nanotecnologia a escolha ideal para as PGM e sistemas associados (sensores integrais, actuadores, aceleradores, computadores, etc.). Estas caraterísticas tornam-na ainda mais propícia à conceção personalizada de pacotes de armas específicos. Um nanoacelerómetro e um giroscópio para mísseis podem custar menos de 20 dólares, em comparação com o custo de 1000 dólares de um dispositivo equivalente atualmente. Callahan (2000) prevê que "Com os nano componentes de navegação, muitas munições burras - obuses, morteiros e foguetes - poderiam ser adaptadas e transformadas em armas do tipo PGM. As munições não guiadas com uma probabilidade de erro circular de 250 metros poderiam melhorar instantaneamente para alguns metros". O aumento da precisão das munições convencionais exigiria um número muito menor de munições para desativar um alvo. Além disso, o inimigo, quando confrontado com uma barragem de PGM, teria de investir em sistemas anti PGM (antiaéreos, anti-interferência, contramedidas, etc.), instalações subterrâneas, mais áreas de dispersão, etc. Isto muda, de um modo geral, o foco do inimigo de investimentos ofensivos para investimentos defensivos. A eficiência das operações militares diminuiria com a utilização de recursos em alvos de dispersão e de ocultação, provocando assim atrasos e afectando o moral de uma força de combate. Curiosamente, uma abordagem demasiado defensiva levaria o inimigo a adotar contramedidas inovadoras que, por sua vez, obrigariam a potência PGM a desenvolver contramedidas e assim por diante. Atualmente, a atenção centra-se na incorporação de nanossensores para indicar se o alvo foi ou não atingido e no aumento da fiabilidade dos sistemas de fusão das armas.

A nanotecnologia e a febre da Nanowar do soldado começaram a tornar-se globais. Shimon Peres, antigo Primeiro-Ministro de Israel, abriu uma conferência neerlandesa-israelita de NT, em 15 de abril de 2004, dizendo

"Um nano-uniforme para os soldados americanos será mais leve do que o algodão, mas protegê-los-á contra balas e gases, regulará a sua temperatura corporal e aumentará a sua força. Poderão levantar facilmente 120 kg com uma só mão. Este novo uniforme estará disponível dentro de três anos (Malsch, 2004)."

Em vários domínios, a investigação e o desenvolvimento nanotecnológicos já prometem resultados que podem ser rapidamente integrados nos fatos de combate dos soldados.

Comunicações. Os esforços da Raytheon indicam a produção de um recetor de rádio militar tão pequeno como um cartão de crédito (o peso atual é de 10 libras), que funcionaria durante mais tempo por um fator de 10 e seria de fácil manutenção.

Veículo aéreo não tripulado (UAV). Os actuais VANTs baseados em MEMS têm apenas 6 polegadas de comprimento e pesam 3 onças. Os UAV nanotecnológicos implicariam que os soldados poderiam transportar um grande número de UAV descartáveis. Poderiam ser utilizados para fins como interferência, reconhecimento, seleção de alvos e alerta precoce.

Identificação de Amigo ou Inimigo (IFF). A nanotecnologia permitiria agora equipar as forças terrestres com sistemas IFF semelhantes aos dos aviões militares, para distinguir as forças inimigas das forças amigas. Este designador poderia fazer parte do equipamento de um soldado.

Ecrã de informação. Um ecrã nanotecnológico de alta resolução e baixo consumo de energia (0,5 a 5 polegadas) poderia ser incorporado no visor monocular do capacete dos Guerreiros Terrestres. (O ecrã mostra dados, posição, mapas, ordens, etc.)

Navegação. O comando e o controlo podem ser melhorados se os soldados dispuserem de um sistema de navegação inercial/sistema de posicionamento global (INS/GPS), que pode ajudar na localização, interrogação e transmissão de informações.

Defesa contra a guerra química/biológica. Os sistemas nanotecnológicos de deteção de CBW poderiam ser suficientemente pequenos para serem transportados por soldados, o que permitiria uma deteção rápida da utilização de CBW pelo inimigo.

Aplicações militares - Financiamento Clifford Lau, o conselheiro científico sénior do gabinete de investigação básica do Pentágono, afirma que "a nanotecnologia é um dos programas científicos e tecnológicos de maior prioridade no Departamento de Defesa. A nanotecnologia é um 'multiplicador de forças', tornar-nos-á mais rápidos e mais fortes no campo de batalha". É também presidente do conselho de nanotecnologia do grupo de engenharia IEEE e afirma ainda que "*a investigação em .... está a ser coordenada entre os ramos militares e existem planos para fazer a transição da tecnologia da investigação básica para a aplicação". (Citado por Leventhal, 2004)*

I&D militar em nanotecnologia nos EUA Os Estados Unidos são responsáveis por dois terços das despesas globais em I&D militar (52 mil milhões de dólares em 2002, seguidos da França e do Reino Unido, com um total de 7 mil milhões de dólares, e da Rússia e da China, com um total de cerca de 3 mil milhões de dólares) (BIC, 2004, 2003, 2002).Os números relativos às despesas de outros países são difíceis de obter, mas a julgar pelo esforço do Reino Unido, na ordem dos 2-3 milhões de dólares por ano (MOD, Reino Unido, 2001), os EUA podem gastar mais do que o resto do mundo em nanotecnologia militar por um fator de dez. Esta situação poderá diminuir se mais países seguirem o exemplo dos EUA e fizerem da NT militar uma prioridade elevada.

Os EUA têm vindo a financiar programas de investigação fundamental no domínio da defesa desde a década de 1980. Estes incluem iniciativas de investigação universitária no domínio da defesa em nanotecnologia, com subvenções anuais para investigadores universitários (cerca de 16 subvenções multimilionárias) e 25 subvenções multidisciplinares para iniciativas de investigação universitária. A investigação nanotecnológica no sector da informação (dispositivos de comunicação, sensores, processadores informáticos, etc.) recebe um financiamento de cerca de 100 milhões de dólares.

A nanotecnologia militar está ainda, em grande parte, na fase de investigação. A Agência de Projectos de Investigação Avançada no domínio da Defesa (DARPA) está a financiar trabalhos em universidades, tal como as agências de I&D dos vários ramos das forças armadas (que também realizam investigação nos seus próprios laboratórios). Os programas da DARPA abrangem a eletrónica (por exemplo, litografia sub-50 nm, spintrónica, eletrónica molecular, interconexões à escala nanométrica), os materiais (como nanotubos, polímeros condutores ou electroactivos, memória magnética, fibras funcionais para têxteis) e a biologia (por exemplo nanopartículas magnéticas para análise e manipulação de biomoléculas e células, imagiologia de biomoléculas com resolução atómica baseada em cantilever, interfaces biologia-eletrónica, motores nanobiomoleculares, montagem de ossos e pele e sensores de guerra biológica de ação rápida).

O Laboratório de Investigação Naval fundou um Instituto de Nanociências em 2003. Aqui e nas divisões tradicionais, está a ser feita uma vasta investigação nas áreas da nano-montagem, ótica, química, eletrónica e mecânica. A nanotecnologia é utilizada pela Marinha, em revestimentos anti cracas em submarinos e na proteção contra a corrosão de navios de apoio. O Laboratório de Investigação do Exército está a trabalhar em nanotecnologia para a defesa química e biológica, materiais estruturais e materiais particulados; em nanomateriais energéticos, com destaque para os propulsores de alta energia insensíveis (ou seja, seguros contra ignição não intencional) com melhor taxa de combustão e propriedades mecânicas. O Laboratório de Investigação da Força Aérea está ativo nos domínios da biologia, eletrónica, materiais e física; uma das prioridades são as nanopartículas energéticas para explosivos e propulsão. As estruturas dos UAV utilizam materiais leves e nanocompósitos resistentes ao radar na Força Aérea. A nanotecnologia está a ser utilizada para a deteção e defesa contra armas químicas, biológicas, radiológicas e nucleares e nanocompósitos mais fortes e leves serão inseridos em blindagens corporais avançadas. A Iniciativa de Investigação Universitária de Defesa sobre NT (DURINT) concede subvenções para equipamento de NT, bem como para projectos de investigação, com títulos de projectos que vão desde a computação quântica através de nanotubos a sistemas nano-energéticos.

- SECÇÃO QUATRO: IMPLICAÇÕES ESTRATÉGICAS PARA A ÍNDIA

Gostaria de destacar três domínios que têm implicações estratégicas para nós: em primeiro lugar, o desenvolvimento de armas nucleares; em segundo lugar, o envolvimento da diáspora indiana no programa de armamento dos EUA; e, por último, os progressos realizados pela China no domínio da nanotecnologia. Estes aspectos devem ser tidos em conta aquando da elaboração das nossas políticas futuras em matéria nuclear, da tomada de posição política na Ásia e do desenvolvimento das relações com os EUA no domínio da ciência e da tecnologia.

Nanotecnologia e armas nucleares Nas guerras recentes, aprenderam-se algumas lições importantes. Em primeiro lugar, o número de PGMs/munições convencionais necessárias contra alvos em terrenos difíceis torna o custo proibitivo em relação à utilização de uma única ogiva mais potente (Teller, 1991).

Em segundo lugar, a utilização de munições com núcleo de urânio empobrecido (armas de atividade radioeléctrica muito baixa) parece ter ganho aceitabilidade tanto a nível militar como político. Não se registaram quaisquer protestos contra a utilização deste tipo de armas nas guerras do Golfo. [2] Tendo em conta o que precede, há uma procura de novas armas, tanto convencionais como com ogivas de baixa radioatividade. Estas ogivas são especialmente necessárias para destruir bunkers subterrâneos e postos de comando (Bailey, 1994). A nanotecnologia tem estado a liderar estes esforços e o financiamento desta investigação tem sido justificado em nome da exploração científica e não como sendo necessário para manter o poder militar.

É interessante notar que o nascimento da nanotecnologia teve lugar nos laboratórios de armamento nuclear, enquanto se procedia à conceção e fabrico de dispositivos microeléctricos e mecânicos MEMS. Os MEMS estavam a ser explorados para o fabrico de mecanismos de fusão, armamento e explosão extremamente fiáveis e robustos para utilização em armamento convencional, como projécteis de longo alcance. Nas armas pesadas, os mecanismos de fusão e de armamento são sujeitos a uma enorme aceleração. O conceito de conceção consistia em tornar os componentes tão sofisticados e pequenos quanto possível para reduzir as peças móveis e aumentar a segurança e a fiabilidade. Os MEMS foram sendo cada vez mais utilizados e estes conceitos foram transformados em realidade em laboratórios como o Sandia National Laboratory, nos EUA.[3]

Noutra frente, tem-se procurado desenvolver explosivos nucleares de muito baixo rendimento que possam ser utilizados como fontes de microexplosões controladas para bombas nucleares e armas, se estiverem disponíveis mecanismos de fusão compactos. Isto ganhou um novo ímpeto quando se descobriu que era mais prático conceber um explosivo de microfusão do que um dispositivo de microfissão. (A microfusão resulta em muito menos precipitação radioactiva do que um explosivo de cisão equivalente!)

Atualmente, esta investigação constitui a principal área de trabalho dos laboratórios de armamento nuclear, como o National Ignition Facility (NIF) dos EUA e o laboratório francês Laser Mega joule. Os mais delicados e sofisticados nanodispositivos são utilizados nas minúsculas pastilhas de combustível que estão a ser experimentadas.

A procura de materiais muito melhores para satisfazer requisitos muito específicos estimulou a investigação de peças de nanoengenharia de alta precisão e elevada pureza, bem como de materiais para utilização em dispositivos de detonação como isoladores para condensadores de armazenamento.

Avaliação do impacto da nanotecnologia nas armas nucleares A nanotecnologia tornou-se fundamental para as armas nucleares e o seu impacto no aperfeiçoamento e conceção de novos tipos de armas, tanto convencionais como nucleares, já não é discutível. Este facto chamou a atenção dos decisores políticos

---

[2] As munições de urânio empobrecido (DU) foram inicialmente concebidas para impedir um ataque maciço de tanques da Organização do Pacto de Varsóvia, com armas nucleares. A sua primeira utilização durante a Guerra do Golfo de 1991 quebrou um tabu de 46 anos contra a utilização intencional ou a indução de radioatividade em combate.

[3] Imagens das engrenagens de 50 micrómetros da intrincada fechadura de segurança da Sandia para mísseis nucleares foram publicadas na Science, Vol.282, 16 de outubro de 1998, pp. 402-405.

nos mais altos escalões do poder.

Smalley (2001) afirma que as implicações a longo prazo da nanotecnologia devem ser avaliadas racionalmente, na sua opinião "há aplicações potenciais, como os nano-robots auto-replicantes ('nanobots'), que podem nunca vir a ser viáveis devido a obstáculos físicos ou técnicos fundamentais". No entanto, Solem (1991) e Brendal e Rendall (1993) consideram que os micro-robots para uso militar poderão definitivamente ver a luz do dia. De facto, os nanobots (não os que se auto-replicam) já estão a entrar na ciência médica.

É necessário refletir seriamente sobre as implicações da nanotecnologia nas armas nucleares, também devido a invenções na tecnologia militar como o "superlaser", que permite focar feixes de laser em alvos nanométricos (Reich, 2010). (Aumentando assim por um fator de um milhão a potência dos lasers de mesa, aliás o mesmo fator que diferencia a energia química da energia nuclear).

Impacto nas armas nucleares existentes O pacote de armas nucleares inclui o material de cisão/fusão que é enriquecido num processo sofisticado, mas requer componentes de iniciação altamente complexos, por exemplo, dispositivos de armamento e segurança, acessórios para fundir e iniciar a reação nuclear, etc. Estes devem ser controláveis, seguros e permanecer extremamente fiáveis até ao último momento possível da tomada de decisões políticas (possivelmente mesmo após o lançamento e até ao último instante de atingir o alvo). Estes critérios críticos favorecem a utilização de dispositivos redundantes com o mínimo de falhas, incorporando nanotecnologias e MEMS.

O trem explosivo de uma ogiva nuclear contém um alto explosivo insensível (IHE) que é iniciado por um pequeno iniciador sensível. Estes são mantidos desalinhados antes do armamento como precaução de segurança e são alinhados com o IHE utilizando um dispositivo MEMS. Existem muitos IHEs numa ogiva nuclear que são alinhados por outros tantos dispositivos MEMS e detonadores individuais. Estes dispositivos constituem assim um componente muito importante da cadeia de segurança e fiabilidade das armas nucleares.

A nanotecnologia está a ser cada vez mais utilizada em melhores materiais para condensadores, circuitos integrados, componentes resistentes a altas acelerações e temperaturas, etc.; isto aumenta ainda mais a possibilidade de uma maior segurança e, por conseguinte, de novos papéis utilitários para as armas nucleares no domínio militar.

Um exemplo do que precede é o conceito de bombas de penetração profunda (com rendimentos baixos aceitáveis) para destruir instalações subterrâneas, o que exige que uma cabeça de guerra penetre profundamente na terra antes de rebentar, exigindo assim que uma ogiva nuclear resista aos rigores de rebentar através do solo durante dezenas de metros até atingir o alvo e detonar. (A propósito, uma bomba/míssil em queda livre não consegue penetrar para além de cerca de dez metros; é necessário um dispositivo de penetração ativa antes de detonar a ogiva nuclear).

Armas nucleares de quarta geração As armas nucleares de primeira e segunda geração foram as bombas atómicas e de hidrogénio desenvolvidas durante as décadas de 1940 e 1950, enquanto as armas de terceira geração incluem uma série de conceitos desenvolvidos entre as décadas de 1960 e 1980, por exemplo, a bomba de neutrões, que nunca encontraram um lugar permanente nos arsenais militares. De acordo com Gsponer e Hurni (1997), "as armas nucleares de quarta geração são novos tipos de explosivos nucleares que podem ser desenvolvidos em total conformidade com o Tratado de Proibição Total de Testes Nucleares (CTBT), utilizando instalações de fusão por confinamento inercial (ICF), como a NIF nos EUA, e outras tecnologias avançadas que estão a ser ativamente desenvolvidas em todos os principais Estados detentores de armas nucleares - e em grandes potências industriais como a Alemanha e o Japão". As bombas atómicas e de hidrogénio foram as bombas nucleares de primeira e segunda geração, enquanto a bomba de neutrões foi a bomba de terceira geração que não encontrou grande aceitação no meio militar.

Vemos que a caraterística subjacente a uma bomba nuclear de quarta geração reside no seu dispositivo de desencadeamento (compressão magnética, superlaser, etc.) que inicia uma mistura de deutério-tritium conducente a uma explosão termonuclear. O dispositivo não

[4] "Uma arma nuclear é segura num ponto se, quando o alto explosivo (HE) é iniciado e detonado num único ponto, a probabilidade de produzir um rendimento nuclear superior a quatro libras de equivalente de trinitrotolueno (TNT) for inferior a uma em um milhão " http://www.dtic.mil/whs/directives/corres/ pdf/3150m_1296/p31502m.pdf. pesam mais do que alguns quilogramas e o rendimento pode ser equivalente ao TNT desde fracções de uma tonelada até dezenas de toneladas. Estas bombas enquadram-se bem nos limites de quilotoneladas a megatoneladas do CTBT e também não são abrangidas pelas restrições de "não utilização pela primeira vez". Utilizam material de cisão em quantidades muito pequenas, o que resulta numa precipitação radioactiva negligenciável. Imagine-se a utilização destas ogivas como pontas de PGM (precisão, exatidão e letalidade) e o efeito multiplicador de forças que o possuidor de tais armas obteria a nível internacional. Gsponer e Jean-Hurni (2002) afirmam que "os seus defensores defini-la-ão como armas nucleares "limpas" - e possivelmente estabelecerão um paralelo entre a sua utilização no campo de batalha e as consequências do uso de munições de urânio empobrecido".

É provável que as armas de muito baixo rendimento cheguem aos arsenais num futuro próximo, não se pode negar que também seriam as preferidas dos militares, uma vez que os benefícios são muitos. Atualmente, não existe nenhum mecanismo que restrinja a utilização da nanotecnologia para este fim. Do exposto, torna-se claro que o atraso na produção de tais armas se deve apenas a obstáculos de engenharia, estando o conceito provado, prática e teoricamente. Por conseguinte, o impacto da nanotecnologia na emergência de armas nucleares de quarta geração deve ser objeto de um debate sério na Índia.

Activos estratégicos - Cientistas indianos nos EUA e armas nanométricas Durante uma cerimónia no Weapons and Electronic Systems Engineering Establishment (WESEE), a 1 de julho de 2004, o

A.P.J.Abdul Kalam (então Presidente da Índia) afirmou que a nanotecnologia iria penetrar em sectores estratégicos como os novos computadores ultra-rápidos, as estruturas nano-furtivas, os satélites e os veículos, etc., e que a Índia precisava de se manter a par dessas tecnologias.

Os nanotubos de carbono e os seus compósitos dariam origem a estruturas super-resistentes, inteligentes e espertas no domínio da ciência dos materiais, o que, por sua vez, poderia levar à produção de nanorrobôs com novos tipos de explosivos e sensores *para sistemas aéreos, terrestres e espaciais. ... Isto revolucionaria o conceito total de guerra futura"* (Citado em Hindu, 2004)

Nanotecnologia em foco Os cientistas indianos americanos estão a centrar-se na nanotecnologia e consideram que esta será o agente de mudança no que diz respeito à estratégia, tática, operações e logística militares. (ARC, 2004)

Estão a ser desenvolvidas novas ferramentas computacionais e teóricas em nanomecânica na Direção de Ciências Computacionais e da Informação (CISD), Laboratório de Investigação do Exército dos EUA (ARL), Aberdeen Proving Ground, Maryland, por Raju R. Namburu . O autor afirma

"Destacamos três métodos com resultados bem sucedidos no estudo do comportamento de deformação mecânica de materiais grafíticos nanoestruturados e à escala nanométrica. A tónica é colocada no desenvolvimento de equações que possam ser resolvidas utilizando métodos tradicionais de engenharia, mas que captem com precisão a física atomística complexa que se pretende modelar"

Sensores. Existe um grande potencial para as redes de sensores sem fios, uma vez que podem ser utilizadas para estudar, localizar, detetar e classificar objectos, bem como o ambiente numa região específica. Estas redes económicas podem ser rapidamente implantadas a partir do ar por militares para monitorizar movimentos de natureza hostil, tanto de veículos como de mão de obra. Isto contribuiria para uma tomada de decisões mais rápida e em tempo real a nível de comando. Kewal K. Saluja, Yu Hen Hu e Parameswaran Ramanathan, da Universidade de Wisconsin-Madison, Departamento de Engenharia Eletrotécnica e de Computadores (ARC, 2004), fizeram uma demonstração desta inovação numa base dos fuzileiros navais na Califórnia, no âmbito do projeto DARPA/SensIT sobre o desenvolvimento de uma aplicação de processamento de sinais em colaboração (CSP). Esta aplicação tem aplicação direta no domínio militar para detetar, localizar e seguir veículos terrestres que atravessam uma rede de sensores.

Sistemas de Combate Futuros (FCS). O plano de transformação do Exército dos EUA prevê a preparação para enfrentar os futuros desafios estratégicos e as exigências operacionais. O conceito de força objetiva está profundamente enraizado numa ciência e tecnologia fortes. O desenvolvimento está a ser efectuado no âmbito dos Sistemas de Combate Futuros (FCS) - "Sistemas de Sistemas". A eficácia e a validação destas tecnologias estão a ser feitas pelo Exército dos EUA. Um exemplo é o requisito de um veículo de combate FCS para caber em aviões C-130. Para cumprir este requisito, tem de pesar menos de 20 toneladas e ter metade do tamanho do tanque Abrams. Para uma capacidade de sobrevivência inicial, deve ter uma blindagem composta. Basavaraju B. Raju, que trabalha no U. S. Army Tank Automotive

& Armaments Command (TACOM) em Warren, MI, concebeu uma técnica -Multi-Sensor Probe (MSP)- para detetar defeitos em diferentes camadas de blindagem multifuncional de secção espessa.

Revestimentos inteligentes. Os revestimentos inteligentes para o exército dos EUA foram desenvolvidos no Centro de Desenvolvimento de Investigação de Engenheiros do Exército dos EUA (ERDC), Laboratório de Investigação de Engenharia de Construção (CERL) em Champaign, Illinois, por Ashok Kumar e L.D. Stephenson (ARC, 2004). Estes revestimentos têm microcápsulas que lhes conferem caraterísticas especiais de resistência à corrosão, auto-reparação e podem funcionar como indicadores em caso de utilização de agentes químicos/biológicos pelo inimigo.

Dispositivos electrónicos moleculares. No combate do futuro, é necessário que um soldado seja capaz de sentir, processar e comunicar informações com um centro de comando. Isto exige uma redução do peso do equipamento do soldado, para que este possa transportar o novo equipamento. Estes requisitos do guerreiro da força objetiva (OFW) e do futuro sistema de combate (FCS) só podem ser satisfeitos através do desenvolvimento de sistemas com nanotecnologia. Ranjit Pati, (Departamento de Física, Instituto Politécnico Rensselaer, Troy, NY) juntamente com Shashi P. Karna, (Laboratório de Investigação do Exército dos EUA, Aberdeen Proving Ground, MD) desenvolveram um dispositivo que utiliza moléculas orgânicas para a comutação de corrente em dispositivos moleculares para aplicações no futuro sistema de combate (ARC, 2004).

Ameaças biológicas. A descontaminação química e biológica rápida e eficiente após um ataque de CBW constitui um fator importante na gestão do campo de batalha. Vipin K. Rastogi e a sua equipa do Centro Químico e Biológico Edgewood do Exército dos EUA, em Aberdeen Proving Ground, MD, estão a desenvolver um sistema avançado de enzimas catalíticas - ACES. O ACES funcionará como descontaminante e extintor de incêndios. O ACES deverá substituir os descontaminantes existentes num futuro próximo (ARC, 2004).

Materiais energéticos. Os materiais energéticos são de grande interesse para os fabricantes e desenvolvedores de artilharia, principalmente porque os projécteis de artilharia de armas pesadas sofrem forças de aceleração/recuo de até 50.000 g durante o disparo. Os explosivos das cargas propulsoras e das ogivas racham e fracturam com estas grandes acelerações, conduzindo a uma combustão e explosões inadequadas. No Naval Surface Warfare Centre, Carderock Division, West Bethesda, MD, J. Sharma está a trabalhar no desenvolvimento de materiais energéticos que seriam, em grande medida, insensíveis ao choque e à vibração (ARC, 2004).

<u>A China e a nanotecnologia</u>

[th]<u>Introdução</u> Em 11 de janeiro de 2011, realizou-se em Pequim uma conferência de um Comité Nacional de Coordenação das Nanotecnologias, na qual o Ministro chinês da Ciência e Tecnologia, Wan Gang, anunciou que a China procuraria obter

A China pretende alcançar progressos significativos no domínio da nanotecnologia nos próximos cinco anos e criar programas nacionais de nanotecnologia para o efeito. Embora o vice-presidente da

Academia Chinesa de Ciências tenha indicado que havia várias lacunas nos progressos efectuados na nanotecnologia e que a clareza sobre as necessidades específicas da indústria para a nanotecnologia ainda era um problema (Xinhuanet, 2011).

Na mesma conferência, foi referido que, enquanto a China tinha investido 1,5 mil milhões de yuans no período 2001-05 em I&D no domínio das nanotecnologias, no período 2006-10 tinha gasto mais do triplo do montante, ou seja, 5 mil milhões de yuans. Foram criados mais dois centros de investigação a nível nacional, para além do Centro Nacional de Nanociências e Tecnologias. A China tornou-se também o segundo maior requerente de patentes do mundo no domínio das nanotecnologias, com mais de 12 000 patentes em 2009, contra 4600 em 2005.

A China parece ter entrado tardiamente na cena nanotecnológica, uma vez que não havia praticamente quaisquer pormenores disponíveis sobre o seu envolvimento na nanotecnologia antes de 2000. A acreditar nos relatórios provenientes da China, esta tornou-se atualmente uma indústria florescente de vários milhares de milhões de yuans em centros urbanos como Xangai, Pequim e Hangzhou. Os enormes avanços na nanotecnologia têm as suas raízes no final da década de 1990, quando tanto o governo central como os governos locais disponibilizaram grandes fundos para o seu desenvolvimento ao abrigo do plano nacional 863 de I&D de alta tecnologia com prazos específicos. Vale a pena discutir brevemente a filosofia e a abordagem chinesas ao desenvolvimento de tecnologias emergentes.

Razões subjacentes ao crescimento da nanotecnologia na China É interessante estudar e comentar brevemente a filosofia subjacente que estimulou o crescimento da nanotecnologia na China. Os chineses acreditam que, no mundo de hoje, a guerra não implica apenas armas, mas também uma disputa total com o adversário, que envolve aspectos militares, políticos, económicos e de ciência e tecnologia. Assim, quando as armas são desenvolvidas, todos estes factores entram em jogo. Por conseguinte, quando a ciência e a tecnologia estão a avançar a um ritmo acelerado no país e estão a ser concebidas armas cada vez melhores, é imperativo que a base material (I&D) da economia da defesa seja extraordinariamente forte. Nas palavras do General Mi Zhenyu:

"O desenvolvimento de armas está dependente do desenvolvimento da economia nacional. Também incentiva o crescimento da ciência e tecnologia de defesa nacional. A alta tecnologia militar também impulsiona o desenvolvimento da economia. Olhando para isto a partir de um espaço bidimensional, este grande ciclo "O" poderia possivelmente expandir-se ainda mais. Analisando-o a partir de um espaço tridimensional, este tipo de tendência em espiral é perfeitamente adequado às leis objectivas do desenvolvimento material."

O general Zhenyu acredita que "a tecnologia determina as tácticas" (Zhenyu, 1998).

Os avanços da tecnologia no campo de batalha provocam mudanças na teoria e nas tácticas militares a adotar, o que leva a uma série de mudanças no pensamento estratégico, nas estruturas de defesa, nas doutrinas de combate, etc. De facto, na sua opinião, o desenvolvimento de armas "aumenta a consciência estratégica do homem, aprofunda as suas reflexões estratégicas e aumenta a ênfase nas projecções estratégicas". Além disso, a China vê-se a si própria como uma força importante para a preservação da paz mundial, juntamente com os países do Terceiro Mundo. Esta aspiração exige que tenha um programa sólido de desenvolvimento de armamento e os meios militares necessários para se proteger contra agressões vindas do exterior das suas fronteiras.

O Major-General Sun Bailin, da Academia de Ciências Militares, expôs os seus pontos de vista sobre a nanotecnologia num artigo intitulado "Nanotechnology weapons on future battlefields", publicado na revista National Defense, em 15 de junho de 1996 (citado em "Chinese Views of Future Warfare", editado por Michael Pillsbury, National Defence University Press, Washington DC, 1998). stNo que se refere à revolução dos MEMS (sistemas microeléctricos e mecânicos), considera que abriu fronteiras para desenvolvimentos científicos que terão grande importância para a defesa nacional e a economia; dará início a uma "nano-era" no século XXI, abrangendo a nanobiologia, a nanofabricação, a nanomecânica, a nanoelectrónica, a nanomicrologia, o nanocontrolo, a nanosondagem e o estudo dos nanomateriais. Além disso, considera que tanto os nanomateriais como os MEMS se encontram no regime de dupla utilização e possuem um enorme potencial de crescimento do poder militar e económico. Já falou sobre:

- "robôs-formigas" que se podiam reproduzir e ficar adormecidos no equipamento de guerra inimigo até serem activados para os destruir.

-Submarinos de vasos sanguíneos" para cirurgia molecular.

-Redes distribuídas de sensores em microescala para o campo de batalha", que dispersam enxames destes dispositivos moleculares praticamente invisíveis para recolher informações sobre o ambiente do campo de batalha.

-Os "nanossatélites" seriam um passo em frente em relação aos dispositivos moleculares de recolha de informações e poderiam formar um sistema de satélites local distribuído ou, para uma cobertura completa da Terra 24 horas por dia, 7 dias por semana, poderia ser colocado em órbita um total de 648 nanossatélites (com 36 nanossatélites colocados uniformemente em cada uma das 18 órbitas solares estacionárias igualmente espaçadas).

stNa sua opinião, a tecnologia militar crucial no século XXI seria a nanotecnologia, e as armas nano trariam mudanças profundas e fundamentais no pensamento e nos assuntos militares (Bailin, 1996).

Com este pano de fundo, não é surpreendente que a China tenha feito rápidos progressos no domínio da nanotecnologia e que, por detrás de tudo isto, possa haver também desenvolvimentos no domínio das armas nanométricas.

Desenvolvimento da nanotecnologia na China Em 2001, o Ministério da Ciência e Tecnologia publicou um plano estratégico de desenvolvimento da nanotecnologia para o período 2001-2010. O plano foi elaborado em consulta com o Comité da Fundação Nacional de Ciências Naturais (NNSFC), a Academia Chinesa de Ciências, o Ministério da Educação e o Comité Nacional de Desenvolvimento e Programas.

No âmbito do plano, procuram-se melhorias contínuas na inovação, no desenvolvimento de tecnologias e na criação de produtos industriais específicos para os objectivos de desenvolvimento nacional a longo prazo da China. A médio prazo, o objetivo é desenvolver tecnologias nanomédicas e bionano, enquanto a longo prazo a ênfase é colocada nos nanochips e na nanoelectrónica.

De acordo com o plano de ação, o Governo chinês está empenhado em melhorar continuamente a capacidade de inovação, desenvolver tecnologias avançadas e, por fim, conseguir aplicações industriais relevantes para o atual estatuto da China, centrando-se no desenvolvimento nacional a longo prazo. Com este plano, o governo chinês também deixou claro que insistirá no seu princípio estabelecido de apoiar o que é benéfico para a China, ou seja, a recuperação do atraso em relação ao desenvolvimento internacional em geral, ao mesmo tempo que procura descobertas que possam resolver problemas-chave na China (Gu, Schulte, 2005). Na investigação de base e na tecnologia avançada, a exploração e a inovação são realçadas; nas aplicações, o desenvolvimento de nanomateriais é o principal objetivo para o futuro próximo. O desenvolvimento da bionanotecnologia e da tecnologia nanomédica é um objetivo principal a médio prazo, enquanto o desenvolvimento da nanoelectrónica e dos nanochips é um objetivo a longo prazo. Por conseguinte, é necessária uma coordenação transversal e uma proteção segura dos direitos de propriedade intelectual.

As áreas-chave identificadas incluem: acelerar a comunicação e a I&D multidisciplinar, alinhar as necessidades do mercado com a I&D, alinhar o desenvolvimento de nanotecnologias com a política de inovação, manter a tónica nos DPI e promover simultaneamente a investigação fundamental e aplicada. O décimo plano quinquenal destaca: explorar a aplicação baseada nas necessidades do mercado, centrar-se na produção em massa, na investigação e no ensino, acelerar a formação da investigação em nanotecnologias, eventualmente do sistema nacional de nanotecnologias, começando por criar um centro de nanotecnologias. medida que a investigação fundamental for dando frutos, será utilizada para conceber novos nanochips, nanomateriais e estruturas utilizando técnicas de fabrico molecular. Posteriormente, será criada uma base de dados e uma norma a nível nacional, criando um terreno fértil para o florescimento de aplicações industriais e da indústria nanotecnológica. O Governo chinês planeia prestar um forte apoio aos laboratórios e instituições existentes para lhes permitir tornarem-se laboratórios líderes em nanociências, o que conduzirá também a uma concorrência interna entre eles e, por sua vez, a melhores resultados de investigação. Para atingir este objetivo, foram identificadas duas abordagens (Gu, Schulte, 2005):

Será criado um centro nacional de investigação científica em nanotecnologias, dotado do mais recente equipamento, como centro-piloto nacional com um ambiente multidisciplinar.

-Um centro nacional de investigação em engenharia nanotecnológica para acelerar a investigação inovadora em domínios de aplicação da nanotecnologia e a sua posterior industrialização.

O Governo chinês criou um comité nacional de supervisão do desenvolvimento da nanotecnologia, denominado Comité de Orientação e Coordenação da Nanotecnologia Nacional, com representação de todos os ministérios conexos e relevantes.

O financiamento da nanotecnologia provém dos programas 973 e 863, da Natural Science Foundation e do National Technology Gong Guan Program. O financiamento privado ainda não é muito significativo, mas é provável que recupere no futuro, à medida que mais e mais aplicações amadurecem. A figura 2.3 apresenta as conclusões da Lux Research sobre o financiamento comparativo (estimado e projetado) de países/blocos em comparação com a China, em milhões de dólares americanos.

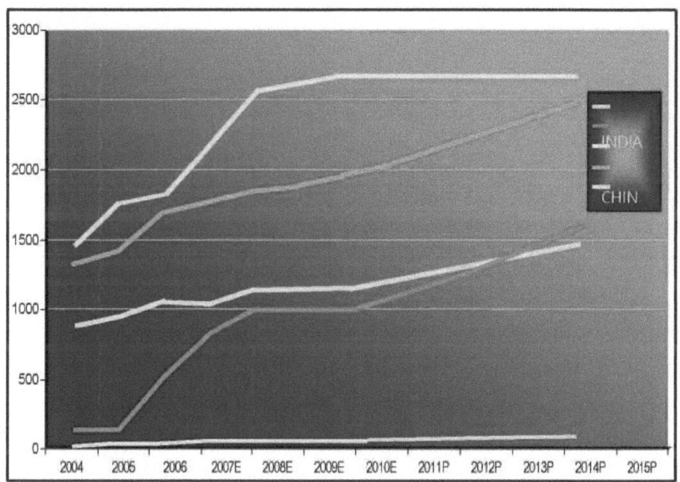

A figura 2.3 mostra o financiamento comparativo (estimado e projetado) dos países/blocos em comparação com a China em milhões de dólares americanos (Fonte: Lux Research)

Centros de I&D em nanotecnologia Pequim e Xangai possuem os dois principais centros de I&D em nanotecnologia na China. O centro de nanotecnologia de Pequim engloba a Universidade de Engenharia Química de Pequim, a Universidade de Tsinghua, o Instituto de Investigação de Materiais de Construção de Pequim, a Universidade de Ciência e Tecnologia de Pequim, a Universidade Normal de Pequim, a Universidade de Nankai, o Instituto de Investigação de Aço de Pequim, a Universidade de Jilin, a Universidade de Tianjing, a Universidade de Pequim, os Institutos da Academia Chinesa de Ciências (Semicondutores, Física, Química e Metalurgia), etc.

O centro de nanotecnologia de Xangai engloba a Universidade de Shandong, a Universidade Chinesa de Ciência e Tecnologia, a Universidade de Tongji, a Universidade Normal de Huadong, a Universidade de Nanjing, a Universidade de Ciência e Engenharia de Huadong, os Institutos da Academia Chinesa de Ciências (Metalurgia, Física dos Sólidos, Silicatos e Ciências Nucleares), o Instituto de Física Tecnológica de Xangai, a Universidade de Zhejiang, a Universidade de Fudan, a Universidade Jiaotong de Xangai, etc. Para além destas, Chengdu, Xian e Lanzhou são as cidades onde a investigação em nanotecnologia está a ser levada a cabo.

Os governos nacionais e locais criaram organizações para promover a nanotecnologia, algumas das quais são: o Centro de Engenharia de Nanotecnologia de Jiangsu, o Comité de Orientação e Harmonização da

Nanotecnologia Nacional, a Base de Industrialização de Nanotecnologia de Xangai, a Base Nacional de Industrialização de Nanotecnologia em Tianjing, a Base Nacional de Industrialização Biológica, o Parque Industrial de Nanotecnologia e Nanomateriais Médicos de Shenyang em Sichuan, etc. (Gu, Schulte, 2005).

Colaborações em I&D Phillip Shapira, professor na Escola de Políticas Públicas do Instituto de Tecnologia da Geórgia, afirmou: "Apesar de dez anos de ênfase dos governos em iniciativas nacionais de nanotecnologia, verificamos que os padrões de colaboração e financiamento da investigação em nanotecnologia transcendem as fronteiras nacionais". Cada país é o principal colaborador do outro em I&D em nanotecnologia". (Citado no Georgia Institute of Technology Research News - 09 de dezembro de 2010). Este facto não é surpreendente, uma vez que a Academia Chinesa de Ciências (CAS) assinou 700 acordos a nível de institutos e cerca de 70 acordos de cooperação, abrangendo mais de 60 países. Estes acordos abrangem seminários multilaterais e bilaterais, workshops, joint ventures, grupos de jovens cientistas, investigações conjuntas, cursos de formação, etc. Assim, é possível constatar que a China não se coíbe de obter benefícios fundamentais em matéria de investigação através de colaborações, pois compreende claramente que a I&D atual envolve enormes recursos monetários e materiais e que não há qualquer vantagem em reinventar a roda. Protegeu a sua própria investigação através de DPI rigorosos e prefere aqueles que investem na China e investigam em domínios exigidos pelo plano de desenvolvimento nacional chinês.

Contribuição para a eficiência da defesa Dado que o programa de nanotecnologias se baseia na estratégia militar global em matéria de nanotecnologias, é necessário que melhore as capacidades e a eficiência da defesa através do desenvolvimento de nanomateriais específicos para fins militares, nanoaeronaves, nanotecnologias de motores, nanossensores e nanossatélites, etc. Há especulações sobre o programa chinês de armas nanométricas, mas nada de concreto foi citado até agora, mas é uma questão de tempo até que estas tecnologias de dupla utilização frutifiquem em armas nucleares tácticas na gama de 10 a 100 KT TNT, que é inferior aos níveis do TNP, e também em armas nucleares estratégicas de quarta geração.

Imperativos para a Índia

A Índia deve considerar as opções estratégicas emergentes, nomeadamente dirigir a I&D para o desenvolvimento não só de armas nucleares de quarta geração, mas também de armas nucleares tácticas com ogivas nanotecnológicas que não são abrangidas pelo CTBT/NPT. Em segundo lugar, a Índia deve criar uma rede de conhecimentos da diáspora dinâmica e dedicada à partilha de conhecimentos estratégicos em matéria de ciência e tecnologia, à semelhança de outras redes informais que existem atualmente e também do "Virtual Laboratory Toolkit" da UNESCO. O conjunto de ferramentas é "um espaço de trabalho eletrónico para a colaboração à distância e a experimentação em investigação ou outra atividade criativa, para gerar e apresentar resultados utilizando tecnologias de informação e comunicação distribuídas" (Vary, 2000). Em terceiro lugar, a Índia deve intensificar o seu controlo da China nos domínios das tecnologias emergentes e capitalizar o impulso dado a áreas em que a Índia é excelente, nomeadamente centros de conhecimento e unidades de produção menores, em vez de se aventurar em áreas em que a China é forte.

Capítulo 3

Os contornos do poder económico integrados na emergência da indústria das nanotecnologias

Basicamente, o interesse nacional é "aquilo que é considerado por um determinado Estado como um objetivo desejável". (Berridge, 2003) Os Estados tentam alcançar os seus interesses nacionais, porque se apercebem de um aumento do estatuto geral de uma nação, que inclui um aumento da segurança, do estatuto político, económico e social do seu povo (Blackwill, 1993). Isto aplica-se não só ao interior do Estado, mas também às suas relações com outros Estados-nação (Neuchterline, 1973).

Os interesses nacionais constituem os pilares em que se baseiam as políticas de uma nação. A política externa de uma nação é invariavelmente orientada pelos seus interesses nacionais. De um modo geral, "os estadistas pensam e actuam em termos de interesse (nacional)". (Morgenthau, 1954). Escusado será dizer que os interesses nacionais que afectarão os objectivos da nação "(os desejos e necessidades do Estado)" (Collins, 1973) terão uma palavra importante a dizer na formulação das políticas. Os interesses nacionais orientam os decisores políticos sobre a forma de avaliar as ameaças e as oportunidades. Também estão na base das principais questões a abordar aquando da formulação das políticas.

Morgenthau afirma que "os interesses nacionais são caraterísticas permanentes do sistema internacional". Os interesses nacionais não se alteram com a mudança de governação política e permanecem "inalterados pelas circunstâncias de tempo e lugar" (Morgenthau, 1967).

De acordo com Morgenthau, os interesses nacionais não devem ser articulados "com um significado que seja fixo de uma vez por todas" (Morgenthau, 1967). Deve haver flexibilidade para acomodar novos interesses/variações, se necessário, mas o próprio conceito de interesse nacional per se é um conceito fixo para os Estados-nação.

No entanto, de acordo com Evans e Newnham, alguns teóricos acreditam que os interesses nacionais são "um conjunto diversificado e pluralista de preferências subjectivas que mudam periodicamente, tanto em resposta ao próprio processo político interno como em resposta a mudanças no ambiente internacional. Por conseguinte, é mais provável que o interesse nacional seja aquilo que os decisores políticos dizem que é num determinado momento" (Evans, 1998). Há três interesses nacionais fundamentais delineados por Neuchterline, 1973, em primeiro lugar;

Segurança: "Proteção das pessoas (tanto no país como no estrangeiro), do território e das instituições do Estado contra potenciais perigos estrangeiros." Ou seja, a proteção externa do território de uma nação e, internamente, a proteção das suas infra-estruturas (energia, comércio, finanças, TI, etc.) Em segundo lugar, o bem-estar económico: "Promoção do comércio internacional e do investimento, incluindo a proteção dos interesses económicos privados de um Estado em países estrangeiros." E, por último, os Valores Democráticos: Por exemplo, no caso dos EUA, até ao século XX, este interesse central limitava-se a garantir que o processo democrático nacional e os valores associados enquadravam os princípios tradicionais de "vida, liberdade e procura da felicidade". Alguns Estados podem incluir a promoção da democracia e dos direitos humanos no estrangeiro.

O significado dos interesses nacionais para o complexo processo de determinação dos interesses nacionais e a sua incorporação no processo de política/estratégia é significativo, tal como descrito por Lord Palmerston, em 1856: "Quando as pessoas me perguntam . . . o que se chama uma política, a única resposta é que pretendemos fazer o que parecer melhor, em cada ocasião que surgir, tendo como princípio orientador os interesses do nosso país."

O decisor político que participa no desenvolvimento dos interesses tem de ter em conta: a flexibilidade dos interesses actuais em relação aos interesses fundamentais da nação; se os interesses se baseiam no realismo ou na moralidade ou numa combinação destes; e, por último, a atribuição de prioridades e o peso de cada interesse. Numa democracia, estes aspectos têm uma influência direta na atribuição de recursos que, por sua vez, serão afectados pela política local, complicando assim as tarefas do decisor político. Por exemplo, é mais fácil afetar recursos monetários ou militares se os interesses forem claros e vinculativos (Liotta, 2004), mas demasiada clareza pode também levar a divergências entre o governo e o público se o interesse não for muito importante.

Os decisores políticos devem ter acesso a informações que lhes permitam desenvolver os interesses num cenário moderno. Isto dar-lhes-ia flexibilidade e compreensão quanto ao grau de apoio da política interna. É provável que o público apoie ou reforce os interesses se houver consenso quanto à sua prioridade e importância.

Definições Neste momento, vale a pena analisar algumas definições, para obter uma perspetiva completa dos interesses nacionais, do poder e da segurança. As definições seguintes foram compiladas e colocadas neste formato por M. Rajaram, (Rajaram, 2009).

Interesses nacionais. O interesse nacional, frequentemente designado pelo termo francês raison d'état, é constituído pelos objectivos e ambições de um país, sejam eles económicos, militares ou culturais. Esta noção é importante nas relações internacionais, onde a prossecução do interesse nacional é a base da escola realista. Tem 5 dimensões principais, nomeadamente: Geopolítica, Económica, Militar, Sociocultural e Ciência e Tecnologia. Os interesses nacionais resultam, portanto, da evolução dos objectivos nacionais em cada uma destas dimensões e são também um reflexo das forças nacionais relativas no que diz respeito a estas dimensões.

Poder. No contexto das relações internacionais e da diplomacia, o poder (por vezes clarificado como poder internacional, poder nacional ou poder do Estado) é a capacidade de um Estado influenciar ou controlar outros Estados. Os Estados com esta capacidade são designados por potências.

Estratégia nacional. A arte e a ciência de desenvolver, aplicar e coordenar os instrumentos do poder nacional (diplomáticos, económicos, militares e informativos) para atingir objectivos que contribuam para a segurança nacional. É também designada por estratégia nacional ou grande estratégia.

Segurança nacional.

A segurança nacional é a necessidade de manter a sobrevivência do Estado-nação através da utilização do poder económico, militar e político e do exercício da diplomacia.

-A segurança nacional pode ser definida como:

"um termo coletivo que engloba tanto a defesa nacional como as relações externas". (JP 1-02, 2010).

"Em geral, é o estudo dos problemas de segurança enfrentados pelos (actores), das políticas e programas através dos quais estes problemas são abordados, e também dos processos governamentais através dos quais as políticas e programas são decididos e executados." (JP 1-02, 2010).

Relaciona-se tanto externa como internamente com o ator - as componentes externa e interna da segurança nacional.

-No contexto dos EUA, é um termo coletivo que engloba tanto a defesa nacional como as relações externas dos Estados Unidos. Especificamente, a condição fornecida por:

(a) Uma vantagem militar ou de defesa sobre qualquer nação ou grupo de nações estrangeiras;

(b) Uma posição favorável nas relações externas; ou

(c) Uma postura de defesa capaz de resistir com êxito a uma ação hostil ou destrutiva, interna ou externa, aberta ou encoberta.

-A segurança nacional é, portanto, uma visão e uma resposta multidimensional para proteger os interesses nacionais contra ameaças internas e externas. É dinâmica e evolui como um derivado dos interesses nacionais que, por sua vez, é um derivado evolutivo da força nacional. Apoia e garante a prossecução dos objectivos nacionais numa arena internacional concorrencial. Além disso, qualquer questão que possa ter um impacto direto na prossecução dos objectivos nacionais pode ser classificada como uma área de interesse nacional, podendo assim ser incluída no âmbito da segurança nacional.

Poder económico Os conflitos modernos, desde a guerra convencional até às disputas diplomáticas, envolvem cada vez mais a economia de alguma forma. As nações utilizam instrumentos económicos para atingir objectivos, procuram recursos económicos como metas nacionais ou são afectadas por acontecimentos económicos que influenciam a sua segurança nacional. Tanto os intervenientes estatais como os não estatais utilizam o poder económico para fazer a guerra e para influenciar acontecimentos a nível regional ou global. As considerações económicas vão desde o simples acesso a recursos como a água ou matérias-primas, passando pela transformação de recursos em produtos acabados ou serviços, até ao fornecimento de recursos financeiros. A capacidade de reunir, transformar e utilizar recursos é uma componente essencial da segurança nacional. Muitas actividades humanas, incluindo as que envolvem a segurança nacional, podem ser severamente limitadas ou dramaticamente reforçadas por factores económicos. As operações militares e outras acções de segurança nacional dependem frequentemente dos resultados da capacidade económica. Sem a capacidade de produzir, financiar ou apoiar as principais actividades de segurança nacional, uma nação teria uma capacidade limitada para proteger os seus interesses nacionais e internacionais.

O poder económico difundiu-se amplamente e ganhou importância nos últimos anos. A globalização, a dependência da economia e a difusão do poder económico de alguns Estados industriais para muitos Estados em desenvolvimento mudaram radicalmente o mundo. O sucesso económico global também conferiu poder a um grande grupo de governos soberanos e até a empresas. A ameaça ou a ação efectiva de um governo, de uma organização ou de um cartel pode ter um enorme impacto económico. Os mercados são extremamente sensíveis a notícias que possam afetar potenciais actividades financeiras ou económicas. Os preços do petróleo podem subir rapidamente se as tensões aumentarem no Golfo Pérsico ou se ocorrer uma catástrofe natural. Acontecimentos isolados com um significado internacional pouco óbvio podem desencadear uma venda por parte dos investidores nos mercados bolsistas nacionais e estrangeiros. As comunicações globais podem espalhar o pânico e agravar a situação.

O ambiente em mudança alterou a ênfase nos elementos nacionais de poder, de modo que o poder militar não é necessariamente a principal ferramenta coerciva nas relações internacionais e o poder económico ganhou uma importância crescente (Clayton, 2010). Durante a era da guerra total, que abrangeu a I e a II Guerras Mundiais, o poder militar era a moeda do reino nas relações externas. O poder económico desempenhou um papel nessas guerras, mas a luta pela sobrevivência nacional sobrepôs-se ao impacto da estabilidade ou do crescimento macroeconómico nacional e internacional. A economia serviu principalmente como fornecedor de recursos para o elemento militar do poder. Numa era de maior procura por parte dos consumidores, de crescimento tecnológico, de mudanças na sociedade e da natureza evolutiva dos conflitos, a importância das considerações económicas aumentou. Durante a Guerra Fria, a sobrevivência nacional ainda estava em jogo, mas mesmo assim as considerações económicas tornaram-se tão importantes como a paridade nuclear com a União Soviética. O Presidente Dwight D. Eisenhower alertou para o facto de as despesas militares impedirem o crescimento económico futuro, cujo resultado líquido iria degradar a segurança da nação. A suficiência nuclear tornou-se aceitável em vez da superioridade, com o número dispendioso de mísseis balísticos intercontinentais, bombardeiros estratégicos e submarinos associados. As questões "armas versus manteiga" também surgiram quando os desafios de uma Guerra Fria não declarada contra Moscovo opuseram as despesas sociais aos recursos da defesa.

Atualmente, as questões económicas desempenham um papel fundamental nos conflitos. A tecnologia avançada, os contratantes no campo de batalha, as forças armadas voluntárias (que tendem a ser mais caras do que os exércitos de conscritos), a reconstrução de nações devastadas pela guerra e outras considerações tornam a guerra e o conflito dispendiosos. Os países não dispõem de recursos inesgotáveis para conduzir longas guerras, mesmo que exista uma ameaça direta e desesperada à sobrevivência nacional.

Questões relacionadas com o tesouro nacional, a procura dos consumidores, as restrições laborais, as finanças e outras considerações económicas podem influenciar o sentimento público contra um conflito. Se uma nação travar uma guerra ou tomar outras medidas para isolar outro Estado, os investidores de todo o mundo ficam nervosos. Os mercados de acções e de mercadorias podem afetar as condições financeiras e criar reacções imprevistas. Estas reacções podem criar condições adversas susceptíveis de forçar uma mudança de estratégia por parte da nação que tenta influenciar o comportamento de um rival (Clayton, 2010).

Tal como as questões económicas afectam as capacidades e actividades de segurança nacional, também os esforços que envolvem a segurança nacional podem criar impactos económicos globais. Uma guerra ou uma perturbação política numa região produtora de petróleo provocará abalos no sector energético internacional. Embora uma nação possa não ser diretamente afetada pelo problema inicial, a população pode sofrer com o aumento dos preços dos produtos petrolíferos, o que pode resultar em mais desemprego, inflação, problemas de crédito e problemas cambiais. A procura de mais despesas militares pode traduzir-se num aumento dos impostos que desencoraja os gastos dos consumidores e o investimento das empresas ou em reduções de outras actividades governamentais que podem moldar diretamente o panorama económico. A concorrência por recursos limitados para cumprir os objectivos da política de segurança nacional também pode prejudicar as actividades privadas ou outras actividades governamentais. As nações podem aumentar os empréstimos, aumentar os impostos, gastar os excedentes, confiscar recursos ou monetizar a dívida. Todas estas opções têm efeitos económicos únicos numa nação.

A economia é um elemento do poder nacional. Normalmente, um dos principais interesses nacionais de uma nação é manter uma economia viável para garantir um certo nível de vida aos seus cidadãos. Os Estados podem utilizar o poder económico para dissuadir, obrigar, coagir, lutar e até reconstruir um antigo adversário para satisfazer uma necessidade específica. A economia torna-se uma componente vital dos fins, formas e meios da segurança. Talvez de forma única entre os elementos tradicionais do poder nacional, a economia pode ser qualquer um dos três aspectos da estratégia - o objetivo da estratégia de uma nação pode ser económico; a economia pode fornecer os meios para atingir o fim; ou uma nação pode perseguir os seus fins utilizando a economia como a principal forma de exercer o poder. Quer a economia seja uma forma ou um meio de alcançar um interesse nacional, quer seja uma causa ou uma motivação para tomar uma ação, os líderes nacionais devem prestar atenção a este fator de segurança cada vez mais significativo.

<u>Economia e interesse nacional </u>Historicamente, os Estados e os intervenientes não estatais têm lutado por questões económicas. As guerras sobre o acesso livre a recursos, rotas comerciais, concorrência, lucro e outras questões económicas são comuns na história militar e diplomática. A intensa competição por recursos entre governos, indivíduos, empresas e outros intervenientes criou uma complexa rede de dependências e rivalidades económicas que não era tão importante no passado. Do mesmo modo, as condições económicas podem criar um ambiente que fomente exigências de mudança susceptíveis de gerar uma guerra civil, uma luta pelo acesso a mercados ou recursos ou outras formas de concorrência económica. Os países com economias fracas ou em declínio podem recorrer a acções que não teriam considerado se as suas economias fossem mais fortes.

Uma área específica que merece uma breve discussão é a do petróleo como causa ou objetivo de guerra.

O acesso fiável ao petróleo a preços razoáveis é um interesse vital para a segurança nacional de todos os países desenvolvidos e de muitos dos países em desenvolvimento. Os governos ou as organizações internacionais que controlam a produção ou o preço do petróleo podem efetivamente perturbar as condições económicas globais - propositada ou acidentalmente. Um monopólio ou oligopólio que controle um ativo estratégico, uma capacidade ou uma matéria-prima tem um grande potencial para perturbar as economias e criar instabilidade política, embora poucos produtos de base tenham o mesmo impacto potencial que o petróleo. As grandes perturbações, reais ou sentidas, no mercado do petróleo são acontecimentos graves que podem facilmente desencadear reacções hostis por parte dos governos interessados. Atualmente, o petróleo é o melhor exemplo de um recurso que é simultaneamente escasso e vital; no entanto, outros recursos, como a água, são também fontes prováveis de conflito. É de esperar que as questões económicas - em especial o acesso a matérias-primas e recursos - continuem a ser um dos principais objectivos das relações internacionais e causas de conflito.

A intervenção económica ou a retirada da economia de uma nação estrangeira - por oposição ao apoio à sua dívida - pode ter um grande efeito na saúde financeira de uma região ou de um país. Normalmente, os governos não participam diretamente na economia de outra nação. No entanto, a participação direta na economia de outra nação através de empresas privadas é muito comum. Dependendo do clima político e empresarial do país de origem da empresa, essa participação pode proporcionar um certo grau de poder a esse país (Clayton, 2010). Independentemente do grau de controlo governamental externo, as decisões das empresas privadas e das empresas multinacionais de investir ou fazer negócios num país podem influenciar as políticas nacionais. Essas decisões são independentes e podem ser contrárias aos interesses do país de acolhimento. Numa era de mercados financeiros globalizados, quase todas as empresas, organizações ou indivíduos podem transferir capitais para um país ou retirá-los. Esta transferência pode geralmente ocorrer através da utilização de mercados nacionais ou internacionais de acções, obrigações e mercadorias, ou através de investimento direto em empresas. A rápida entrada de capitais pode dar o impulso necessário ao crescimento, enquanto a rápida saída pode afundar uma nação numa recessão.

Os governos podem utilizar o seu poder económico através de outros meios. Por exemplo, em vez de emprestar dinheiro através da compra de obrigações, podem prestar apoio direto a outra nação através de uma variedade de programas que essencialmente fornecem dinheiro ou serviços. A ajuda externa, as garantias de empréstimos, a ajuda e os serviços técnicos e outros tipos de assistência podem proporcionar uma série de instrumentos flexíveis para apoiar os interesses nacionais.

A transferência de riqueza dos países desenvolvidos para os países em desenvolvimento que vendem matérias-primas ou fabricam produtos de baixo custo pode criar problemas económicos. Os governos preocupados com a saída de capitais, bens, serviços, indústrias e empregos podem erguer barreiras para restringir ou impedir o comércio. Tais acções raramente passam sem contestação e uma barreira pautal ou uma contestação legal é uma resposta provável. Por outro lado, os governos dispostos a aceitar desequilíbrios comerciais, que se espera sejam temporários, em troca de potenciais benefícios futuros podem permitir que a transferência de riqueza e mesmo de indústrias e empregos continue. É esta a teoria política e económica subjacente a todo o movimento de comércio livre - sendo o Acordo de Comércio Livre do Atlântico Norte (NAFTA) um exemplo visível. A transferência de tecnologias, processos, equipamento ou competências essenciais pode também permitir a governos estrangeiros e empresas privadas - dando, nalguns casos, acesso a capacidades que teriam levado anos e muitos recursos a adquirir de forma independente.

O poder económico envolve normalmente o comércio de produtos acabados ou de matérias-primas. Poucos países podem afirmar que produzem todos os bens e serviços que os seus cidadãos utilizam. Muitas nações precisam de importar energia para subsistir. Por outro lado, as nações que podem ter petróleo, gás natural ou outras fontes de energia podem necessitar de importações de alimentos ou outros serviços estrangeiros, como mão de obra especializada. As nações podem trabalhar no âmbito de acordos comerciais internacionais, ou podem tomar medidas unilaterais para expandir ou restringir o comércio. Um país pode tentar limitar o comércio para prejudicar um rival.

O poder económico pode também impedir ou limitar as acções de um rival. Suponhamos que um país necessita de uma matéria-prima escassa. Se um adversário tiver fundos, influência ou crédito suficientes, pode comprar e reter essa matéria-prima do seu inimigo. A nação pode também coagir os vendedores a impedir a venda dessa matéria-prima ao adversário.

Os Estados podiam exercer pressão indiretamente sobre os aliados de um adversário para forçar uma nação a tomar determinadas medidas. Após a Guerra do Yom Kippur de 1973, os países árabes produtores de petróleo recusaram-se a vender petróleo aos Estados Unidos e a outras nações que apoiavam Israel. Este embargo fez subir os preços do petróleo e deslocou o poder internacional das nações desenvolvidas para as que dependiam essencialmente da extração de petróleo. O poder político e económico foi redistribuído quando estas acções foram combinadas com a nacionalização das empresas petrolíferas privadas detidas por estrangeiros nestes países exportadores de petróleo (Yergin e Stanislaw, 2002).

O sector privado como instrumento estratégico Embora não sejam geralmente controladas pelos governos, independentemente das manipulações monetárias destinadas a compensá-las, as balanças de pagamentos comerciais são outra forma de dívida que pode ter implicações na política externa.

O receio de uma catástrofe financeira iminente poderia levar os credores a retirar capital do mercado e agravar ainda mais a situação. Infelizmente, as comunicações globalizadas podem agora espalhar receios entre os investidores mundiais quase instantaneamente. O resultado é que questões económicas que poderiam ter sido acontecimentos localizados há apenas algumas décadas podem agora transformar-se em questões globais. Além disso, uma vez que os investidores privados podem agir de forma contrária aos desejos do governo, os esforços governamentais e mesmo internacionais para travar as crises económicas podem ser ineficazes. Algumas nações receiam o investimento estrangeiro excessivo devido a uma influência percebida ou à preocupação com uma retirada precipitada; outras aceitam o risco e acolhem o investimento estrangeiro como uma fonte de fundos razoavelmente disponível. Embora algumas nações considerem estas acções úteis, os críticos argumentam que esta capacidade também pode ser utilizada para sufocar a concorrência, proteger interesses nacionais ou criar "problemas geopolíticos" (The Economist, 2008). Os fundos estrangeiros proporcionam a necessária ostentação económica, mas também podem desaparecer rapidamente se a confiança falhar.

As corporações e empresas multinacionais têm normalmente os recursos e a capacidade de aceder a mercados outrora fechados. Os governos podem oferecer subsídios ou conceder benefícios especiais para atrair empresas para o seu país. Uma vez estabelecida, a empresa multinacional pode exercer uma influência poderosa sobre o governo, uma vez que os seus assuntos afectam a economia do país. Da mesma forma, em mercados altamente disputados, uma empresa multinacional pode oferecer tecnologias restritas, deslocar a produção de subcomponentes-chave, oferecer subornos, expandir a produção para além do plano inicial ou fornecer outros incentivos para obter acesso ao mercado. As empresas podem fazer lobby junto do governo do seu país de origem (assumindo que este favorece a entrada no mercado da outra nação) para obter ajuda no levantamento de restrições comerciais ou no acesso à tecnologia ou para influenciar a política externa da nação anfitriã.

No sentido mais básico, o poder económico é a capacidade de uma entidade para adquirir, produzir e utilizar matérias-primas, bens e serviços. Uma nação não pode envolver-se num conflito durante um período prolongado sem um ajustamento da sua economia. Em muitos casos, os países têm de dedicar bens ou serviços à preparação ou à luta numa guerra ou mesmo à realização de outras actividades que afectam o interesse nacional. A ajuda humanitária, as despesas com a defesa, a diplomacia, a adesão a alianças e outras acções vitais dependem da capacidade de um país para obter e gastar receitas fiscais, contrair empréstimos, utilizar excedentes ou financiar estas medidas. O poder económico permite que os intervenientes conduzam acções fornecendo o pessoal, o equipamento, os materiais operacionais, as infra-estruturas e a manutenção a curto ou longo prazo dessa capacidade

Os governos compram bens e equipamentos como uma empresa, obtêm mão de obra (militar, civil do governo e contratada), mantêm infra-estruturas físicas, realizam investigação e desenvolvimento e, em alguns casos, produzem também bens e serviços únicos, próprios da segurança nacional.

As decisões em matéria de recursos moldam a criação da estrutura de forças, incluindo investimentos em armamento, recrutamento e retenção de pessoal militar e civil, decisões de financiamento de programas governamentais militares ou não militares e uma série de outras preocupações que afectam a política de segurança nacional. Além disso, as condições económicas, outrora uma preocupação exclusiva das instituições financeiras, dos investidores e das empresas, afectam agora as decisões militares, que vão desde o recrutamento até à contração de empréstimos pelo governo, que influenciam diretamente a capacidade de uma potência para fornecer capacidades militares. As vendas de armas, as transferências de tecnologias militares essenciais ou de tecnologias relacionadas com armas de destruição maciça, a contratação de bens e serviços por indivíduos e empresas e outras actividades económicas podem influenciar o ambiente de segurança nacional.

<u>Recursos e sector privado</u> As nações que dispõem de recursos suficientes podem melhorar as suas forças militares com mais e melhores capacidades. As forças militares que não dispõem de pessoal ou

equipamento podem recorrer a serviços contratados ou comprar armamento avançado a outras nações. Se o Estado tiver forças limitadas, pode alterar a composição das suas forças militares contratando serviços especializados que teriam levado anos a desenvolver ou de que apenas necessitam durante um período de tempo limitado. Os contratantes no campo de batalha não são um fenómeno novo. O Governo dos EUA recorreu a contratantes em várias guerras. Outras nações contrataram pilotos e aviões militares, logística e forças de combate para expandir e melhorar as suas capacidades limitadas. Hoje em dia, os governos podem alugar comunicações por satélite, imagens fotográficas, análises multi-espectrais e sistemas de navegação que outrora eram da competência das superpotências que tinham o uso exclusivo dos sistemas espaciais. Indivíduos, empresas e governos podem utilizar estas funções - por um preço. Esta capacidade pode alterar o equilíbrio de poder em alturas críticas durante um conflito.

Os lucros do petróleo permitiram ao governo russo financiar um maior orçamento militar que deu a Moscovo a capacidade de construir um novo míssil balístico intercontinental, aviões e outras armas para revitalizar a sua segurança nacional e as suas políticas externas. Outros países, como o Irão e a Venezuela, também alimentam os seus programas de defesa e segurança através da venda de petróleo. Os países que constroem bens de consumo de tecnologia avançada, como sistemas de informação, podem utilizar tecnologias semelhantes para melhorar as suas forças militares.

Embora os líderes nacionais considerem e adaptem a economia como um elemento do poder nacional, esses mesmos líderes também são afectados por acontecimentos económicos que podem limitar as suas opções políticas. As considerações económicas podem ter um impacto muito influente na condução de operações militares e acções diplomáticas. A globalização permitiu que as nações realizassem negócios com aliados, antigos inimigos e potenciais rivais. As novas relações entre cidadãos e governos que destacam a redução de custos, os lucros e as actividades comerciais a longo prazo podem ter um impacto nas medidas de segurança nacional de várias formas.

As condições económicas actuais também têm um grande impacto nas operações militares. A inflação contribui para a redução do poder de compra de um governo. Isto inclui actividades como a compra de combustível, o pagamento de trabalhos contratados, a exigência de maiores salários para os trabalhadores militares e civis e outras actividades de aquisição (Clayton, 2010). Do mesmo modo, uma recessão - uma quebra sustentada das actividades económicas - reduz as receitas fiscais e incentiva os políticos a estimular a economia ou a apoiar os desempregados ou os cidadãos em dificuldades. Estas políticas podem reduzir significativamente o montante das despesas de defesa de uma nação. No entanto, algumas destas condições podem aliviar o governo. O desemprego pode aliviar os problemas de recrutamento e de retenção nas forças armadas. O aumento da concorrência por menos contratos públicos pode reduzir o custo das operações. Os instrumentos para combater os problemas económicos podem também criar problemas imprevistos. Um banco central pode aumentar ou diminuir as taxas de juro. Estas acções podem afetar a disponibilidade de investidores para comprarem dívida pública e o custo dos empréstimos para os empreiteiros construírem os mais recentes aviões de combate.

<u>Outras considerações de segurança económica</u> A expansão do comércio pode trazer vários benefícios às

nações. Pode criar melhores eficiências na produção, procurando os produtores mais eficientes e de menor custo. Esta situação pode levar a um maior crescimento económico e a melhores padrões de vida em todo o mundo. No entanto, nem todas as nações encontram um nicho económico que permita o crescimento económico. Os serviços externalizados e os bens importados mais baratos podem destruir as indústrias nacionais. Um grande número de trabalhadores desempregados pode criar problemas internos para um governo. Além disso, a dependência de importações estrangeiras pode empobrecer o Estado e complicar a sua situação financeira e de crédito. Se as nações dependem de bens estrangeiros, qualquer problema que impeça o comércio pode causar problemas a nível global. Uma catástrofe natural, um potencial conflito, uma disputa comercial ou outro problema pode restringir o fluxo de produtos necessários.

Economia e futuras questões de segurança nacional No futuro, os conflitos de segurança entre as nações podem deixar de ser predominantemente militares e passar a incluir outros elementos do poder nacional. Esta opção também está aberta a actores não estatais. Embora a concorrência económica tenha sempre existido, a utilização consciente, planeada e coerciva do poder económico como principal instrumento para atingir objectivos de segurança nacional tem sido muito pouco comum na história. Passar à utilização de instrumentos de poder não militares para atingir os objectivos de segurança nacional exigirá maior integração, coordenação, planeamento, visão, tempo e paciência.

A utilização da economia como elemento de poder exigirá a consideração de uma série de questões e efeitos não intencionais. Os líderes nacionais deparar-se-ão com numerosos desafios de campos nacionais e internacionais que complicarão e restringirão as opções políticas. Se a nação utilizar uma sanção comercial para forçar outro país a alterar o seu comportamento, pode ser alvo do seu próprio conjunto de contra-sanções. Suponhamos que a França aplica restrições comerciais contra um país. Esse país poderia confiscar os bens de empresas francesas, organizar um boicote aos bens e serviços fabricados na França, proibir a venda de matérias-primas essenciais ou adotar outros actos de retaliação. Isto sem sequer considerar o custo de oportunidade da perda de comércio potencial com o país visado. Muitos ou a maioria dos cidadãos franceses poderiam sofrer com preços mais elevados, menos escolha, desemprego ou outras perturbações económicas. A pressão política resultante poderia influenciar a tomada de decisões a nível nacional.

As questões de segurança nacional que envolvem a economia só irão aumentar no futuro. O crescimento económico global introduziu novas potências como a China e a Índia que complicam as decisões americanas em matéria de segurança nacional e de política externa. Os instrumentos económicos, outrora apanágio de alguns países desenvolvidos, estão agora disponíveis para muitas potências em desenvolvimento e mais pequenas. Se estes Estados conseguirem causar perturbações económicas, podem influenciar o comportamento não só de rivais regionais, mas também de nações de todo o mundo. É de esperar que os pequenos Estados, os intervenientes não estatais ou mesmo os indivíduos superpoderosos que têm a capacidade económica de transformar uma ação local numa ação global utilizem esse poder em seu proveito. No passado, esses intervenientes poderiam ter limitado a sua política externa devido à falta de poder militar ou, no caso de intervenientes não estatais e individuais, por serem incapazes de exercer uma influência efectiva. Hoje em dia, o poder económico ou a influência podem permitir que essas entidades se tornem mais pró-activas e dispostas a exercitar os seus músculos, na convicção de que o seu poder económico dissuadirá o poder militar de um adversário. Os mercados globalizados e a dependência das nações umas das outras tornaram-nas vulneráveis a muitas novas ameaças; as ameaças económicas ocuparão um lugar mais importante na cena mundial no futuro.

Diplomacia Económica e Negócios Internacionais A crise financeira global de 2008-2009 deveria ter dissipado as dúvidas que qualquer estudante de estratégia nacional pudesse ter sobre a ligação entre economia e segurança nacional. Desde a minúscula Islândia - outrora aclamada pela sua política fiscal e monetária exemplar, que recorreu ao Fundo Monetário Internacional (FMI), à União Europeia (UE) e até aos russos para obter ajuda - até aos problemas económicos menos dramáticos, mas ainda assim graves, dos EUA, é evidente que a economia está no centro da capacidade de uma nação projetar poder. A estratégia económica liberal e baseada no mercado dos EUA tem sido posta em causa como modelo para outros países. Numa economia internacionalmente integrada, a força económica não é apenas o fator que permite o poder nacional, mas também o objetivo para a utilização de outros instrumentos de poder. Uma tarefa muito importante, que consome tempo e trabalho, da política externa de uma nação é fazer avançar a sua agenda económica. Nos termos dos estudos de estratégia de segurança nacional de um país, a economia é uma forma, um meio e um fim da estratégia (Philpot, 2010).

A diplomacia económica foi definida pelo economista e diplomata britânico Nicholas Bayne, um dos principais autores sobre o assunto, como o "método pelo qual os Estados conduzem as suas relações económicas externas. Abrange a forma como tomam decisões a nível interno, como negoceiam a nível internacional e como os dois processos interagem" (Bayne, 2008).

O elenco de intervenientes na diplomacia económica compreende um processo interagências que é tão competitivo e controverso como o da estratégia de segurança nacional, mas que não se limita às entidades governamentais.

Para além destes intervenientes tradicionais, as agências reguladoras de um país e dos seus parceiros comerciais influenciam fortemente o seu potencial de exportação, a sua atratividade como recetor de investimentos e a sua posição nas negociações comerciais internacionais. Como atitude negocial, os Estados procuram reduzir o impacto das normas de segurança, laborais e ambientais na sua competitividade.

Durante anos, os governos dos EUA e da UE, juntamente com as empresas, têm vindo a trabalhar no sentido de aumentar a transparência da regulamentação em ambos os lados do Atlântico. Um dos casos mais conhecidos em que os EUA não foram bem sucedidos na redução do fosso diz respeito aos organismos geneticamente modificados (OGM), em que as preocupações europeias não são (na opinião dos EUA) consistentes com a informação científica disponível. Se se considerar que as regulamentações ou normas inibem o comércio propositadamente e, por conseguinte, constituem uma barreira não pautal, o país queixoso pode apresentar um caso à Organização Mundial do Comércio (OMC).

Os grupos empresariais desempenham um papel secundário na diplomacia tradicional; na diplomacia económica são a atração principal. No fim de contas, a economia num mercado livre é uma questão de negócios privados. As empresas são frequentemente responsáveis pela agenda, fornecendo a maior parte da informação relevante

O apoio da indústria, ou a falta dele, é fundamental para a aprovação de acordos de comércio livre. Por vezes, as empresas também adoptam uma perspetiva esclarecida ao colaborarem com o governo na prossecução de interesses comuns, como a formação em matéria de propriedade intelectual ou de proteção aduaneira nos países em desenvolvimento. Por exemplo, dado o enorme volume de comércio e investimento mútuos, a cooperação entre as empresas da UE e dos EUA é fundamental para melhorar as relações económicas. Reconhecendo o poder das empresas internacionais, em 1995, o falecido Secretário do Comércio Ron Brown propôs o Diálogo Empresarial Transatlântico (TABD) para reunir o público e a sociedade civil com o objetivo de reforçar as relações comerciais entre a UE e os EUA.

As ONG lutam frequentemente contra os interesses empresariais - por vezes com êxito. Apesar da abundância de recursos de hidrocarbonetos por explorar, os opositores não governamentais dos EUA ao regime birmanês (Myanmar) persuadiram muitas empresas americanas a abandonar os seus interesses económicos e foram fundamentais para a aprovação pelo Congresso de uma proibição de investimento no país em 1997.

As comunidades epistémicas - comunidades virtuais de peritos que atravessam fronteiras nacionais - podem ter uma influência poderosa nas políticas económicas internacionais (e outras). Neste conceito, os grupos de peritos definem questões e promovem políticas que diferem das dos seus governos nacionais, ou que estão à frente destes. As alterações climáticas são um exemplo notável em que os cientistas, independentemente da sua nacionalidade, conseguiram definir a agenda em virtude dos seus conhecimentos e não da sua base de poder (Woolcock, 2003).

A arquitetura da diplomacia económica não é muito diferente da de outras formas de diplomacia. Os acordos bilaterais e internacionais fornecem os suportes para as instituições e disposições. Os diplomatas trabalham dentro destas estruturas, empregando os instrumentos do soft power para influenciar e persuadir outros actores a aceitarem os pontos de vista do seu país. A gama de acrónimos e organizações no domínio económico é abundante e muitas vezes altamente técnica: desde a União Internacional das Telecomunicações (UIT), a Organização Internacional do Trabalho (OIT) até à Organização Mundial da Propriedade Intelectual (OMPI).

Os diplomatas estão sempre ocupados nas delegações, ou a convencer os governos nas capitais, da correção da abordagem do seu governo às mudanças propostas. Uma preocupação perene e vital é influenciar a escolha da liderança nestas organizações. As missões utilizam todas as técnicas da diplomacia pública para influenciar os governos e o público. Funcionários governamentais de alto nível escrevem editoriais e proferem discursos; especialistas notáveis na matéria são convidados a falar e a conduzir mesas redondas com os homólogos do país anfitrião; os decisores são enviados em Programas de Visitantes Internacionais (IVP) financiados pelo Governo dos EUA para conhecerem in loco a experiência dos EUA na matéria. O Departamento de Estado dos EUA, em conjunto com o Gabinete do Representante Comercial dos Estados Unidos (USTR) e o Departamento de Agricultura dos Estados Unidos (USDA), utilizou estes dispositivos para influenciar as audiências europeias e asiáticas cépticas quanto à bondade da biotecnologia dos EUA quando se trata de alimentos geneticamente modificados.

A formação de coligações é um elemento-chave do conjunto de ferramentas da diplomacia económica. As coligações podem ser constituídas por países com ideias semelhantes, como o chamado grupo de Cairns de 17 países exportadores de produtos agrícolas (excluindo os Estados Unidos) que defendiam um comércio mais livre de produtos agrícolas. A cooperação entre o governo e o sector privado é um fenómeno crescente à medida que os governos se apercebem de que não têm nem o poder nem os recursos para atingir os seus objectivos. A Câmara de Comércio Americana (AMCHAM) é um multiplicador de forças para os esforços do Governo dos EUA no sentido de convencer os governos a adoptarem políticas económicas favoráveis aos EUA.

Os acordos comerciais multilaterais podem ser o mais poderoso de todos os instrumentos de liberalização do comércio, devido ao seu âmbito, ao número de países e ao volume de comércio envolvidos. A primeira destas negociações, o Acordo Geral sobre o Comércio e as Pautas Aduaneiras (GATT), foi lançada em meados da década de 1940 e foi assinada por 23 países.

Os acordos comerciais regionais (ACR), que envolvem dois ou mais países, não necessariamente geograficamente adjacentes, são um método cada vez mais comum para os países atingirem objectivos económicos e políticos. Segundo a OMC, cerca de 400 ACR estarão em vigor até 2010. Noventa por cento destes são acordos de comércio livre ou acordos de âmbito parcial; os restantes são uniões aduaneiras mais abrangentes (com direitos aduaneiros comuns para os não membros).

A diplomacia económica não está tão bem desenvolvida como o comércio e o investimento, em parte porque os países são mais relutantes em subordinar as suas políticas monetárias e fiscais a interesses externos. É praticada principalmente pelos banqueiros centrais, cuja independência do processo político e tendência para o secretismo tornam a diplomacia financeira muito menos visível do que a sua congénere comercial.

No entanto, a dimensão da crise de 2008-2009 pôs em causa a adequação dos actuais mecanismos de coordenação financeira internacional. O FMI está a ser chamado a desempenhar um papel mais importante na resolução da crise de crédito internacional.

Embora a diplomacia económica partilhe muitos pontos em comum com a diplomacia política tradicional, muitas peculiaridades da economia complicam o trabalho do diplomata económico. A diferença mais significativa é que as relações externas continuam a ser, em grande parte, do domínio dos governos, mas as relações económicas são formadas pelas interações dos sectores (em grande parte) privados. Como já foi referido, os governos negoceiam as regras e regulamentos operacionais internacionais; a forma como essas regras são interpretadas ou se são seguidas na economia real está para além do âmbito dos funcionários governamentais. Outra complicação da diplomacia económica é a tensão entre as prioridades económicas e políticas. O desejo económico de explorar um mercado potencial exige a utilização de todos os instrumentos disponíveis numa nação para a promoção do comércio, mas o historial do país alvo em matéria de violações dos direitos humanos, tráfico de pessoas, apoio a terroristas ou negligência das normas democráticas cria um dilema para os decisores políticos. Por outro lado, os decisores políticos hesitam muitas vezes em punir os violadores dos nossos interesses económicos e comerciais se os danos subsequentes nas relações bilaterais forem considerados como tendo consequências mais graves para a segurança nacional.

Duas tendências globais que influenciam fortemente a condução das relações externas - a globalização e a "ascensão do resto" - são fenómenos largamente económicos e, por isso, alteram profundamente a natureza da diplomacia económica. A verdadeira internacionalização das empresas e da produção coloca um sério dilema aos funcionários comerciais que procuram promover os negócios de um Estado. Será que se deve fazer lobby em nome de uma empresa sediada no Estado se a produção tiver lugar fora do Estado? Ou em nome de uma empresa estrangeira, cuja produção é maioritariamente no Estado? Ou para uma empresa que não está sediada no Estado, mas cujos cidadãos são a maioria dos acionistas?

Impacto da nanotecnologia na segurança nacional

O fabrico de produtos nanotecnológicos pode ser efectuado de duas formas, nomeadamente, "de cima para baixo" e "de baixo para cima". A tecnologia "descendente" refere-se ao "fabrico de estruturas à escala nanométrica através de técnicas de maquinagem e gravação" (Saxl, 2000). A tecnologia descendente não implica a microminiaturização, uma vez que à escala nanométrica se aplicam regras diferentes, por exemplo, as propriedades da superfície tornam-se mais relevantes do que a massa e outras propriedades físicas tradicionais sofrem transformações. Já na nanotecnologia molecular, ou tecnologia "bottom-up", as substâncias inorgânicas e orgânicas são fabricadas através da manipulação dos níveis atómico e molecular (Saxl, 2000). Esta tecnologia atraiu a atenção de muitos, uma vez que, teoricamente, deveria ser possível produzir quase todas as estruturas físicas pegando no seu mais ínfimo ingrediente a nível molecular ou atómico e construindo-o utilizando nanobots ou nanomáquinas (Miller, 2001). De facto, citando Forrest (1989), "o desenvolvimento da tecnologia (ascendente) não depende da descoberta de novos princípios científicos. Os avanços necessários são de engenharia". Isto implica que, a prazo, se poderá alcançar um domínio completo sobre a forma, o tamanho e a criação da matéria (Reynolds, 2002).

Apoio à segurança nacional É geralmente visto que o desenvolvimento do equipamento militar anda de mãos dadas com a abertura de um grande potencial económico, e a nanotecnologia tem um vasto potencial no campo de batalha; a sua utilização reforçará a segurança nacional a longo prazo, indo mais longe, uma vez que a nanotecnologia está a ter aplicações de grande alcance, à medida que avança, partilhará um apoio simbiótico a longo prazo com a segurança nacional.

Comercialização Uma vez que a nanotecnologia se encontra ainda numa fase incipiente no mercado, a tendência geral dos economistas para avaliar a nanotecnologia baseia-se atualmente nas suas experiências passadas com outras tecnologias. Isto implica que, tradicionalmente, as novas tecnologias surgem a custos muito mais elevados do que as existentes (os custos de desenvolvimento têm de ser suportados pelos investidores!) e produzem resultados muito melhores. No entanto, a nanotecnologia pode não seguir o mesmo caminho, por exemplo, os circuitos nanoelectrónicos podem ser produzidos em massa utilizando uma via química em vez da litografia e oferecem vantagens em termos de fiabilidade, segurança, dimensão, etc. Os investimentos iniciais podem ser relativamente mais elevados devido à criação de novos acessórios, cadeias de comercialização, etc., mas as economias de escala seriam facilmente alcançadas, uma vez que os produtos nanotecnológicos produzidos em massa serão muito mais baratos do que os artigos equivalentes.

Encontraria interessados na defesa, na medicina e na exploração espacial, uma vez que estes domínios privilegiam o desempenho em detrimento dos custos. Não se pode negar que os governos interviriam (tendo em conta os actuais investimentos em I&D) para investir e colher os benefícios de uma entrada precoce, da inovação e dos benefícios económicos associados e outros benefícios relacionados com o poder.

Em geral, as descobertas científicas não mudam diretamente a sociedade, mas podem preparar o terreno para a mudança que surge através da confluência de velhas e novas tecnologias num contexto de evolução das necessidades económicas e sociais. A difusão completa, mesmo de novos desenvolvimentos importantes, raramente acontece de uma só vez. As nanotecnologias são tão diversas que os seus múltiplos efeitos levarão provavelmente décadas a percorrer o sistema socioeconómico. Embora os factores de mercado determinem, em última análise, o ritmo a que os avanços nas nanotecnologias são comercializados, é necessário um apoio sustentado à investigação em nanociências nesta fase inicial de desenvolvimento, a fim de não se tornar um fator limitativo do ritmo.

Consequências não intencionais e de segunda ordem Os efeitos das novas tecnologias são difíceis de avaliar, uma vez que, mesmo que as demonstrações tecnológicas sejam bem sucedidas, a aceitabilidade das mesmas depende muito do utilizador comum para o qual o produto é supostamente concebido. Além disso, pode também ser necessário desenvolver produtos associados ou tecnologias irmãs para apoiar esses produtos. Por conseguinte, o inovador pode, na melhor das hipóteses, fazer uma estimativa do impacto que o seu produto terá, em última análise, na economia ou na sociedade. Os efeitos podem não ser os pretendidos e em domínios muito diversos do domínio original, além de que as ramificações do desenvolvimento podem revelar-se benéficas ou não para a sociedade. O desenvolvimento da Internet pela DARPA e a sua progressão para todas as esferas da atividade de informação é um exemplo.

Por outro lado, a qualidade de vida e a esperança de vida dos idosos podem tornar-se muito boas com os tratamentos médicos baseados na nanotecnologia; no entanto, isso pode levar a um aumento da proporção da população idosa, exigindo uma maior afetação de verbas no orçamento para os cuidados aos idosos, seguros de saúde ou pensões, etc. Estes seriam os impactos de segunda ordem. Outra consequência potencial que teria de ser abordada é o potencial aumento da desigualdade na distribuição da riqueza, conduzindo àquilo a que podemos chamar a "nano divisão".

Inicialmente, o impacto das nanotecnologias far-se-á sentir, em primeiro lugar, nos produtos e serviços de gama alta para os quais existem clientes interessados e, depois, noutros produtos orientados para as massas. Os efeitos primários consistirão em fazer com que as coisas funcionem melhor, mais barato, com mais funcionalidades, etc. Isto pode, por exemplo, aumentar a produção de alimentos, criar novos têxteis para vestuário, melhorar a produção de energia ou curar uma determinada doença. Tal como já foi referido, de um modo geral, as novas tecnologias não eliminam completamente as mais antigas e, além disso, é preciso tempo para que as novas tecnologias se estabeleçam de forma substancial. Consequentemente, a nanotecnologia coexistirá durante muito tempo com as tecnologias mais antigas, em vez de as substituir subitamente. Durante esse tempo, afectará o desenvolvimento futuro dessas tecnologias concorrentes. Outros efeitos secundários poderão ser mudanças na procura de produtos e serviços, de modo a que as pessoas passem a esperar diferentes tipos de alimentos, cuidados médicos, entretenimento, etc. Esta mudança na procura pode também dar origem a um efeito terciário, a necessidade de infra-estruturas nanotecnológicas reforçadas - centros de investigação interdisciplinares, novos programas de ensino para fornecer nanocientistas e nanotecnólogos, etc. Outros efeitos terciários deslocar-se-iam a montante, nas nossas estruturas sociais e padrões culturais, tais como mudanças nos padrões de educação e de carreira, na vida familiar, na estrutura governamental, etc. Uma forma eficaz e económica de proteger o público e de lidar com as potenciais consequências negativas da nanotecnologia é desenvolver uma tradição de contramedidas baseadas nas ciências sociais - e apoiar a investigação em instituições publicamente reconhecidas sobre os processos que desenvolvem a nanotecnologia e a aplicam em diversos domínios da vida.

Segurança nacional e nanotecnologia O potencial da nanotecnologia molecular para se tornar uma realidade comercial aumenta a cada dia que passa. Nas palavras de um gestor de programas da DARPA, Kwan S. Kwok (Ratner, 2004), "é amplamente aceite que o impacto potencial da nanotecnologia pode ser maior do que o de qualquer outro domínio científico que a humanidade tenha encontrado anteriormente".

Fab Labs e fabrico molecular. Trata-se de um desenvolvimento tecnológico muito potente, especialmente tendo em conta a evolução do fabrico pessoal (PF), um conceito desenvolvido pelo Dr. Neil Gershenfeld do CBA (Center for Bits and Atoms) do MIT. O objetivo deste programa era basicamente capacitar tecnologicamente as comunidades a nível das bases. Foi uma colaboração entre o CBA e o grupo Grassroots Invention do MIT para explorar a forma como a informação digital pode ser traduzida numa realidade física. Já não se encontra numa fase de protótipo; está a ajudar comunidades de todo o mundo a concretizar produtos tecnológicos através da criatividade. Por exemplo, num laboratório fabril na África do Sul (Soshnguve Fab Lab), foi desenvolvido um interrutor remoto que tem aplicações de grande alcance. Foi também desenvolvido um kit de conversão para transformar a televisão num computador básico que pode fazer parte de uma rede local. Um problema rural típico da Índia (no Pune Fab Lab) foi resolvido através do desenvolvimento de um sensor para testar a qualidade do leite. No Gana (Takoradi Fab Lab), estudantes de escolas técnicas criaram uma antena acessível para a comunicação por satélite em zonas remotas (Principalvoices, 2007). Na Universidade de Cornell, Hod Lipson está a dirigir um projeto que utiliza uma rede de utilizadores e programadores para criar máquinas de fabrico baratas que podem ser utilizadas em casa.

Os laboratórios Fab têm por objetivo estimular a inovação e a criatividade. São constituídos por computadores com software de design de fácil utilização e ligados a maquinaria de produção de alta tecnologia - dispositivos que cortam folhas de cobre em circuitos, equipamento de fresagem de mesa, routers robóticos de alta precisão, máquinas de corte e gravação a laser e uma super-impressora que produz componentes de plástico em 3D. Estes laboratórios custam entre 20.000 e 50.000 dólares e ocupam o espaço de uma sala normal, pelo que são económicos e engenhosos no seu conceito (Mangels, 2009).

De acordo com a lista actualizada do MIT (MIT, 2011), estes laboratórios existem em 16 países (incluindo a Índia) e são cerca de 50.

O que interessa para a tese é o facto de ser este fabricante de base que irá anunciar o fabrico molecular nos tempos vindouros. O facto de o Congresso dos EUA ter incumbido o Conselho Nacional de Investigação (NRC) de efetuar uma avaliação trienal da Iniciativa Nacional de Nanotecnologia (NNI); de avaliar a necessidade de estratégias, orientações ou normas para o desenvolvimento responsável da nanotecnologia; e de refletir sobre a viabilidade da auto-montagem molecular em termos técnicos da produção à escala molecular de dispositivos e materiais (NRC, 2006).

Na avaliação dos processos de fabrico em 2006, o NRC considerou que a auto-montagem molecular era viável nessa altura para materiais e dispositivos simples. Devido à possibilidade de aumento de erros nos processos de auto-montagem de artigos complexos, era menos provável que fossem desenvolvidos dispositivos de grandes dimensões e materiais complicados com a tecnologia existente nessa altura. A litografia e a nanobiotecnologia eram duas áreas de interesse no que diz respeito ao fabrico molecular. Na natureza, estruturas muito complexas montam-se a si próprias (vírus, bactérias, ribossomas, organismos eucariotas, etc.). Os exemplos laboratoriais de fabrico de sistemas biológicos fora da célula têm um grande potencial para o fabrico molecular em grande escala.

Drexler (que, por acaso, é o principal defensor da nanotecnologia) é de opinião que, quando o fabrico molecular se tornar uma realidade, haverá tanto potencial para oportunidades como para abusos (Drexler, 2006). Será possível fabricar estruturas complexas a um custo muito baixo, mas com uma precisão muito elevada, o que ajudará a resolver problemas ambientais, médicos e tecnológicos. Estas estruturas também anunciariam a transformação das organizações económicas e de recursos. Trará também enormes avanços na conceção de sistemas de armas formidáveis. Existe também a possibilidade de esta tecnologia ser adquirida a muito baixo custo por pessoas sem escrúpulos, pelo que dependerá da sua utilização o facto de beneficiar ou prejudicar a humanidade. Comentando os progressos do fabrico molecular, Drexler afirma no seu blogue que

"As tecnologias disponíveis permitem agora a conceção e o fabrico de objectos intrincados e atomicamente precisos à escala nanométrica, feitos de um polímero de engenharia versátil, juntamente com estruturas intrincadas e atomicamente precisas, à escala de 100 nanómetros, que podem ser utilizadas para organizar estes objectos de modo a formar estruturas 3D maiores. Estes componentes podem e foram concebidos para se submeterem a uma auto-montagem espontânea e atomicamente precisa. Em conjunto, proporcionam um meio cada vez mais poderoso para organizar estruturas atomicamente precisas de dimensão de milhões de átomos, com o potencial de incorporar uma gama ainda maior de componentes funcionais." (Drexler, 2009)

Assim, vemos que podemos estar no limiar da convergência entre a indústria, as TIC e a nanotecnologia. O conceito de laboratório Fab permite a circulação de dados de conceção em todo o mundo com grande facilidade e também permite o fabrico de objectos físicos com precisão e a custos extremamente baixos, praticamente ao preço que o fabricante pagará pela matéria-prima e pela energia, etc. Esta abordagem, tal como já foi demonstrada para os macro-objectos nos laboratórios Fab em todo o mundo, incorpora o engenho e a criatividade para produzir objectos feitos à medida, de acordo com as necessidades do local, sem ser perturbada pelas economias de escala, etc.

Por conseguinte, é necessário avaliar se este tipo de processo de fabrico molecular à escala nanométrica, capaz de se proliferar amplamente, constitui uma ameaça para a segurança nacional.

Ameaças diretas

Corrida armamentista estatal. O desenvolvimento de armas muito mais letais e avançadas e o armamento imperativo dos exércitos seriam a ameaça mais direta à segurança nacional de qualquer país. De acordo com a avaliação da ameaça efectuada por Vandermolen, a maior ameaça à segurança nacional será a utilização indevida intencional. A conceção e a criação de armas seriam efectuadas por elementos sem escrúpulos, que têm acesso a esta tecnologia. Os Estados teriam armas de alta qualidade disponíveis a custos muito razoáveis e ameaçariam os Estados sem acesso a esta tecnologia (Vandermolen, 2006). Num cenário típico, a construção de armas seria rápida, devido à prototipagem rápida inerente ao fabrico molecular em laboratórios Fab, o que poderia dar origem a uma corrida ao armamento entre Estados, não só de armas convencionais, mas também de armas nucleares tácticas de alta precisão abaixo dos limiares do TNP, bem como de bombas de vírus nanobilógicos que visam caraterísticas genéticas específicas.

Corrida armamentista individual. Os laboratórios Fab de fabrico molecular permitiriam aos indivíduos adquirir esta tecnologia, o que levaria ao que Bill Joy, o cofundador da Sun Microsystems, afirmou:

"Mas devido aos recentes progressos rápidos e radicais da eletrónica molecular - em que átomos e moléculas individuais substituem *os transístores* desenhados litograficamente - *e das tecnologias conexas à escala nanométrica, ... Em 2030, é provável que consigamos construir máquinas, em quantidade, um milhão de vezes mais potentes do que os computadores pessoais de hoje. Assim, temos a possibilidade não só de armas de destruição maciça, mas de destruição maciça possibilitada pelo conhecimento* (KMD), destrutividade esta enormemente amplificada pelo poder de *auto-replicação, um mal cuja possibilidade se estende muito para além do que as armas de destruição maciça legaram aos Estados-nação, para uma surpreendente e terrível capacitação de indivíduos extremos.*" (Joy, 2000)

A posse de tal tecnologia em mãos erradas seria um motivo de preocupação para a segurança nacional.

Ameaças indirectas Pode haver várias formas de uma tecnologia facilitadora, como o programa nano Fab-lab para massas, afetar o sistema económico de um Estado. Em primeiro lugar, os líderes da anterior vaga tecnológica seriam ultrapassados, o que, por sua vez, conduziria a novos alinhamentos, tanto dentro como fora do Estado. Isto, por sua vez, criaria uma disparidade na indústria por parte dos arrivistas, que não só seriam capazes de vender os produtos, mas também as próprias nanofábricas a custos muito atractivos em relação aos padrões actuais. Esta capacitação de grupos de indivíduos geraria uma riqueza de aproximadamente 1000 biliões de dólares, segundo as estimativas de Bill Joy (Joy, 2000), o que equivale a "*acrescentar 100 economias americanas*" (Gingrich, 2001). Esta situação seria acompanhada de problemas de pirataria de DPI e de espionagem de empresas numa escala muito mais alargada do que no caso das tecnologias tradicionais e dos programas informáticos.

O conceito de produção para as massas não dependeria da capacidade de alguns países fornecerem bens decentes com mão de obra barata ou infra-estruturas. Cada país ou região criaria as suas próprias fábricas e produziria os bens. Isto distribuiria a produção em massa por todo o mundo e prejudicaria economicamente os monopólios existentes atualmente. Assim, reduzir-se-ia a dependência de países como a China e de cadeias de distribuição como a Wal Mart. Do mesmo modo, os produtos nanotecnológicos de poupança de energia e de fontes alternativas (células solares, etc.) reduziriam em grande medida a dependência do petróleo, o que poderia pôr termo/reduzir drasticamente o domínio dos países do Golfo e acelerar a ascensão de países como a Índia, dotados de fontes alternativas de energia bastante abundantes. Em suma, é provável que se assista a uma mudança drástica no poder económico com a penetração em larga escala da nanotecnologia, o que, por sua vez, conduziria a mudanças nas alianças internacionais existentes, nos pactos de cooperação e no equilíbrio de poderes. A estratégia de segurança nacional dos países seria assim afetada. Surgirão novos "Haves" e "Have-nots" aparentemente sem relação com a sua localização geográfica, dimensão ou população.

Em menor escala, assistiremos à produção em grande escala de sensores de vigilância descartáveis, que poderão ser utilizados para observar não só o espaço de batalha, mas também o público em geral, o que suscitará um grande alarido público relativamente a questões jurídicas e de privacidade. Há também um receio crescente na mente do público em relação aos danos ambientais que a infusão de nanopartículas na atmosfera pode causar, uma vez que tais estudos ainda não foram efectuados. Uma vez que é provável que as partículas penetrem facilmente nas células de todos os seres vivos, não há clareza sobre a forma como isso afectará a vida numa era de nanopoluição. A ameaça de um aparente controlo sobre as massas através da utilização de produtos de nano-engenharia, bem como os efeitos prejudiciais no caso de uma libertação intencional desse material na sociedade por parte de empresas multinacionais "Avatarianas", também não podem ser descartados. Por último, o receio de uma situação semelhante a uma "bomba de terra", no que respeita à utilização sem escrúpulos da nanotecnologia, nas mãos de terroristas, piratas do mar ou grupos descontentes, paira nas mentes de todos os decisores políticos.

Assim, vimos que a nanotecnologia, com abordagens "de cima para baixo" e "de baixo para cima", conduziria a situações complicadas relacionadas com alianças internacionais, preparação para a defesa, mudanças económicas, questões societais e grupos alienados da sociedade. Isto, por sua vez, afecta a segurança nacional de uma nação e, por conseguinte, é motivo de preocupação e debate. Seria oportuno citar aqui a Estratégia Nacional de Defesa dos Estados Unidos da América, 2005

"Em casos raros, a tecnologia revolucionária e a inovação militar associada podem alterar fundamentalmente conceitos de guerra há muito estabelecidos. Alguns avanços revolucionários podem pôr seriamente em perigo a nossa segurança."

Capítulo 4

Negociações na área dos negócios internacionais com relevância para a aquisição de tecnologias

Section 1: **Negociações comerciais internacionais**

Section 2: **Como é que as nações se preparam para a aquisição de tecnologias emergentes**

Section 3: **Comercialização das nanotecnologias**

Section 4: **Nanotecnologia e perceção pública**

SECÇÃO UM: NEGOCIAÇÕES COMERCIAIS INTERNACIONAIS

A natureza da negociação empresarial

As negociações fazem parte das nossas actividades diárias, seja em casa (na nossa vida pessoal), no mercado (compra e venda), num estabelecimento de serviços (obtenção de uma boa relação qualidade/preço) ou no trabalho (entre empregados, chefe, etc.). As negociações decorrem sem grandes reflexões ou preparativos. No entanto, as negociações comerciais são diferentes no sentido em que há muito mais em risco e envolvem um impacto nas empresas ou no conjunto da empresa. Antes do início das negociações, é efectuada uma preparação e uma análise muito mais aprofundadas. Por conseguinte, duas partes envolvem-se no processo de negociação, de livre vontade, na esperança de conseguirem chegar a um acordo melhor do que aquele que poderiam obter se simplesmente concordassem com o que a outra parte estava disposta a dar. Neste processo de dar e receber, as ofertas, contra-ofertas e expectativas são modificadas até se chegar a um resultado mutuamente aceitável (Ghauri, 2003). As negociações e a negociação devem ser diferenciadas, na medida em que a negociação tem por objetivo maximizar o seu próprio benefício à custa da outra parte, o que equivale a uma situação do tipo ganhar-perder. Significa também que existe um sentido de concorrência, que não permite a partilha de informações entre as partes. Por outro lado, a negociação pode ser designada como "negociação integrativa" (Ghauri, 2003), conduzindo a um resultado vantajoso para ambas as partes. A negociação comercial entre as partes é considerada como uma plataforma para resolver um problema comum. No final, ambas as partes atingem os seus objectivos sem terem a sensação de perda nas concessões que fazem. Nas negociações comerciais, há livre fluxo de informação e divulgação de objectivos, ambas as partes se apercebem de que podem ter objectivos contraditórios, ambas tentam compreender os pontos de vista uma da outra e, por conseguinte, reúnem-se e exploram uma solução que satisfaça os objectivos de ambas. Trata-se, por conseguinte, de um exercício de resolução de problemas; é uma busca combinada de um resultado ótimo, que conduz a uma solução mutuamente aceitável.

Num cenário internacional, a perceção das partes em relação umas às outras e a forma como o processo de negociação tem decorrido assumem importância. As negociações internacionais são afectadas por diferenças nas estruturas políticas dos países, na indústria, nos tipos de organizações, no estatuto, na profissão e no contexto cultural dos membros. Estas diferenças colocam desafios às equipas de negociação e exigem flexibilidade de abordagem para avaliar e tratar as diferenças de forma amigável. Uma melhor compreensão recíproca conduz a um ambiente cordial para as discussões, o que, por sua vez, contribui para alcançar um resultado positivo.

Os negócios internacionais são efectuados entre representantes comerciais interessados de, pelo menos, dois países diferentes que negoceiam o negócio proposto. As negociações precedem uma miríade de transacções comerciais internacionais, quer se trate de empresas comuns, colaborações, transferência de tecnologia, criação de unidades auxiliares, partilha de recursos, comercialização num país terceiro ou acordos financeiros, etc. De um modo geral, as transacções comerciais internacionais não podem ser efectuadas de forma unilateral, a não ser, evidentemente, por razões que não as transacções comerciais normais, como lucros, quotas de mercado, futuras aquisições comerciais, etc. As nações entram em empreendimentos por razões puramente de promoção dos seus interesses nacionais, sem ter em conta as consequências económicas, políticas ou jurídicas.

As negociações comerciais internacionais podem ser conduzidas entre representantes de duas ou mais nações (grandes acordos comerciais multilaterais, acordos comerciais bilaterais, gasoduto Irão-Afeganistão-Paquistão-Índia, etc.), grandes conglomerados (Tata-Corus) que envolvem acionistas e interesses comerciais de dois países, etc., ou duas entidades comerciais muito mais pequenas que procuram promover os seus interesses comerciais. O objetivo destas negociações é estabelecer os princípios e as linhas de orientação de futuras transacções. Estas negociações só são concluídas de forma satisfatória quando as partes envolvidas sentem que estão a cumprir os objectivos estabelecidos para o acordo.

A progressão e o resultado da negociação dependem de vários factores externos (factores que não a questão comercial imediata). A importância de uma multiplicidade destes factores só recentemente foi reconhecida, na medida em que, anteriormente, apenas as "questões culturais" eram realçadas no contexto do planeamento de tais negociações (Pathak e Habib, 1996). Os quadros que envolvem estes outros contextos só foram investigados e desenvolvidos num passado recente.

Salacuse, 1988, salientou que os dois contextos básicos em que se desenrolam as negociações comerciais internacionais dizem respeito a factores que escapam ao controlo dos negociadores (factores ambientais) e àqueles sobre os quais estes têm um controlo total ou parcial (contexto imediato). Nos parágrafos seguintes, estes contextos serão analisados em pormenor.

Contexto ambiental Existem vários factores ambientais, nomeadamente

Ambiente geral. As negociações decorrem num determinado momento, num determinado local e num determinado ambiente (Salacuse, 1988) e têm uma grande influência no processo de negociação, uma vez que afectam consideravelmente a atitude mental e o conforto físico dos negociadores. Por exemplo, se a hora escolhida for tal que não tenha em conta o jetlag da parte que chega após um longo voo, esta estará menos atenta e propensa a cometer erros. Da mesma forma, se o local escolhido for sereno e tranquilo, terá um efeito calmante sobre os negociadores. Luzes muito brilhantes e grandes ruídos industriais deixarão os negociadores agitados, etc. Não esquecer que a comida e as bebidas servidas durante as negociações e os horários em que são servidas também afectam as negociações. Por último, não se deve esquecer que bons intérpretes de línguas também desempenham um papel importante no bom desenrolar das negociações

Diferenças culturais e ideológicas. As ideologias variam muito de país para país e os negociadores devem ser avisados para não presumir ou assumir o mesmo sem efetuar um estudo adequado. O significado de liberdade difere de país para país, tal como a prática da política, da religião e dos negócios depende das ideologias locais, por exemplo, na Índia, diferentes ideologias orientam os negócios mesmo dentro do país. (Os Estados com governos estatais não congressistas comportam-se de forma diferente). Estes factores obrigam os negociadores a modificar a sua abordagem e a adotar uma via mais conciliatória e mutuamente aceitável.

Os negociadores vêm para a mesa de negociações com diferentes origens culturais e estruturas sociais. A abordagem dos negociadores durante as negociações depende em grande medida dos antecedentes culturais dos indivíduos. Por exemplo, os americanos são conhecidos pelo seu humor e os alemães pela sua seriedade, os italianos pela sua natureza descontraída e os indianos pela sua capacidade de regatear. Por conseguinte, cada parte gostaria de criar uma atmosfera em que se sentisse confortável para negociar. A partilha de informações (tipo importante, antecedentes, pessoais, específicos da empresa, etc.), o valor atribuído ao tempo total disponível para a negociação, o poder de permanência durante a negociação, etc., constituem factores importantes que influenciam as negociações. Os japoneses são muito reservados na partilha de informações, enquanto os americanos são exatamente o oposto. Os negociadores devem conhecer bem os antecedentes culturais de cada um se quiserem que as suas negociações sejam bem sucedidas (Pathak e Habib, 1996).

Burocracia e controlos governamentais. É um facto incontestável que, na maioria das negociações, os representantes do governo estão fisicamente presentes como observadores ou participam indiretamente nas negociações, uma vez que cada decisão tem de ser tomada à luz dos regulamentos governamentais relevantes.

Os governos controlam extensivamente as empresas, quer direta quer indiretamente. Quer se trate da disponibilidade de recursos locais, matérias-primas, licenças, tipo de produtos, estratégia de marketing, etc., em cada fase as empresas têm de estar cientes das regras governamentais e das interpretações das mesmas pela burocracia envolvida. Em muitos países, as indústrias privadas estão impedidas de operar em determinados sectores, que uma nação considera estratégicos para os seus interesses. O desconhecimento destas restrições pode levar a burocracias e atrasos consideráveis, o que, por sua vez, pode prejudicar irremediavelmente os interesses da empresa.

Pluralismo político e jurídico. As políticas externas das nações são diferentes e, por vezes, muito diferentes consoante a natureza do governo (por exemplo, capitalista ou socialista) de um país. A análise do impacto das negociações comerciais na política externa e na política dos países envolvidos é um parâmetro essencial das negociações, porque assim é mais fácil estimar os condicionalismos sob os quais os negociadores estão a desempenhar as suas tarefas. Pode dizer-se que as negociações que não estão de acordo com a política externa dos negociadores nunca verão a luz do dia.

Os negociadores não podem concluir qualquer acordo que seja ilegal nos países envolvidos nas negociações. O conhecimento e a análise dos aspectos jurídicos são vitais, na medida em que não devem ser violadas quaisquer leis relativas aos países negociadores, por exemplo, a partilha de tecnologias de dupla utilização é proibida em alguns países. Na Índia, existem restrições ao IDE de vários níveis, dependendo dos sectores (por exemplo, 26% na defesa) e, em alguns casos, é permitida a criação de filiais ou de empresas comuns. Estas restrições têm um impacto direto na gestão, na partilha de lucros, na transferência de tecnologia, nos direitos de propriedade intelectual, na qualidade do produto, etc.

Partes interessadas externas. As partes interessadas externas compreendem todos os indivíduos e instituições/organizações (acionistas, sindicatos, fornecedores, consumidores, ambientalistas, banqueiros, grupos empresariais e industriais, rivais, etc.) que consideram ter algum ganho ou perda de interesse no resultado do negócio. Ultimamente, devido ao ativismo associado ao ambiente e à reabilitação, muitos projectos enfrentam a oposição de campanhas lançadas contra os projectos por ambientalistas (POSCO em Orissa). Este facto, por sua vez, faz com que os governos sejam pressionados a repensar ou a satisfazer as suas exigências. Grupos rivais tentam sempre impedir os projectos por razões óbvias. Os partidos políticos rivais também tentam obter alguma gratificação política ou outra. Uma vez que o ambiente é uma questão global, especialmente devido ao aquecimento global, os países têm de estudar o impacto no que diz respeito às leis locais e internacionais sobre o assunto. (Acumulação de créditos de carbono ou redução dos objectivos de emissão, etc.). No caso de a terra que está a ser adquirida ser habitada, a questão da reabilitação e dos meios de subsistência alternativos assume importância. Uma vez que todas estas questões têm repercussões financeiras, políticas, jurídicas e temporais, assumem importância para os negociadores.

Os sindicatos apoiam geralmente projectos que aumentam a força de trabalho e proporcionam melhores pacotes nas áreas da sua influência. Grupos industriais como o CII, o FICCI, o ASSOCHEM, etc., ajudam a facilitar colaborações internacionais/empresas comuns, etc., proporcionando um fórum informal alternativo para a interação com os governos. Além disso, esses grupos têm ligações mútuas com grupos semelhantes noutros países, o que ajuda a facilitar consideravelmente as negociações.

Os negociadores têm sempre em mente a resposta dos acionistas durante a negociação dos projectos, assegurando especialmente que os interesses dos acionistas são sempre defendidos, caso contrário, sabem que os acionistas podem bloquear o processo. As preferências dos consumidores também têm um impacto nas negociações, na medida em que a sua aprovação ou não de um produto tem um enorme impacto nos lucros/perdas das empresas. Os fornos de micro-ondas não conquistaram a mesma preferência que os fornos de cozer na Índia, apesar de estarem no mercado há décadas.

Flutuações cambiais e monetárias. É essencial para os negociadores uma apreciação global das regras cambiais dos países envolvidos nas negociações. Uma vez que as divisas são disponibilizadas pelos governos, estão sujeitas aos regulamentos dos respectivos países. Os aspectos financeiros do repatriamento de lucros, da partilha de dividendos, do pagamento de equipamento/matéria-prima, etc., dependem todos da disponibilidade do governo para disponibilizar divisas ao abrigo da sua legislação cambial. Alguns governos podem solicitar acordos de permuta para contrariar o fluxo unilateral das suas reservas de divisas.

As moedas dos países flutuam, por vezes muito, nos mercados Forex e, uma vez que todas as transacções internacionais envolvem divisas e moedas, é necessário que os negociadores tenham um conhecimento e uma análise pormenorizados das variações e dos seus efeitos. Uma vez que as negociações internacionais se estendem por um longo período de tempo, uma previsão razoável do movimento da moeda (a partir de fontes fiáveis) ajudaria os negociadores a evitar qualquer armadilha ou ganho indevido para qualquer uma das partes. Podem ser incluídas no acordo cláusulas adequadas para salvaguardar os interesses de ambas as partes.

Instabilidade e mudança. Os negociadores precisam de obter aconselhamento especializado sobre questões globais e específicas relacionadas com a economia e a política do país de interesse. Isto é muito importante para as negociações, porque é desta informação que depende o sucesso ou não da negociação de um acordo vantajoso. O conhecimento do cenário internacional num sector específico ajuda o negociador a estabelecer pontos de referência práticos para as negociações e a manter vivas outras opções de mudança para um país diferente, se necessário.

O contexto imediato As caraterísticas sobre as quais os negociadores têm, pelo menos, um controlo parcial e que afectam o planeamento, as abordagens e os resultados das negociações inserem-se na categoria de contexto imediato. Nos parágrafos seguintes, são analisados cinco factores importantes, tal como descritos por Pathak e Habib, 1996. Estes incluem as partes interessadas imediatas, os resultados pretendidos, as relações entre os negociadores antes e durante as negociações, os níveis de conflito subjacentes às negociações e o poder de negociação relativo e a interdependência dos negociadores.

Partes interessadas imediatas. Obviamente, as partes interessadas imediatas são as caraterísticas distintivas dos negociadores e da direção das empresas envolvidas.

O conhecimento dos antecedentes culturais dos negociadores desempenha um papel importante na condução positiva das negociações, o que também é evidente pelo facto de os negociadores na cena internacional serem frequentemente oriundos de contextos culturais diversos. Este conhecimento ajuda a compreender as posições e atitudes dos negociadores, permitindo assim levar as negociações até às suas conclusões. Afinal, as negociações comerciais são realizadas após um estudo exaustivo e o objetivo geral é concluir os debates de uma forma aceitável para ambas as partes. Os judeus observam o Sabbath, os hindus não comem maioritariamente carne de vaca, os muçulmanos não comem carne de porco, os indianos parecem rodar a cabeça, tanto quando concordam como quando discordam, e assim por diante.

A experiência dos negociadores é uma caraterística muito importante e ajuda a realizar negociações vantajosas, uma vez que quanto mais experiente for o negociador, melhor será a sua capacidade de interpretar as nuances e conduzir as negociações em curso. O negociador é capaz de adaptar as suas abordagens e estratégias de forma dinâmica e tirar o melhor partido da situação existente.

Os funcionários da empresa são obrigados a procurar o benefício dos seus membros do conselho de administração e dos seus empregados. Durante uma negociação agressiva, assegurar-se-ão de que a sua segurança financeira, progressão na carreira, área de influência, salário e subsídios, ego, etc., sejam sempre mantidos. Não gostariam de ver degradados os seus benefícios ou emolumentos.

Resultados desejados. O resultado das negociações pode ser tanto imensurável como mensurável. A procura de uma maior boa vontade, a continuação de uma relação saudável, etc., conduziriam a situações de apoio que terminariam com um resultado definitivo vantajoso para ambas as partes. Isto seria imensurável. Por outro lado, os resultados mensuráveis podem ser em termos de transferência efectiva de tecnologia, repartição saudável de lucros/royalties/activos, etc. Nas negociações internacionais, verifica-se que, para obter benefícios tangíveis consideráveis, as relações a longo prazo são a melhor via. Também é verdade que as partes que procuram apenas benefícios tangíveis pensam em termos de relações a curto prazo, enquanto as que procuram benefícios intangíveis optam por uma boa vontade e relações a longo prazo e podem considerar a adoção de uma atitude de compromisso em relação aos resultados tangíveis.

Relação entre os negociadores antes e durante as negociações. A qualidade da relação partilhada por ambas as equipas de negociação antes da discussão desempenha um papel importante nas negociações. Uma relação boa e cordial baseada em associações anteriores conduzirá a uma situação vantajosa para ambas as partes. Uma relação hostil ou fria pode conduzir a negociações prolongadas ou mesmo à rutura das mesmas. Uma vez que existem várias fases num processo de negociação, o resultado de cada sessão e o sentimento de perda ou ganho percebido também influenciam a atmosfera na fase de negociação seguinte.

Níveis de conflito subjacentes às negociações. Os negociadores seriam relativamente amigáveis ou antagónicos em função do número de áreas de conflito. A existência de mais áreas de divergência implicaria mais conflitos e menos hipóteses de um acordo rápido. Um maior número de áreas comuns implicaria relações mais amistosas que conduziriam a um culminar mais suave de todo o processo. Assim, o nível de conflito ou de acordo determina os níveis de hostilidade ou de simpatia entre os negociadores. As situações em que todos ganham resultam de relações amistosas e de apoio entre os negociadores, ao passo que as situações em que todos perdem surgem quando as relações não são cordiais e as negociações são ganhas ou perdidas como numa batalha virtual, derrotando o outro.

No entanto, se os negociadores forem maduros e compreenderem a importância de uma relação a longo prazo, esforçar-se-ão por obter resultados que sejam benéficos para ambas as partes no final.

Poder de negociação relativo e interdependência dos negociadores. A interdependência percebida é a chave para o início das negociações, sendo que o tema subjacente é que o resultado trará benefícios para ambas as partes. Por exemplo, duas empresas quase iguais optam por uma empresa comum, e talvez uma delas esteja a tentar obter uma maior quota de mercado e a outra a adquirir conhecimentos especializados. Neste sentido, estão dependentes uma da outra, em maior ou menor grau, para o seu sucesso mútuo. Isto também leva a que ambos procurem um terreno comum e consigam concluir as negociações. O parceiro que está menos dependente do outro para os seus objectivos futuros detém, assim, mais poder nas negociações e está em posição de negociar com mais força. Esta interdependência determina o jogo de poder relativo entre ambos.

Conclusão Um estudo pormenorizado e exaustivo realizado antes da negociação sobre os contextos ambientais e o seu impacto no resultado seria muito útil para planear a estratégia de negociação. Os factores de contexto imediato devem ser tidos em conta posteriormente para avaliar o seu efeito no processo e no resultado da negociação. A análise dos dados, obtidos a partir de fontes fiáveis, relativos às necessidades nacionais, sectoriais, específicas da indústria e relacionadas com a empresa, deve ser coligida e analisada.

As negociações internacionais raramente dizem respeito a uma única questão; na realidade, dizem respeito a um conjunto de questões inter-relacionadas, que têm de ser abordadas durante a negociação para a consecução dos objectivos globais. Por exemplo, a questão do grande número de vistos para trabalhadores profissionais, por períodos prolongados, em projectos que envolvem a China torna-se sempre uma questão, que tem as suas próprias complicações interligadas. Além disso, enquanto uma das partes pode estar a negociar condições favoráveis para a execução de um projeto, a outra parte pode, na realidade, estar a tentar obter uma entrada estratégica num sector competitivo.

Os factores são muito dinâmicos e podem, portanto, mudar com a evolução das circunstâncias. As variações dos factores podem resultar na alteração dos contornos das negociações, pelo que, à medida que as negociações avançam de uma fase para outra, é necessário reavaliar o impacto ou não destes factores. É relevante e importante avaliar também a forma como os factores afectaram as contrapartes. Caso se preveja um impasse, pode ser aconselhável procurar uma solução conjunta para o problema.

Um conhecimento aprofundado dos pontos fortes e fracos do país homólogo, dos imperativos políticos, económicos e de segurança prevalecentes, das técnicas de negociação por ele utilizadas, etc., prepararia os negociadores para uma abordagem não rígida baseada numa melhor compreensão das condições de cada um. É necessária uma abordagem flexível e recetiva das negociações para ter em conta a natureza mutável dos contextos; por exemplo, a subida súbita dos preços do petróleo ou a queda do sector imobiliário nos EUA podem ter uma incidência direta ou indireta nas negociações em curso nesse momento. Estes factores podem introduzir medidas de contingência que devem ser tomadas por ambas as partes e que se resumem essencialmente à procura de uma solução aceitável. Uma atitude rígida conduziria à rutura das negociações, o que não seria do interesse de nenhuma das partes.

A paciência é uma virtude essencial para os negociadores, tanto em sentido figurado como literal. As negociações internacionais são discussões prolongadas que envolvem questões muito complexas, pelo que a paciência dos negociadores reflecte um sentido de compromisso da sua parte. A construção da confiança e da fé é de importância vital nas negociações internacionais, uma vez que estas negociações conduzem a relações de longo prazo que se estendem por décadas. Quando os negociadores se apercebem da importância da paciência, começam a planear pormenorizadamente as negociações, cobrindo as várias possibilidades que decorrem das diferentes fases das negociações. Por conseguinte, o êxito depende de uma preparação exaustiva e de uma abordagem flexível por parte dos negociadores.

Negociação em países asiáticos

Introdução. As negociações comerciais internacionais, que envolvem negociadores de duas culturas muito diferentes, podem ser um assunto problemático. De acordo com o Departamento de Comércio dos EUA, há 25 fracassos por cada negociação nipo-americana bem sucedida (Deutsch 1993).

A falta de preparação e de gestão adequada das negociações parecem ser os principais culpados, embora as diferenças culturais também sejam responsáveis por algumas das dificuldades envolvidas nas negociações comerciais internacionais. Por exemplo, os chineses tendem a utilizar tácticas de negociação "agressivas" porque assumem que os americanos são facilmente lisonjeados e manipulados. Do mesmo modo, os coreanos são frequentemente negociadores tenazes que dificilmente desistem do que está em jogo na mesa de negociações (Paik e Tung, 1999).

Em 1994, o Ministério do Comércio dos Estados Unidos decidiu explorar os mercados asiáticos emergentes, a fim de tirar partido do enorme potencial de exportação que apresentavam, o que, por sua vez, proporcionaria grandes ganhos aos exportadores americanos. Uma vez que as empresas americanas estavam cépticas quanto à realização de negócios nestes mercados devido às grandes diferenças culturais e ao risco que representavam, foi realizado um estudo com o objetivo de informar os empresários americanos sobre a forma de realizar eficazmente negociações bem sucedidas nos mercados chinês, coreano e japonês. Embora o estudo de Paik e Tung, 1999, se centre nas negociações entre americanos e asiáticos, os resultados da investigação têm implicações significativas para as organizações e os gestores envolvidos em negociações interculturais entre pessoas de duas culturas muito distintas. A este respeito, são relevantes para os indianos, uma vez que lidamos tanto com os americanos como com os chineses.

Processo de negociação. No estudo, partiu-se do princípio de que, na atividade de negociação, dois grupos de pessoas com valores culturais, origens, línguas e estilos de vida diferentes pretendem chegar a um acordo mutuamente satisfatório sobre uma questão de interesse comum, que beneficie os objectivos de cada grupo. As negociações são limitadas no tempo e ambas as partes estão dispostas a compreender o ponto de vista da outra. Caso contrário, é pouco provável que as partes cheguem a uma conclusão satisfatória.

O estudo definiu três fases de negociação, nomeadamente, a fase de abertura, a fase de resolução e a fase final.

-Estágio de abertura

Nesta fase, ambas as partes tentam conhecer o estado do terreno e a metodologia suscetível de ser utilizada pela outra parte. Também gostariam de apresentar a sua posição numa perspetiva mais favorável do que a do outro grupo, tentando assim preparar o terreno para negociações nas suas condições. Os aspectos importantes desta fase são -

Número de participantes. A equipa americana está normalmente em clara desvantagem na mesa de negociações, uma vez que é muito mais pequena do que a equipa de negociação asiática. As razões para tal são as seguintes: os americanos estão conscientes dos custos, estão habituados a trabalhar individualmente e em grupos mais pequenos e, por último, consideram que é difícil chegar a um consenso interno num grupo grande, o que levaria à perda de tempo precioso. Consideram que numa equipa mais pequena, dentro de um grupo, as diferenças podem ser facilmente resolvidas. Devido à natureza individualista dos americanos, têm ideias diferentes sobre a adoção de abordagens e, por conseguinte, a harmonia do grupo é difícil de alcançar mesmo antes do início das negociações.

A necessidade japonesa de tomar decisões consensuais exigia um grande número de participantes em vários níveis hierárquicos. Além disso, consideram que uma equipa mais numerosa dá uma ideia da seriedade e do empenho que atribuem às negociações. Os chineses são mais hierárquicos do que os japoneses e dão muita importância ao estatuto de cada membro que participa nas negociações. As equipas de negociação coreanas são normalmente mais pequenas, mas são muito sensíveis ao estatuto e ficam perturbadas se os títulos e as posições dos seus interlocutores não corresponderem aos seus.

Mulheres como participantes. As equipas americanas incluem as mulheres como participantes em pé de igualdade e sentem-se à vontade com mulheres negociadoras na equipa oposta.

No entanto, a Ásia continua a ser uma sociedade dominada pelos homens, que preferem negociar com homens, especialmente com empresários mais velhos, e a participação das mulheres nas fileiras profissionais e de gestão é limitada na Ásia. Os japoneses tendem a ser muito pouco receptivos a trabalhar com mulheres; os gestores coreanos são geralmente muito relutantes em fazer negócios com mulheres; mas os chineses tendem a ter uma abordagem mais generosa em relação às gestoras. A diferença de atitude deve-se ao comunismo, que dá ênfase à participação igual de homens e mulheres em todos os aspectos da sociedade.

Preparação para a negociação. Os americanos têm de se preparar para as negociações com o máximo de informação possível sobre todos os aspectos relevantes para o acordo em questão, incluindo informação de base sobre os membros da equipa do lado oposto. A constituição dos membros da equipa americana também muda durante o período de negociações, no caso de as negociações se estenderem por um período de tempo.

Os gestores da Ásia Oriental são peritos em encontrar informações relevantes sobre os seus homólogos americanos através das suas extensas redes de negócios, pelo que a sua equipa goza de uma vantagem estratégica sobre os seus homólogos americanos. Para eles, é essencial conhecerem melhor os seus homólogos, enquanto os americanos gostariam de avançar com a agenda. Os japoneses, de facto, envolvem-se em socializações elaboradas para se familiarizarem com os seus homólogos e iniciarem as negociações numa atmosfera muito cordial. Os japoneses, os coreanos e os chineses privilegiam o estabelecimento de relações entre os negociadores.

A constituição da equipa de negociação da Ásia Oriental mantém-se constante e esta continua em vantagem, uma vez que já está bem enraizada no processo de negociação, em comparação com os novos membros das contrapartes.

-Fase de resolução

Nesta fase, procura-se reduzir as áreas de desconforto a um nível tal que se possa chegar a uma conclusão amigável das negociações. A filosofia de dar e receber constitui um elemento essencial nesta fase.

Diferença de lógica. Os americanos empregam geralmente uma lógica linear, enquanto os asiáticos optam por uma lógica não linear. Os asiáticos tendem a adotar uma perspetiva holística na abordagem das situações. Isto parece muito complexo e inescrutável para os americanos.

A lógica asiática resulta em negociações mais longas; assim, estão preparados para discussões a longo prazo do que os seus homólogos americanos. Além disso, os asiáticos são mais receptivos a ideias contraditórias, o que pode parecer confuso para os negociadores americanos. Mais importante ainda, os asiáticos preferem chegar a um compromisso na resolução de impasses, ao contrário da atitude de confronto preferida pelos americanos.

Tempo necessário para chegar a um acordo. Os americanos consideram o tempo como dinheiro e, por conseguinte, como um bem valioso. Por conseguinte, o tempo tem de ser gasto de forma sensata e eficiente. Além disso, os americanos gostam de dar prioridade às questões em função do seu impacto imediato. No entanto, este não é frequentemente o caso dos asiáticos de Leste. A perceção que os asiáticos têm do tempo é muito diferente da dos americanos. Acreditam que há tempo suficiente para fazer o que deve ser feito e avaliam as situações numa perspetiva de longo prazo. Não são avessos a discutir vários assuntos ao mesmo tempo. Sentem-se confortáveis no caso de a ordem de trabalhos ser perturbada por algum motivo. No entanto, os americanos ficam irritados e desiludidos quando as coisas não são concluídas de acordo com a agenda e o tempo estabelecidos.

Uma vez alcançado o consenso ou assinado o contrato, os japoneses não gostam de incorporar quaisquer alterações, principalmente porque teriam de obter novamente todas as autorizações, o que é um processo moroso. Os americanos consideram os japoneses muito inflexíveis a este respeito.

A falta ou atraso de resposta dos japoneses não deve ser interpretada como falta de interesse; significa que estão a considerar ativamente a proposta.

Os chineses passam muito tempo a construir relações. Os coreanos são semelhantes aos japoneses e aos chineses, mas são mais rápidos a tomar decisões, pois têm equipas de negociação mais pequenas, mas com poderes muito mais amplos. A tomada de decisões é centralizada nos gestores de topo. Utilizam tácticas de adiamento para obter concessões.

Meios para chegar a um acordo. Os asiáticos são conhecidos por passarem de uma fase de negociação para a outra com relativa facilidade, uma vez que têm uma visão global das coisas e não têm a preocupação de seguir o método sequencial dos americanos. Os asiáticos consideram que os americanos tendem a desvalorizar os acordos e a destacar apenas as áreas de desacordo. A abordagem dos americanos de permitir flexibilidade em ambas as direcções na oferta inicial (deixar margens para fazer concessões mais tarde) leva a que os asiáticos os considerem fracos.

Os asiáticos tendem a fazer concessões a meio ou no final das negociações. Consideram que fazer concessões durante o período inicial de uma negociação pode indicar fraqueza e leva-os a fazer concessões adicionais em fases posteriores. A abordagem asiática das negociações consiste em discutir todas as facetas em todas as fases até se chegar a um consenso global.

Uma vez que os japoneses lidam com os países ocidentais há muito tempo, são mais metódicos na sua abordagem do que os coreanos e os chineses. Estão mais dispostos a discutir as questões de forma sequencial e independente. Os chineses ressentem-se frequentemente com a sub-divisão dos assuntos em questões individuais para negociação, pois consideram que isso limita a sua flexibilidade. Os coreanos são semelhantes aos chineses e consideram que os seus homólogos que discutem os pormenores específicos estão a tentar tirar partido da situação, não são dignos de confiança e têm uma visão limitada. No entanto, são mais imprevisíveis, desafiam a lógica e são mais emotivos. De facto, parece que as suas decisões dependem do seu humor ou estado mental. É aconselhável recorrer à leitura facial para evitar qualquer mal-entendido sobre os assuntos. Raramente escondem as suas emoções em público, pelo que são considerados mais sensíveis do que os chineses e os japoneses. É melhor lidar com eles de uma forma simpática e compreensiva, o que os torna muito flexíveis para resolver os problemas.

-Final Stage

A última fase é alcançada quando ambas as partes concordam mutuamente em assinar o contrato. As actas das negociações constituem a base do contrato.

Os americanos negoceiam para chegar a um acordo, enquanto os asiáticos têm como objetivo estabelecer e desenvolver uma relação duradoura. Para os chineses, um compromisso a longo prazo é a espinha dorsal de qualquer acordo comercial. Os coreanos assinam contratos com estrangeiros para iniciar oficialmente a relação. Por conseguinte, na sua opinião, tudo está sujeito a alterações e negociações, mesmo depois da assinatura do contrato. Os japoneses também não hesitam em assinar acordos que não sejam demasiado elaborados. Preferem acordos baseados na sinceridade e na compreensão mútua.

Factores que contribuem para o sucesso. Os factores mais importantes para o sucesso são a paciência, a consciência cultural e a evolução das relações pessoais. Outros factores incluem a singularidade do produto/serviço oferecido, as caraterísticas do negociador (como a honestidade, a boa-fé e a sinceridade) e o momento em que as negociações são efectuadas, quando os asiáticos necessitam efetivamente dos produtos.

Factores que contribuem para o fracasso. Os principais factores que contribuem para o fracasso das negociações são as diferenças no estilo de negociação, a falta de sinceridade e a falta de relações pessoais

Os coreanos são mais diretos do que os seus homólogos japoneses ou chineses. Os coreanos são também mais flexíveis e adaptáveis a novas circunstâncias. No entanto, os coreanos são propensos a mudar as suas posições com mais frequência do que os japoneses ou os chineses.

Como alcançar resultados "win-win". O estudo recomenda algumas linhas de orientação para o sucesso nas negociações com asiáticos

- É preferível desenvolver a relação nas fases iniciais do que apressar a resolução antecipada.
- A paridade numérica e de estatuto deve ser mantida para conferir a devida seriedade às negociações. A função das mulheres membros deve ser claramente definida.
- A continuidade dos membros deve ser mantida, uma vez que conduz a uma melhor compreensão de ambos os tópicos em causa pelas contrapartes.
- Antes das negociações, é necessário obter informações completas sobre o tema e o historial dos negociadores.
- É preciso ter paciência, pois os asiáticos demoram muito tempo a tomar uma decisão final.
- Os asiáticos preferem o compromisso ao recurso à justiça quando a situação assim o exige.
- Os asiáticos consideram o espírito do contrato mais sacrossanto do que os termos e condições. Pode ser aconselhável mostrar flexibilidade ao lidar com os asiáticos e deixar espaço para negócios futuros, desenvolvendo relações duradouras.

Negociar com a China

Vimos algumas generalidades sobre os ocidentais e os asiáticos para compreender como levar a cabo negociações bem sucedidas. Um interessante trabalho de investigação intitulado "Antecedent Factors of International Business Negotiations in the China Context", da autoria de Xinping Shi, publicado na Management International Review, em abril de 2001, revelou resultados interessantes, que ajudam os executivos ocidentais a planear negociações com homólogos chineses em diferentes regiões (Shi, 2001). Embora o artigo se refira a negociadores de origem ocidental, oferece uma perspetiva considerável para a negociação com os chineses por parte dos indianos e, nesse sentido, preparar-nos-ia melhor para negociar negócios relacionados com tecnologias emergentes como a nanotecnologia.

O enorme crescimento económico da China e a globalização conduziram a um enorme aumento das transacções comerciais internacionais (transnacionais/culturais). O comércio internacional com a China cresceu enormemente e as negociações comerciais entre o Ocidente e a China assumiram uma importância significativa e atraíram tanto académicos como homens de negócios (negociadores). Uma vez que existem disparidades gritantes nos ambientes socioculturais, económicos e políticos entre as nações, as negociações sofrem de falta de clareza e resultam frequentemente em azia devido a interpretações ou compreensão incorrectas dos contextos ambientais nas negociações.

A influência de factores políticos, económicos e institucionais nas negociações comerciais entre o Ocidente e a China tem sido percebida e testemunhada, tanto na prática da negociação como na literatura (por exemplo, Phatak/Habib, 1996). Weiss (1993) desenvolveu uma nova perspetiva analítica centrada nas relações, comportamentos e condições ambientais que influenciam as negociações comerciais internacionais. Phatak e Habib (1996) também abordaram o contexto ambiental das negociações comerciais internacionais, propondo um quadro concetual que engloba tanto a negociação como as dimensões destes contextos.

Muitos estudos conceptuais sublinharam a importância e o impacto dos factores antecedentes nas negociações comerciais internacionais. Os factores antecedentes ou factores ambientais, que consistem em diferenças culturais, intervenção regulamentar e incerteza económica, influenciam outros factores e variáveis do contexto imediato nas negociações. Os factores antecedentes, apesar de serem considerados importantes questões específicas do contexto das negociações internacionais, não foram validados nem identificados empiricamente em nenhum contexto social ou nacional específico, como a China. Os investigadores continuam a ter uma certa incerteza em relação às negociações comerciais entre o Ocidente e a China, porque os factores antecedentes no contexto chinês ainda não foram identificados e validados na literatura sobre negociação. Os factores antecedentes analisados no artigo de Xinping Shi, 2001, são brevemente discutidos nos parágrafos seguintes.

Harmonia social. A harmonia social refere-se ao quadro social no âmbito do qual se considera que as negociações devem ser conduzidas para se chegar a um resultado satisfatório e aceitável para os negociadores. Por conseguinte, implica uma espécie de regras não escritas que orientam o comportamento dos negociadores e os leva a esperar um comportamento semelhante da outra parte. A harmonia social depende, portanto, de uma espécie de etiqueta esperada e também da clareza com que as partes percepcionam as intenções da outra e antecipam as suas reacções. Uma vez que as negociações comerciais se baseiam na interdependência, decorrem numa atmosfera de harmonia social. A eficácia destas negociações depende também da vontade dos negociadores de levar a interação social para o futuro. Disso depende a rigidez ou a adaptabilidade com que os negociadores desempenham a tarefa que lhes foi atribuída.

A harmonia social na China tem um significado profundamente enraizado desde os tempos de Confúcio (Legado "Li" da propriedade e a "doutrina do meio"). Esta tornou-se um valor fundamental na realização de interações sociais. A doutrina do meio implica um autocontrolo adequado, a fim de garantir que a harmonia não é perturbada por um comportamento inadequado. Assim, os negociadores chineses não entrariam diretamente num confronto e não se levantariam, para não serem vistos como tendo um comportamento social impróprio e não perderem a face. Os negociadores chineses negoceiam, em grande medida, com uma perspetiva holística das questões e fases que consideram importantes.

Rosto e etiqueta. Para a sociedade chinesa, o rosto tem um significado especial na vida social e nas transacções comerciais. O rosto implica credibilidade, estatuto e prestígio, respeito e dignidade. De acordo com Xinping Shi , 2001, "pode ser protegida, salva e dada através de rituais sociais e eventos de etiqueta, como assistir a cerimónias e banquetes, fazer discursos e trocar presentes apropriados em público". Por conseguinte, os negociadores chineses esforçam-se por organizar eventos de interação social para criar uma atmosfera harmoniosa e demonstrar a sua sinceridade nas negociações. A socialização também ajuda a criar uma espécie de ligação emocional para suavizar a abordagem das contrapartes. Estes eventos ajudam a criar uma compreensão e confiança mútuas e servem também como uma ocasião para avaliar a outra parte e obter indicações sobre as posições susceptíveis de serem tomadas pela contraparte. Assim, estes eventos constituem os primeiros passos das negociações e os brindes, etc., são susceptíveis de indicar a abordagem inicial dos chineses relativamente às negociações iminentes.

Omnipresença política. Os factores político-ideológicos continuam a ter um efeito dominante em todos os aspectos da sociedade chinesa, incluindo a gestão da indústria e as transacções comerciais. Isto deve-se ao facto de os quadros políticos ocuparem os cargos a praticamente todos os níveis nas empresas chinesas e assegurarem a manutenção da ideologia política. Os negociadores chineses têm de trabalhar sob orientações políticas e defender princípios políticos, de tal modo que parece não haver demarcação entre as agendas económica e política. O ambiente político-ideológico projecta a sua pesada sombra sobre todas as negociações entre o Ocidente e a China. Apesar dos ventos da globalização, os negociadores chineses estão sempre sob pressão para obterem benefícios económicos e políticos das negociações.

Condições económicas. A China segue um sistema económico de mercado socialista, com as suas próprias caraterísticas distintivas. A economia chinesa tem ainda uma enorme capacidade de desenvolvimento, embora no âmbito do quadro e das políticas económicas chinesas. Este facto coloca aos negociadores das empresas internacionais a exigência de uma metodologia equitativa e prioritária para a realização de negócios na China, no âmbito das suas infra-estruturas financeiras, laborais e sociais típicas. Além disso, as nuances da moeda chinesa (desvalorização, não desvalorização, extensão da desvalorização sob pressão dos EUA, etc.) têm deixado as empresas internacionais perplexas durante bastante tempo e constituem uma área de incerteza gritante em todas as transacções.

Sombra das partes interessadas. As partes interessadas estão ativamente ou indiretamente envolvidas nas negociações na China, incluindo burocratas, órgãos políticos e agências estatais, entre outros. Estes têm um impacto direto no progresso e no resultado das negociações. Os negociadores chineses enfrentam um cenário de negociação complexo, em que têm de trabalhar através de um sistema burocrático complicado e intrincado. De acordo com Xinping Shi, 2001, "o poder de negociação de uma empresa chinesa não pode ser determinado de forma independente, pelo que é uma função das suas relações com os gabinetes municipais, regionais e estatais, os órgãos e quadros do partido, as empresas comerciais, os bancos, outras empresas estatais, os fornecedores e os representantes". Os principais intervenientes podem não fazer parte da equipa de negociação, uma vez que as decisões são, de facto, tomadas fora da mesa de negociação, tendo em conta as exigências dos intervenientes. Assim, os negociadores são compostos por especialistas técnicos, gabinetes e outras empresas interessadas, vários organismos e intérpretes (Tung, 1982).

SECÇÃO DOIS : COMO AS NAÇÕES SE PREPARAM PARA A AQUISIÇÃO DE TECNOLOGIAS EMERGENTES

O melhor estudo de caso no que diz respeito à forma como as nações se preparam para a aquisição de tecnologias emergentes (com referência específica às nanotecnologias) seria analisar a forma como os EUA avançaram sistematicamente e com determinação na criação de políticas, leis e estudos que os colocaram atualmente numa posição invejável.

A investigação científica e tecnológica de apoio ao poderio militar dos EUA é conduzida pelo Departamento da Defesa, pelo Departamento da Energia e pelas agências de informação, através do financiamento de uma multiplicidade de agências federais. As principais linhas diretrizes são:

- Manter a superioridade tecnológica em matéria de equipamento de guerra.

É essencial que os Estados Unidos mantenham a superioridade nas tecnologias de importância crítica para a sua segurança.

- Fornecer soluções técnicas para alcançar as futuras capacidades de combate da Guerra Conjunta.

- Equilibrar a investigação fundamental e a tecnologia aplicada na prossecução dos avanços tecnológicos.

- Incorporar a acessibilidade económica como parâmetro de conceção

Com este pano de fundo e o facto de o cadinho de todas as tecnologias emergentes no mundo se encontrar nos laboratórios de defesa, não é surpreendente notar que os primeiros investimentos em nanotecnologias foram efectuados pelo DoD nos EUA. Juntamente com isto, existe a opinião entre os decisores políticos da comunidade científica de que as nanotecnologias, estando na vanguarda da tecnologia, proporcionarão imensas oportunidades de crescimento tecnológico. A natureza interdisciplinar das nanotecnologias conduzirá, por sua vez, a desenvolvimentos tremendos em todos os domínios conexos. Em conformidade, a política dos EUA tem apoiado ativamente o crescimento e a difusão das nanotecnologias desde há muito tempo.

Desde a década de 1990 que as nanotecnologias têm vindo a ser objeto de atenção e a sua investigação tem sido suficientemente financiada. A Iniciativa Nacional para as Nanotecnologias (NNI), criada em 2001, deu um novo impulso ao progresso das nanotecnologias. A NNI tem por objetivo coordenar a investigação e desenvolvimento (I&D) no domínio das nanotecnologias nas 24 agências federais associadas, financiar os laboratórios nacionais e apoiar os esforços de comercialização das empresas americanas. A Figura 4.1 apresenta a repartição das despesas da Iniciativa Nacional para as Nanotecnologias dos EUA entre 2007 e 2010 (milhões de dólares)

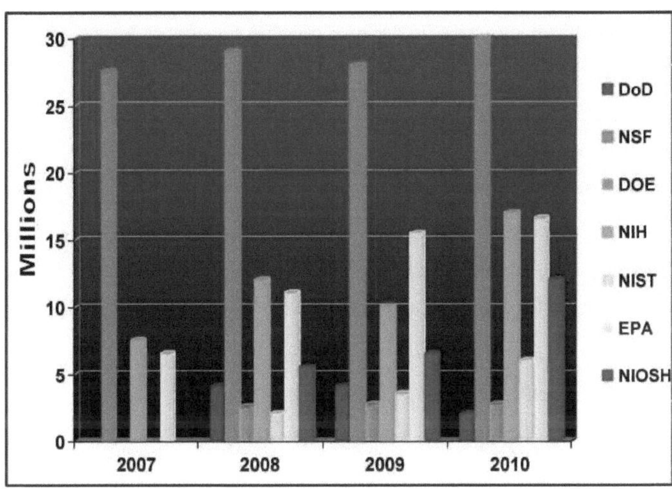

Fig 4.1: Repartição das despesas da Iniciativa Nacional de Nanotecnologia dos EUA de 2007 a 2010 (milhões de dólares) (Fonte: NNI)

O INN articula-se em torno dos seguintes aspectos:

-Investigação fundamental a longo prazo no domínio das nanociências e da engenharia

-Abordagem de uma série de "Grandes Desafios".

-Centros e redes de excelência

-Infra-estruturas de investigação

-Implicações éticas, jurídicas e sociais e educação e formação dos trabalhadores

Para além do financiamento através do NNI, estão também disponíveis financiamentos através de outras fontes federais, assegurando um esforço completo de I&D em nanotecnologias. Uma vez que as agências interessadas são de natureza muito diversa, desde a saúde à defesa e energia, etc., os decisores políticos também abrangem uma grande secção transversal da ciência e da sociedade, proporcionando uma combinação saudável de políticas. Para acompanhar e coordenar as actividades das várias agências (cerca de 26) envolvidas no NNI, o Congresso dos EUA solicitou a criação de um órgão consultivo externo. Um quadro fundamental para a investigação e desenvolvimento em nanotecnologias nos EUA foi proporcionado pela Lei sobre Investigação e Desenvolvimento em Nanotecnologias do Século XXI em 2003. Para além do financiamento central, existe um fluxo saudável de fundos a nível estatal local, basicamente orientado para a criação de oportunidades de emprego e para a rápida comercialização dos frutos da I&D em nanotecnologias.

Estudos Foram realizados vários estudos para avaliar aspectos variados dos impactos económicos, riscos para a saúde e o ambiente, cenários de mercado, estudos de empresas, etc., não só nos EUA mas em todo o mundo. Isto tem sido feito com o único objetivo de capturar o mercado da nanotecnologia o mais cedo possível e colher os benefícios do poder financeiro e económico e manter a superioridade tecnológica na defesa.

Neste capítulo, procurou-se destacar os estudos que têm relevância direta para a preparação de negociações a nível internacional ou para a Índia. Dois estudos analisados na secção anterior são específicos para facilitar a realização de negociações com asiáticos e chineses.

O estudo que se segue salienta a forma como os EUA se preparam para lidar com as proezas científicas e tecnológicas dos "JBRICS" (Japão, Brasil, Rússia, Índia, China e Singapura), não só em termos puramente comerciais, mas também do ponto de vista da política externa e do poder militar, o que tem grande relevância para a Índia.

Estratégias C&T de seis países e implicações para os Estados Unidos

Em 2009, o Gabinete do Cientista-Chefe da Agência Central de Informações e o Gabinete de Alerta da Defesa da Agência de Informações da Defesa (DIA) solicitaram ao Conselho Nacional de Investigação (NRC) que revisse e analisasse as estratégias de avanço da ciência e tecnologia (C&T) de seis países e que avaliasse o seu provável impacto na segurança nacional e na competitividade dos EUA, atualmente e nos próximos 3 a 5 anos e mais de 10 anos. Os patrocinadores também solicitaram ao NRC recomendações para o governo dos EUA com base nas conclusões do estudo.

A globalização colocou a ciência e a tecnologia no centro das atenções de muitos países, uma vez que agora têm a possibilidade de colaborar (ou mesmo de celebrar acordos exclusivos) com os melhores esforços de I&D do mundo para promover os seus objectivos nos mercados internacionais. Vários países têm agora políticas de ciência e tecnologia formalizadas que visam não só aproveitar os melhores recursos e talentos, mas também anexar quotas de mercado em produtos globais. Com a facilidade de acesso decorrente da globalização, a I&D pode ser externalizada, os laboratórios já não estão confinados às fronteiras de qualquer nação e o melhor da investigação está a ser acedido em todo o mundo. Isto está a tornar-se um motivo de preocupação para as nações desenvolvidas, especialmente porque é sabido que o progresso da ciência e da tecnologia é realizado nos mesmos domínios em vários países e é uma questão de horas para que descobertas semelhantes sejam feitas em locais a milhares de quilómetros de distância.

Os EUA consideraram necessária uma avaliação da situação prevalecente nos países que podem emergir como seus concorrentes, uma vez que isso afectaria diretamente a sua liderança em termos tecnológicos e económicos. Escusado será dizer que, à medida que a inovação e os talentos da investigação de ponta se espalham por todo o mundo e surgem centros de desenvolvimento modernos, os programas de armamento e os pedidos de armamento de alta tecnologia dos EUA deixam de estar nas mãos dos EUA. A era da informação trouxe consigo a rápida transferência cruzada de dados de conceção e é agora imperativo que os países lucrem com a inovação ou percam para os concorrentes. O regime de negação de tecnologia já não é viável (como se viu no nosso próprio caso, as sanções após Pokhran revelaram-se infrutíferas e praticamente impediram os interesses comerciais dos EUA na Índia, uma vez que a tecnologia está disponível noutras fontes competitivas). Para colher os benefícios de uma maior atividade comercial, a política mudou para "compromisso e parceria". Os principais países em desenvolvimento também compreendem o dilema das superpotências a este respeito e formularam as suas políticas de ciência e tecnologia em conformidade. Isto, por sua vez, afectaria de forma significativa a segurança nacional dos EUA.

O Japão, o Brasil, a Rússia, a Índia, a China e Singapura, que constituem os JBRICS, demonstraram um rápido crescimento e um enorme potencial em matéria de C&T e, na opinião dos EUA, são estes os países que provavelmente surgirão como concorrentes em vários domínios. O NRC foi, por conseguinte, incumbido de analisar as estratégias de C&T dos JBRICS, no que diz respeito às caraterísticas próprias de cada país e à forma como essa nação percepciona o seu futuro papel na arena global. Avalia as implicações para a segurança nacional dos EUA das estratégias de C&T de cada um dos países do JBRICS para o curto e médio prazo; identifica os melhores indicadores das prioridades estratégicas dos seis países; e prevê a probabilidade de estes conseguirem atingir os seus objectivos, especialmente em domínios de grande impacto como a energia, a neurociência, **a nanociência, a** tecnologia da informação e a ciência dos materiais, e dentro de que prazos. Através destas análises, os Estados Unidos podem preparar-se e reagir às mudanças globais nos ambientes de C&T e, consequentemente, preservar e reforçar a sua própria segurança e competitividade no século XXI (NRC 2010).

As conclusões do relatório do NRC são muito importantes para nós, na Índia, na medida em que nos dão uma perspetiva sobre nós próprios, sobre o que os EUA podem planear para nós, qual é a sua opinião sobre os outros países dos JBRICS, o que os restantes JBRICS estão a fazer e como devemos utilizar esta informação para melhorar as nossas políticas em matéria de C&T, formulando assim uma resposta adequada na nossa estratégia de segurança nacional. Por conseguinte, nos parágrafos que se seguem, pretende-se discutir brevemente as conclusões do relatório do NRC.

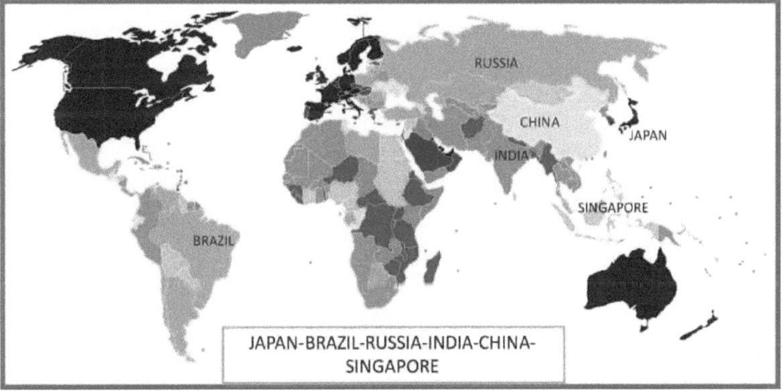

Fig 4.2 Representa os países que compõem o JBRICS

Muitos factores afectam a probabilidade de atingir os objectivos nacionais em matéria de C&T, incluindo a associação de factores socioeconómicos e culturais, o rápido avanço do desenvolvimento tecnológico, a globalização da I&D, a opacidade e a consequente imprevisibilidade dos programas e, simplesmente, os recursos disponíveis dos países, a definição e execução de prioridades, as perturbações e outros factores internos e externos. A confiança nas previsões trienais a quinquenais da capacidade de C&T é razoavelmente elevada, mas diminui para a especulação para além dos cinco anos.

Os melhores indicadores de progresso para atingir os objectivos nacionais são específicos de cada país e devem refletir factores tradicionais e não tradicionais. Os indicadores tradicionais são medidas quantitativas do investimento em C&T, da atividade e dos resultados, como as patentes per capita, o investimento em C&T em percentagem do produto interno bruto (PIB), a fração das despesas nacionais de investigação efectuadas pela indústria e o número de empresas em fase de arranque.

Os indicadores não tradicionais que emergem dos contextos culturais são específicos de cada país. São essenciais para compreender o ambiente de inovação em C&T de cada país e, sobretudo, para prever a sua evolução futura. Os contextos culturais do Brasil, da Índia, do Japão e da Rússia abrandaram os seus desenvolvimentos em matéria de inovação C&T e continuarão a fazê-lo a curto e médio prazo. O comité não encontrou um único conjunto de indicadores comuns que permitisse uma avaliação completa dos progressos realizados pelos seis países na consecução dos objectivos. As realizações de um país em matéria de C&T devem refletir-se na sua capacidade de transferir os benefícios para a melhoria da sua sociedade e cultura, pelo que constituem um bom indicador de sucesso. Entre os seis países estudados, a China e Singapura demonstraram uma elevada capacidade para efetuar as mudanças necessárias nas normas culturais e a Rússia demonstrou a menor capacidade, o que muito provavelmente atrasará ou bloqueará a realização dos seus objectivos de avanço em matéria de C&T. Além disso, os ambientes de inovação em C&T dos países mais bem sucedidos possuem factores de mudança tanto do topo para a base (ou seja, liderados pelo governo) como da base para o topo (ou seja, liderados por indivíduos e organizações). Entre os países dos JBRICS, a China e Singapura são também os mais avançados nesta direção e a probabilidade de a sua história de sucesso acelerar ao mesmo ritmo continua a ser muito elevada. O ambiente nacional de inovação em C&T, que tem sido uma marca dos Estados Unidos desde a Segunda Guerra Mundial e o modelo para outras nações, está a evoluir para um novo ambiente de inovação global do século XXI, no qual os talentos de I&D, os recursos financeiros e os sistemas de fabrico estão integrados, mas geograficamente dispersos. Neste contexto, a estratégia de C&T de um país tem implicações para as suas capacidades militares, quer através de desenvolvimentos tecnológicos de dupla utilização de grande alcance, quer através das prioridades dadas ao desenvolvimento dessas capacidades militares para uso nacional e para venda.

O investimento dos JBRICS na modernização militar, uma prioridade na China, Rússia, Índia e Singapura, e menos no Brasil e no Japão, tem implicações variáveis para a segurança nacional dos EUA. A China e a Índia integram de forma credível os seus objectivos de modernização militar em objectivos mais amplos e prioritários de desenvolvimento económico, e as suas capacidades militares estão a aumentar. A Rússia encara o aumento do poder militar como um contraponto ao declínio da sua estatura económica, política e diplomática no mundo, o que é potencialmente mais preocupante. Os objectivos militares de Singapura e do Brasil são coerentes com planos nacionais transparentes e não constituem uma preocupação de segurança natural significativa para os Estados Unidos.

Implicações militares e económicas dos desenvolvimentos científicos e tecnológicos O relatório analisa as estratégias JBRICS em matéria de C&T para avaliar o seu potencial impacto na competitividade económica e na capacidade militar de cada país a médio e longo prazo. A avaliação de cada país depende do seu (1) planeamento de C&T para a segurança nacional, (2) progressos prováveis em matéria de C&T nos próximos 3-5 anos e 10 anos ou mais, (3) tempo mais provável necessário para atingir os seus objectivos, (4) prioridades para a investigação em C&T com elevado impacto potencial na competitividade económica e na capacidade militar, e (5) indicadores específicos do país sobre os progressos realizados para atingir os objectivos nacionais.

Todos os seis países, reflectindo as poderosas pressões macroeconómicas da globalização e a atração do sistema nacional de inovação dos EUA, compreendem a importância dos investimentos em C&T para reforçar a competitividade económica - que é vista por todos eles como uma questão de segurança nacional - e para aumentar as capacidades militares. Em conjunto, estes seis países representam uma secção transversal de um mundo onde os países consideram cada vez mais o desenvolvimento tecnológico como uma grande prioridade e onde o know-how técnico flui livremente através das fronteiras. Entre os países dos JBRICS, os programas de investimento em C&T visam uma série de tecnologias de grande impacto, incluindo as tecnologias da informação (TI) e as telecomunicações (dos microchips aos supercomputadores), a energia nuclear, as energias alternativas, a purificação da água, a exploração dos oceanos, o espaço, a biotecnologia, as ciências agrícolas e as tecnologias verdes. No entanto, os países são marcadamente diferentes nas suas abordagens ao investimento em C&T, seguindo os seus próprios caminhos para o desenvolvimento de um sistema nacional de inovação - a rede de instituições, públicas e privadas, que promovem o desenvolvimento e a difusão de novas tecnologias. Este quadro variável é representativo do atual ambiente global de C&T, que provavelmente se manterá inalterado no futuro próximo.

Manter a vantagem A China e Singapura, que surgem em extremos opostos da escala do produto interno bruto (PIB), da população e dos recursos nacionais, emergem rapidamente como os países para os quais os investimentos em C&T estão mais estreitamente associados ao crescimento económico e à modernização militar. São os mais eficazes na gestão da tensão dinâmica entre a sua forte estratégia de investimento do topo para a base e os seus ambientes de inovação C&T da base para o topo, ainda em desenvolvimento. Os seus sistemas políticos autocráticos demonstram a importância primordial da liderança no desenvolvimento de um empenhamento sustentável na inovação. Entre os seis países, apenas a China e Singapura atingirão essencialmente os seus objectivos quinquenais. O Brasil, o Japão e a Rússia serão mais lentos a atingir tanto os seus objectivos de crescimento económico como os seus objectivos de inovação, por uma série de razões específicas de cada país. Estas incluem uma governação ineficaz, prioridades económicas e de segurança desalinhadas, défices de infra-estruturas, ligações fracas entre o governo e a indústria, deficiências educativas, escassez de recursos naturais e resistência política e cultural às reformas necessárias. A Índia tem de ultrapassar as suas graves carências financeiras para cumprir os seus objectivos de investimento a três ou cinco anos nos domínios da educação e da investigação, o que parece pouco provável. No entanto, o seu 10º Plano Quinquenal, que culminou em 2007, foi considerado um êxito, pelo que se esperam resultados significativos. Durante a próxima década, os Estados Unidos continuarão a ser o líder mundial no que respeita ao investimento público em C&T e à criação de um poderoso ambiente nacional de inovação. No entanto, o domínio dos Estados Unidos em matéria de C&T diminuirá provavelmente à medida que as taxas de investimento em C&T aumentarem na China e noutros países. Existe uma preocupação considerável, por exemplo, quanto ao futuro da mão de obra nas áreas da ciência, tecnologia, engenharia e matemática (STEM) nos Estados Unidos. Um inquérito de 2006 aos Estados membros da Organização para a Cooperação e Desenvolvimento Económico (OCDE) concluiu que os jovens de 15 anos dos Estados Unidos tinham um desempenho "significativamente inferior" à média da OCDE tanto em ciências como em matemática, ocupando o 18.º e o 24.º lugar em cada uma delas, respetivamente (OCDE, 2007). Além disso, os Estados Unidos têm vindo a registar uma grave derrapagem nalgumas categorias competitivas - incluindo a qualidade do ensino básico e secundário, a oferta de incentivos académicos e sociais ao estudo da ciência e um declínio após o 11 de setembro na atração de talentos estrangeiros em C&T (NAS, NAE, IOM, 2007). Esta deterioração poderia representar uma preocupação distante para um país com uma liderança tão destacada na inovação, mas a preocupação é, de facto, mais urgente no contexto do rápido avanço atual das "tecnologias emergentes e disruptivas". Este inquérito a seis países aponta para preocupações crescentes em matéria de segurança que decorrem da natureza dinâmica e cada vez mais dispersa da própria I&D a nível mundial. Este fenómeno sem precedentes aumenta as oportunidades de surpresas tecnológicas, uma vez que muitos países, trabalhando sozinhos ou em conjunto, podem descobrir, revelar ou criar descobertas em tecnologias de grande impacto em áreas como o microprocessamento, a caraterização genómica, a engenharia biomédica e a terapia medicamentosa, ou podem desenvolver tecnologias disruptivas a partir de novos conhecimentos ou da aplicação inovadora de tecnologias existentes.

Além disso, as empresas multinacionais com operações em vários países são frequentemente mais poderosas do que os governos para influenciar as tendências do mercado. Os Estados Unidos, que durante a maior parte da era da Guerra Fria protegeram agressivamente a sua posição como centro mundial de I&D, enfrentam agora um sério desafio de segurança internacional que exigirá uma maior atenção às capacidades americanas em áreas estratégicas e uma maior colaboração a nível mundial. A ligação entre ciência e segurança deve ter um enfoque rigoroso e interdisciplinar que integre análises geopolíticas e socioculturais das capacidades, estratégias, motivações e intenções governamentais com "tecnologias disruptivas" emergentes e dispersas a nível mundial. Deve reconhecer-se que as previsões relacionadas com a segurança estão a tornar-se mais incertas e que os acontecimentos inesperados estão a ocorrer a um ritmo muito mais rápido do que anteriormente. Os riscos são elevados. A Quadrennial Defense Review (QDR), recentemente publicada, resume o impacto desta realidade no programa de C&T do Departamento de Defesa (DoD) (DoD, 2010):

"À medida que o investimento global em investigação e desenvolvimento (I&D) aumenta, é cada vez mais difícil para os Estados Unidos manterem uma vantagem competitiva em todo o espetro das tecnologias de defesa ... o programa de C&T do DoD está a lutar para acompanhar os desafios crescentes do ambiente de segurança em evolução e a velocidade e custo crescentes do desenvolvimento tecnológico global."

Contexto atual A globalização levou as nações, as empresas multinacionais, as organizações não governamentais e os indivíduos - entre os quais se destacam os cientistas - a explorarem as redes internacionais para níveis de colaboração sem precedentes para fins nobres. A globalização também proporcionou aos actores estatais e não estatais um maior acesso a informações exploráveis, conhecimentos técnicos, finanças internacionais e capacidades destrutivas potencialmente catastróficas. As empresas multinacionais, por seu lado, operam atualmente com uma "quase soberania" fora do alcance de muitos governos anfitriões, o que lhes permite explorar o seu acesso superior aos fluxos globais de informação e aos melhores conhecimentos técnicos e profissionais. Esta paisagem geopolítica em mutação, com a sua discernível deslocação de poder e de influência do Ocidente para o Oriente, deu claramente um impulso e encorajou os seis governos em análise. Estes governos vêem oportunidades neste mundo multipolar, especialmente quando se consideram um desses pólos (NIC, 2008; DoD, 2010). A globalização, sem dúvida o fenómeno que define o nosso tempo, acelerou esta transformação geopolítica.

O fluxo sem precedentes de informações, finanças, pessoas, bens, serviços e perspectivas culturais através das fronteiras, impulsionado pelas TI e em tempo real, promoveu a integração global. Contribuiu também de forma incomensurável para o rápido crescimento económico da China, de Singapura, da Índia e do Brasil, e apresentou oportunidades de crescimento apenas parcialmente concretizadas para o Japão e a Rússia. O National Intelligence Council (NIC) dos EUA produziu quatro estudos sobre tendências globais ao longo da última década, os últimos três dos quais apontam para o papel crescente da China, da Índia e do Brasil num mundo em que os Estados Unidos exercerão um poder dominante mas cada vez menor (NIC, 1997, 2000, 2004). As estimativas mais recentes do NIC podem ser encontradas em Global Trends 2025: Um Mundo Transformado (NIC, 2008). A globalização também acelerou a tendência para que a investigação científica e a I&D sejam menos do domínio de alguns dos principais países desenvolvidos e mais do domínio de vários países e redes globais. Este facto resulta em desafios acrescidos para os Estados Unidos. É mais difícil não só monitorizar as "tecnologias emergentes" aceleradas, mas também manter-se à frente dos avanços dispersos a nível mundial nas "tecnologias disruptivas". Estas são frequentemente descobertas de baixa visibilidade e de grande impacto e podem ocorrer numa variedade de domínios, incluindo as tecnologias da informação (TI), a genética, as tecnologias dos materiais (nanotecnologia, etc.), as neurociências, as ciências agrícolas ou a robótica. Um exemplo frequentemente citado de uma tecnologia disruptiva é o dispositivo explosivo improvisado (IED), que reaproveita tecnologias existentes para criar capacidades melhoradas e disruptivas no domínio da guerra (NRC, 2010).

O relatório do Conselho Nacional de Investigação (NRC) Persistent Forecasting of Disruptive Technologies afirma

"Uma descoberta científica pode conduzir não apenas a uma única perturbação, mas a uma série delas. A descoberta do eletrão em 1879 conduziu a novas tecnologias que foram progressivamente mais perturbadoras e causaram mudanças duradouras na disponibilidade de produtos e serviços: os transístores . . . Os transístores ... , os circuitos integrados, os microprocessadores ... são o resultado direto de avanços científicos e técnicos. Outros avanços são o resultado de uma aplicação inovadora de tecnologias existentes a novos mercados e conjuntos de problemas: por exemplo, os sítios de redes sociais da Internet (Facebook, MySpace e Linkedln), os dispositivos explosivos improvisados (IED) e os leitores de música digital portáteis, como o iPod. Outras ainda serão algo intermédio. (NRC, 2010).

A globalização expõe a vulnerabilidade dos países e das populações dos países que têm menos capacidade para competir a nível mundial. Isto aumenta a incerteza na previsão dos resultados nacionais e das tendências globais num novo mundo caracterizado por uma volatilidade financeira crónica e pelo aumento das diferenças de rendimento entre as economias desenvolvidas e subdesenvolvidas.

O académico sul-asiático Amit Pandya descreve as actuais tendências económicas em termos muito claros no seu artigo "The Shape of Change: Natureza, Economia, Política e Ideologia":

"A imagem dominante é a de sociedades com dois níveis, divididas entre os poucos que, através da posse de bens de capital ou da educação, são capazes de aspirar a padrões de vida globais e os vastos números atolados no subdesenvolvimento. Esta situação é mais evidente na Índia, devido ao rápido crescimento dos seus sectores económicos internacionalmente competitivos e das suas empresas multinacionais" ....(Pandya, 2008).

Os principais analistas económicos de todo o mundo, tanto do governo como do sector privado, não previram a crise financeira mundial de 1997-1998, que teve origem na Tailândia, nem o colapso mundial de 2007-2008, que começou nos Estados Unidos.

A segurança global engloba atualmente questões amplas e diversificadas que "impulsionam" a tomada de decisões de liderança sobre o desenvolvimento económico, a modernização militar e o investimento em C&T. Estas questões que determinam as políticas têm um significado diferente consoante o país e incluem, por exemplo, o capital humano, a educação, a saúde, a distribuição etária, a migração, a concorrência pelos recursos naturais (por exemplo, alimentos, água, energia), a saúde e as doenças infecciosas, a migração, as crises humanitárias, a globalização, as tecnologias emergentes e disruptivas, as governanças nacionais e internacionais, a corrupção, as percepções de ameaça, incluindo as opiniões sobre os Estados Unidos, o Estado de direito e a concorrência internacional na exploração dos oceanos e do espaço. O enfoque nestes factores ajuda a avaliar as capacidades relativas dos países do JBRICS para atingir os seus objectivos de investimento em C&T, crescimento económico e modernização militar. As mesmas questões que impulsionam a política servem de indicadores sócio-económico-políticos e culturais do progresso. O Brasil é simultaneamente desafiado e ajudado pela sua população jovem, enquanto a Rússia e o Japão são enfraquecidos pelo envelhecimento das sociedades. O Japão e a Rússia têm populações em declínio. Ao contrário do Japão, que resiste à imigração em seu detrimento, Singapura acolhe a imigração em seu benefício económico. A China e a Índia sofrem de escassez crónica de energia, enquanto o Brasil é independente em termos energéticos. A China, a Índia e o Brasil carecem de recursos de água potável. Os cuidados de saúde na Rússia estão a deteriorar-se. A corrupção sistemática impede o crescimento económico na Rússia e tem impactos negativos na China, na Índia e no Brasil. A Índia, a Rússia e o Japão têm problemas significativos de governação que impedem o crescimento dos ambientes nacionais de inovação em C&T. Todas estas tendências socioeconómicas, político-culturais podem ser acompanhadas ao longo do tempo e devem ser tidas em conta nas previsões de C&T. Algumas tendências gerais de segurança podem ser monitorizadas utilizando fontes abertas. A suspeita da China em relação aos Estados Unidos complica a relação bilateral entre os dois países. O antagonismo de Moscovo em relação a Washington contribui para que a Rússia dê prioridade à segurança em detrimento do desenvolvimento económico. A Índia preocupa-se com a concorrência da China, mas é a hostilidade persistente com o Paquistão que desvia grande parte dos seus recursos - incluindo I&D - para programas militares. Todos os países estudados partilham, no entanto, uma motivação comum para compreender, monitorizar e explorar as tendências tecnológicas globais em rápida evolução e para se envolverem em redes internacionais que possam ajudar a atingir este objetivo.

Incertezas Lidar com a incerteza e preparar-se para o inesperado são missões fundamentais de segurança nacional, cuja realização se tornou mais difícil do que nunca. Os EUA vêem-se confrontados com a crescente globalização da I&D, a difusão em tempo real do saber-fazer técnico através de redes internacionais e a coalescência de tecnologias avançadas. Os EUA são também confrontados com as ligações inextricáveis entre as capacidades de dupla utilização e as motivações e intenções dos dirigentes nacionais, bem como entre o potencial crescente das tecnologias inovadoras, ou tecnologias disruptivas, e as capacidades militares reforçadas. A contínua revolução global da C&T trouxe uma impressionante prosperidade económica e um notável progresso social a muitos países do mundo. No entanto, também aumentou a possibilidade de danos catastróficos causados por tecnologias de dupla utilização. O impacto potencial, para o bem ou para o mal, das inovações em rápido progresso em áreas tão diversas como as TI, as ciências biológicas, a neurociência, as ciências dos materiais, a nanotecnologia e a robótica torna-se ainda mais arrebatador quando são vistas como um todo interligado e fundido. Os adversários dos EUA, grandes e pequenos, estão a ter um acesso cada vez mais fácil a uma vasta gama de tecnologias que podem ser utilizadas para melhorar as suas capacidades militares.

Avaliação do Impacto Militar A modernização militar é uma prioridade na China, Rússia, Índia e Singapura, e menos no Brasil e no Japão, mas as implicações daí resultantes para a segurança nacional dos EUA variam muito. A China integra de forma credível as suas actividades de C&T

Os objectivos de Singapura em matéria de modernização militar estão integrados nos seus objectivos mais vastos e primordiais de desenvolvimento económico. Os objectivos militares de Singapura, apoiados pela C&T, são coerentes com planos nacionais transparentes que estão alinhados com os interesses nacionais dos EUA e, em geral, não constituem uma ameaça a esses interesses. O mesmo se pode dizer do Brasil. O investimento da Índia em segurança é desproporcionado devido às suas preocupações com a China e, mais ainda, devido à sua relação crónica e hostil com o vizinho Paquistão. A Rússia utiliza o aumento do poder militar para contrariar o declínio da sua estatura económica, política e diplomática no mundo, o que é potencialmente mais preocupante. Apesar desta avaliação, é difícil ser definitivo sobre as implicações dos esforços de modernização militar de cada país devido à globalização da I&D e à capacidade decrescente dos Estados Unidos para controlar a exportação das suas tecnologias de dupla utilização e sensíveis do ponto de vista militar. Os programas militares de I&D carecem normalmente de transparência na investigação de fontes abertas, incluindo os de muitos países democráticos. No entanto, em regiões instáveis, os governos dão frequentemente mais importância à proteção contra as ameaças à segurança do que ao aumento das oportunidades económicas. Para alguns países do estudo, a história ilustra este ponto. Os anteriores regimes militares do Brasil, segundo os governos democráticos que lhes sucederam, procuraram secretamente criar uma capacidade de armamento nuclear em meados da década de 1980, como proteção contra o domínio político da Argentina na América do Sul (Spector, 1988). A Índia democrática, motivada pelas suas relações hostis com o Paquistão e a China, surpreendeu duas vezes os Estados Unidos com testes nucleares não anunciados em 1974 e 1998. Tanto a China como a Rússia desenvolveram programas nucleares secretos, e Moscovo continuou o seu vasto programa de armas biológicas muito depois de se ter comprometido a desmantelá-lo durante a administração Nixon. Estas realidades históricas, que confirmam a falta de transparência da investigação sobre programas militares, têm equivalentes modernos. Os Estados Unidos dispõem de informação limitada sobre a I&D militar tanto da China como da Rússia, e parece que ambos os países desenvolveram capacidades cibernéticas ofensivas consideráveis. No extremo inferior do espetro das capacidades técnicas, os grupos insurrectos e os terroristas internacionais, trabalhando sozinhos ou em colaborações secretas com Estados-nação, concentraram a sua atenção no reforço das tecnologias laterais para desafiar os adversários. Por exemplo, os terroristas e os insurrectos no Iraque, ajudados pelo Irão, têm utilizado dispositivos explosivos improvisados (IEDs) cada vez mais letais nos últimos anos para infligir a maioria das baixas americanas (CRS, 2007). Durante o conflito israelo-árabe no Líbano, em 2006, o Hezbollah, apoiado pela Síria e pelo Irão, utilizou IEDs e mísseis tecnicamente aperfeiçoados para atrasar os militares israelitas o tempo suficiente para transformar uma derrota militar numa vitória política aos olhos de muitos observadores (CRS, 2006).

Os exemplos de programas militares do passado e do presente demonstram que existe pouca correlação entre a força da economia de um país e o seu investimento em tecnologias para fins militares. Durante a maior parte da sua existência, a União Soviética investiu desproporcionadamente em C&T para fins militares à medida que a sua economia se afundava. A Rússia continua a privilegiar opções militares, como os sistemas espaciais e de foguetões, em detrimento de investimentos que poderiam expandir a capacidade russa de C&T, promover o crescimento económico e melhorar a qualidade de vida em declínio da maioria dos russos.

Avaliação líquida por país Uma análise baseada nos motores é útil para avaliar os pontos fortes e fracos dos programas de C&T dos países, bem como para medir o seu potencial para atingir os seus objectivos estratégicos a curto, médio e longo prazo. No entanto, num domínio com dados desiguais e incompletos, é possível obter uma visão mais profunda integrando os factores numa avaliação líquida para cada país.

Singapura

Singapura tem uma área de 272 milhas quadradas, uma população inferior a 5 milhões de habitantes e um PIB de cerca de 234 mil milhões de dólares. É uma pequena nação insular que dificilmente poderia desafiar os Estados Unidos económica ou militarmente num futuro previsível. No entanto, Singapura desenvolveu um impressionante modelo de crescimento económico capitalista e orientado para a ciência e tecnologia. Está a investir numa série de tecnologias de dupla utilização, incluindo a biotecnologia, mas os seus objectivos são transparentes e geralmente orientados para tornar o país num centro asiático de primeiro mundo de educação e formação científica e de serviços de alta tecnologia. Para manter os seus actuais níveis de crescimento económico, Singapura tem de encontrar formas de expandir a sua força de trabalho. Ao contrário do Japão, Singapura está a aumentar substancialmente a imigração não chinesa para níveis sem precedentes, a fim de satisfazer as suas necessidades de mão de obra e de liderança. Esta situação ajuda a economia, mas também provoca tensões sociais que o governo está a tentar gerir. Além disso, as políticas de acolhimento de Singapura aumentam as preocupações quanto à potencial exploração desta política e do crescente saber-fazer em matéria de ciência e tecnologia por alguns dos seus vizinhos asiáticos menos transparentes, criminosos internacionais e redes terroristas globais. A relação de Singapura com os Estados Unidos, a todos os níveis, incluindo a nível da segurança, é excelente. Singapura investe nas suas forças de defesa, mas não de uma forma que a torne uma ameaça para qualquer outro país. Se Singapura fosse um país maior, seria um modelo invejável de utilização inteligente e competitiva do investimento estratégico em C&T para impulsionar o crescimento económico. Existem semelhanças notáveis entre os ambientes de inovação da China e de Singapura.

Brasil

O Brasil é uma democracia florescente e uma economia emergente com uma capacidade C&T crescente mas ainda modesta. O Brasil está a avançar nas escalas internacionais de proficiência em C&T que medem a competitividade económica. Tem uma classe média em crescimento, uma base industrial forte, um sector empresarial diversificado, independência energética e uma estratégia de C&T orientada para a comercialização e expansão económica em áreas de vantagem competitiva. O país está a dedicar recursos significativos às tecnologias nucleares e à cibernética. Na América do Sul, o Brasil é o líder em C&T e possui um dos sectores industriais mais avançados. Com a vontade nacional e recursos naturais e financeiros substanciais, o Brasil está a criar um ambiente de inovação em C&T que promove a competitividade económica. O país é líder mundial em investigação agrícola, produção de petróleo em águas profundas e deteção remota. Tem uma abundância de recursos naturais, um mercado comercial interno extenso e em crescimento, um mercado financeiro bem desenvolvido e um sector empresarial diversificado e sofisticado. A população jovem do Brasil vê cada vez mais o ensino superior como essencial para o seu sucesso profissional nas economias nacionais e globais em crescimento - embora o Brasil ainda tenha um grande défice de estudantes universitários que se preparam para carreiras de C&T. O Brasil enfrenta alguns obstáculos formidáveis nos seus esforços para desenvolver um sistema nacional de inovação. A sua estabilidade macroeconómica, a eficiência dos mercados de bens e de trabalho e o ambiente institucional continuam a ser mal classificados nas escalas internacionais. O país apresenta grandes desigualdades regionais, uma escassez de cientistas e engenheiros formados na força de trabalho e em C&T, uma grande disparidade na distribuição dos rendimentos em todo o país, uma corrupção persistente e uma relutância crónica do sector privado em financiar e participar em I&D. Estes problemas têm dificultado os esforços do Brasil para atingir os seus ambiciosos objectivos económicos, e continuarão a fazê-lo nos próximos anos.

Japão

O Japão é um Estado avançado em matéria de ciência e tecnologia e está a investir em numerosas tecnologias de ponta, como os respondedores espaciais, os supercomputadores de nova geração, os reactores de fermentação rápida e os sistemas de observação da Terra e de exploração dos oceanos. Possui um sistema nacional de inovação impressionante, que inclui laboratórios de ponta financiados pelo sector privado. O Japão fez alguns progressos na recuperação da sua economia após um declínio na década de 1990, apesar de um sistema político partidário fracturado e aparentemente desintegrado. Mas o país ainda enfrenta obstáculos políticos, económicos e culturais formidáveis para atingir os seus objectivos ambiciosos de crescimento económico nos próximos 5 a 10 anos. O Japão tem uma base industrial envelhecida, uma população em declínio e uma resistência cultural aos níveis de imigração de que necessita para impulsionar o crescimento económico. O Japão precisa, prioritariamente, de reestruturar as suas indústrias de exportação para dar maior ênfase aos produtos e serviços tecnológicos. Para lidar eficazmente com estes problemas crónicos, os dirigentes japoneses têm de resolver as deficiências profundas do seu sistema partidário nacional. O Japão está cada vez mais preocupado com a segurança regional, especialmente no que respeita à Coreia do Norte. O Japão investirá na modernização das suas forças de defesa, mas continuará a confiar maioritariamente no seu pacto de segurança de longa data com os Estados Unidos.

Rússia

Este estudo comparativo põe em evidência a lenta integração da Rússia na economia mundial. Sendo uma grande potência nuclear, tem um potencial claro para um forte crescimento económico na próxima década, mas é provável que vários condicionalismos o impeçam. A Rússia precisa urgentemente de investir na sua população, revitalizando os sistemas de educação e de saúde. A população russa está a envelhecer, a diminuir e a tornar-se menos saudável. Para estimular um crescimento económico significativo, Moscovo tem de investir num sector energético do qual já depende demasiado, diversificar a economia, reforçar o seu sector bancário primitivo, dar as boas-vindas à comunidade internacional e agir agressivamente para conter a corrupção e a atividade criminosa generalizadas. A Rússia continua a estar avançada em termos de capacidades C&T limitadas, mas não dispõe de uma estratégia de investimento C&T coerente. O empenhamento dos dirigentes é fraco e a capacidade é limitada. O atual ambiente de tomada de decisões do topo para a base centra-se em questões como a energia nuclear e os sistemas espaciais e não num plano abrangente baseado em C&T para promover um crescimento económico de base ampla. O financiamento é inadequado. A Rússia está muito longe de criar um ecossistema nacional de inovação credível. A Rússia dedica recursos desproporcionados às suas actividades de informação global e ao restabelecimento de algumas das suas reduzidas capacidades militares. A combinação da sua liderança autoritária, da sua prática limitada com a democracia e das suas perspectivas económicas cautelosas suscita preocupações quanto à sua capacidade de aumentar o investimento em tecnologias de dupla utilização para fins militares, como proteção contra o declínio da sua estatura global. Não se trata de uma previsão baseada em provas, mas apenas de uma descrição fictícia de uma possível viragem alarmante se o clima económico da Rússia não adotar um modelo económico mais transparente com ligações mais fortes à economia global. A Rússia tem uma proficiência considerável em C&T e objectivos ambiciosos, mas tem uma capacidade reduzida e um apoio limitado da liderança - problemas de governação, mais uma vez - num processo de tomada de decisões políticas do topo para a base. O seu arsenal nuclear, evidentemente, e a sua preocupação com o investimento em capacidades militares reforçadas continuarão a ser assuntos de grande preocupação para os Estados Unidos.

China

A China surge como o maior concorrente económico e militar dos Estados Unidos. A sua taxa de crescimento pode abrandar, as suas disparidades sociais e económicas regionais podem aumentar, os seus problemas de corrupção e degradação ambiental podem persistir, o seu controlo excessivo dos fluxos de informação pode impedir o crescimento e as suas políticas comerciais podem continuar a ser ineficientes. No entanto, como conclui o National Intelligence Council (NIC) em Global Trends 2025 (NIC, 2008):

Nos próximos 20 anos, a China está preparada para ter mais impacto no mundo do que qualquer outro país. Se as tendências actuais se mantiverem, em 2025 a China terá a segunda maior economia do mundo e será uma das principais potências militares. O investimento em C&T da China, direcionado e de cima para baixo, será o principal motor deste crescimento impressionante. A sua estratégia de investimento em C&T é limitada mas coerente, com um apoio forte mas centralizado de um politburo altamente técnico liderado por engenheiros e um financiamento adequado dedicado a objectivos estratégicos explícitos. O governo está a incentivar o estudo da ciência num sistema educativo em melhoria e está a encorajar parcerias internacionais controladas e redes profissionais para promover o desenvolvimento nacional de C&T. Está também a procurar desenvolver o seu ambiente de inovação ascendente de indivíduos e organizações. Aparentemente, o governo chinês acredita que é possível manter elevadas taxas de crescimento económico e, ao mesmo tempo, manter a estabilidade social em todo o vasto país - uma proposta incerta. Mas há poucas dúvidas de que os líderes chineses consideram que a continuação de um elevado crescimento económico é imperativa para manter a estabilidade política e social.

Consequentemente, consideram que uma confrontação militar externa é uma séria ameaça e uma distração indesejada desse objetivo. O êxito dos planos integrados de modernização económica, científica e tecnológica e militar da China depende em grande medida da continuação destas tendências. A China está a investir num programa global de modernização militar que lhe proporcionará a presença e a capacidade de alargar o seu poder na Ásia e não só. A China está a instituir uma estratégia de desenvolvimento com a intenção de expandir a sua capacidade de exploração de muitas das tecnologias que o governo dos EUA considera sensíveis à "dupla utilização" - o seu investimento em tecnologias nucleares e de sistemas espaciais é particularmente preocupante. Apesar de estar a trabalhar no sentido de estreitar as relações com os Estados Unidos a muitos níveis, a China continua a ver o governo dos EUA como um obstáculo à sua emergência como potência regional dominante e grande potência global. A venda de armas no valor de 6,4 mil milhões de dólares a Taiwan e a visita do Dalai Lama à Casa Branca, ambas questões sensíveis para a China, são o exemplo mais recente das tensões residuais nas relações. Atualmente, a relação entre os EUA e a China pode ser caracterizada como uma parceria mutuamente dependente, um concorrente económico e um rival global. Nenhuma relação bilateral é mais importante para a paz e a segurança mundiais. Basta dizer que, embora ainda envoltas em suspeitas e perturbadas por contratempos, as tendências mais gerais das relações EUA-China são hoje fundamentalmente positivas.

Índia

A Índia, a democracia mais populosa do mundo, com mais de mil milhões de cidadãos, tem grandes disparidades culturais, sociais e económicas internas. É confrontada com infra-estruturas internas desiguais, uma relativa escassez de mão de obra qualificada, escassez crítica de recursos naturais, grandes deficiências no seu sector agrícola, produção insuficiente de energia e preocupações crescentes com o terrorismo e a insurreição. Apesar destes problemas, a Índia parece estar a caminhar para um forte crescimento económico impulsionado pela ciência e tecnologia e para um estatuto cada vez maior de líder regional poderoso na próxima década. O país tem uma sociedade civil funcional, uma classe média em crescimento e um sistema educativo que, apesar do acesso limitado aos seus 15 Institutos Indianos de Tecnologia autónomos e de elite, produz um grande número de engenheiros e cientistas com formação universitária. O investimento em C&T do governo e do sector privado da Índia, juntamente com as parcerias e as redes sociais bem praticadas que fomentam o desenvolvimento da C&T, podem impulsionar um forte crescimento económico. A Índia está atualmente a investir em energia nuclear, sistemas avançados de TI, sistemas de exploração espacial e oceânica e, muito especialmente, em biotecnologia. O investimento em C&T da Índia acompanha os objectivos económicos específicos de cada sector, mas não constitui uma estratégia nacional abrangente que vise os muitos problemas que este vasto país enfrenta, incluindo grandes disparidades de rendimento, desenvolvimento regional desigual e escassez de recursos naturais (incluindo a água). Os programas de C&T em sectores económicos selectivos contam com um forte apoio da liderança e uma capacidade infraestrutural específica para fazer avançar os seus objectivos. Mas o país, no seu conjunto, parece não ter uma tradição de governação eficaz a nível nacional e regional para desenvolver uma estratégia nacional coerente em matéria de C&T. O académico indiano Amit Pandya (Pandya, 2008) escreve: "O sistema político da Índia está seriamente fracturado e o seu sistema administrativo seriamente comprometido. A Índia, tal como a China, é um Estado nuclear. A sua doutrina nuclear está orientada para a ameaça da China, mas, na realidade, o Paquistão representa a ameaça mais urgente - como evidenciado pelos contínuos conflitos da Índia com o Paquistão na região de Caxemira. É pouco provável que esta relação bilateral conturbada melhore a curto ou médio prazo e constitui uma séria preocupação regional, porque ambos os Estados possuem armas nucleares. As relações entre os EUA e a Índia têm vindo a melhorar desde os últimos anos da administração George W. Bush. A cultura política democrática da Índia foi moldada pela sua longa e por vezes violenta luta pela independência da Grã-Bretanha, pelas suas primeiras décadas pós-independência de empenhamento no movimento não-alinhado e pela sua necessidade de autossuficiência. O quadro das relações entre os Estados Unidos e a Índia será positivo no cômputo geral, mas a cooperação efectiva será muito provavelmente alcançada numa base de questão a questão."

Recomendações

Com base nas suas conclusões sobre as implicações das estratégias nacionais de C&T identificadas nos países do JBRICS, o comité fez uma série de recomendações ao governo dos EUA e à comunidade de informações. As suas principais recomendações são enumeradas a seguir; as recomendações destacam as observações actuais e sugerem que, no mínimo, se proceda a um acompanhamento mais aprofundado dos melhores indicadores para verificar as estratégias e realizações de C&T a médio e longo prazo dos países.

Os meus comentários foram acrescentados a cada recomendação, a fim de realçar a sua relevância para a Índia e fazer as recomendações adequadas.

Recomendação - 1: Uma vez que um ambiente de inovação C&T global bem sucedido representa prosperidade e segurança futuras para todos os países, a monitorização da transformação de um ambiente de inovação C&T nacional para um ambiente de inovação C&T global deve ser efectuada regularmente para os Estados Unidos e todos os países de interesse. Dado que esta transformação pode ter lugar antes de um ambiente nacional de C&T estar plenamente desenvolvido, a monitorização deve ser efectuada independentemente dos resultados actuais de um país.

O meu comentário: Seria do interesse da Índia manter-se atenta aos desenvolvimentos em matéria de ciência e tecnologia nos países que são relevantes para nós, o que deveria incluir, obviamente, as superpotências. Isto é especialmente relevante no domínio da nanotecnologia, uma vez que se estima que o tempo que decorre entre os laboratórios e o mercado seja muito inferior ao das tecnologias com que temos experiência.

Recomendação - 2: A transferência de propriedade intelectual por empresas multinacionais para empresas nacionais através de actividades de C&T deve ser monitorizada em países-chave, particularmente na Índia e na China. Os Estados Unidos poderiam juntar-se ao Japão e, possivelmente, à União Europeia, para estabelecer uma frente unida contra essas práticas.

O meu comentário: Os direitos de propriedade intelectual vão tornar-se cada vez mais rigorosos à medida que a concorrência se torna mais feroz. Por conseguinte, a Índia deve adotar uma perspetiva de longo prazo em matéria de inovação e aplicar medidas rigorosas contra o plágio em matéria de ciência e tecnologia. Isso ajudará a inovação nanotecnológica na Índia (por exemplo, nos domínios da purificação da água em massa) e evitará que outros países copiem as nossas realizações e as comercializem globalmente antes de nós.

Recomendação - 3: Os Estados Unidos devem avaliar a sua própria preparação e transformação para um ambiente de inovação C&T global bem sucedido, a fim de garantir que permaneçam numa posição proeminente em matéria de C&T para uma prosperidade e segurança nacional contínuas. As áreas específicas de avaliação devem incluir os intercâmbios mundiais em matéria de educação e de talentos em I&D, o recrutamento internacional e nacional de talentos em I&D, as colaborações entre empresas multinacionais e as políticas públicas que facilitam ou restringem a liderança dos Estados Unidos na inovação C&T mundial.

O meu comentário: A indústria indiana sofre de uma grande falta de instalações de I&D; a Índia deve, por conseguinte, acelerar a criação de centros regionais de I&D com colaboração internacional para beneficiar as MPME, que, de outro modo, não podem incorrer em despesas para criar laboratórios de I&D de nível mundial que satisfaçam as necessidades industriais locais. A Índia deve criar laboratórios Fab em grande escala, de preferência um em cada distrito, para aproveitar os talentos locais em matéria de inovação, e considerar a criação de laboratórios Fab de nanotecnologia em cada centro comercial.

Recomendação - 4. Para cada país de interesse, os Estados Unidos devem identificar medidas específicas de ambientes de inovação C&T, incluindo indicadores não tradicionais que sejam adequados para tecnologias e desenvolvimentos específicos. Os Estados Unidos devem monitorizar a capacidade de cada país para facilitar as mudanças culturais necessárias para alcançar o seu ambiente global de inovação C&T. Estes indicadores são especialmente importantes para prever futuras mudanças nos ambientes de inovação C&T.

O meu comentário: Esta recomendação é igualmente aplicável à Índia, uma vez que nos falta um banco de grupos de reflexão "coordenados", nomeadamente que analisem, a nível nacional, diferentes aspectos do mundo académico internacional, dos desenvolvimentos científicos e do progresso industrial, ajudando assim os decisores políticos a assimilar uma imagem holística. Os desenvolvimentos em nanotecnologia estão a dar saltos a um ritmo espantoso, sendo necessário capitalizar rapidamente as nossas realizações, ao mesmo tempo que adquirimos/procuramos colaborações em áreas do nosso interesse nacional

Recomendação - 5. Os ambientes de inovação C&T mais bem sucedidos a nível mundial recrutarão talentos C&T para posições atractivas com excelentes instalações e apoio à investigação. Os Estados Unidos devem acompanhar a qualidade e a disponibilidade das instalações de investigação e do apoio à investigação como um indicador significativo da atratividade de qualquer país para o talento mundial em C&T.

O meu comentário: A Índia deveria aproveitar a sua diáspora no domínio científico e incentivá-la a interagir favoravelmente com os seus homólogos na Índia. No domínio da nanotecnologia, verifica-se que um grande número de indianos está envolvido em programas de investigação avançada no estrangeiro, tendo dado contributos significativos. Alguns destes cientistas podem ser persuadidos a criar sedes de ensino na Índia e a incentivar a I&D de nível internacional.

Recomendação - 6. Os Estados Unidos devem continuar a avaliar a eficiência da investigação, medida pela utilização efectiva dos talentos e das instalações de investigação, o que permite prever o futuro do ambiente de inovação de um país. A eficiência orienta, em última análise, a utilização dos talentos e das instalações de investigação. Por exemplo, o controlo das responsabilidades não relacionadas com a investigação dos cientistas (como a administração e a redação de propostas) e a qualidade das infra-estruturas de investigação poderiam ser incorporados nas medidas de eficiência. Os sistemas de C&T altamente eficientes apoiam as carreiras de investigação mais atractivas para os talentos que contribuem para a C&T.

O meu comentário: É um facto comprovado que a maior parte da investigação de doutoramento realizada na Índia é infrutífera, mesmo para o meio académico, e está confinada para sempre a espaços de armazenamento para ser convenientemente esquecida. É necessário estabelecer uma referência de qualidade para o trabalho de investigação efectuado, tendo em conta o esforço e os recursos que lhe são dedicados. Em nanotecnologia, é necessário envidar esforços para orientar a investigação para domínios de utilidade imediata, para além dos de pura exploração científica. É necessário assumir um papel de liderança na investigação nanotecnológica para obter benefícios sociais em grande escala para as massas (purificação da água, erradicação/prevenção de doenças, cuidados médicos, aplicações nos transportes colectivos e programas de energias renováveis). É nestas áreas que os benefícios económicos se acumularão no futuro e terão um impacto favorável e revelador na segurança nacional.

Recomendação - 7. Os efeitos dos avanços e da difusão da I&D em todo o mundo sobre a segurança nacional devem ser avaliados pelos EUA. Deve ser feita uma avaliação mais aprofundada do recuo da liderança dos EUA no domínio da ciência a vários níveis. Os Estados Unidos devem envidar esforços no sentido de uma colaboração efectiva e a longo prazo com os líderes internacionais em matéria de ciência e tecnologia, a fim de tirar partido dos benefícios da investigação avançada à medida que os desenvolvimentos se forem concretizando.

O meu comentário: Também é relevante para a Índia; precisamos de avaliar continuamente os desenvolvimentos em matéria de ciência e tecnologia e o seu provável impacto no nosso cenário de segurança nacional. A criação de parcerias a longo prazo em matéria de I&D no que respeita às tecnologias emergentes seria do nosso interesse. Seria de especial interesse para nós procurar colaborações e parcerias nanotecnológicas nos domínios do armamento e da gestão do campo de batalha, que teriam efeitos benéficos na indústria e nos mercados comerciais.

SECÇÃO TRÊS : COMERCIALIZAÇÃO DAS NANOTECNOLOGIAS

Introdução

A nanotecnologia pode ter um grande impacto na economia mundial, porque as aplicações nanotecnológicas serão utilizadas em praticamente todos os sectores. Cientistas, investigadores, gestores, investidores e decisores políticos de todo o mundo reconhecem este enorme potencial e deram início à nano-corrida. Em 2006, a Dra. Angela Hullmann efectuou um estudo muito exaustivo (Hullmann, 2006) para a Comissão Europeia, tendo os resultados apresentados a seguir sido baseados nas conclusões desse estudo.

Volumes de mercado projectados por sector

A NSF (2001) estimou um mercado mundial de 1 bilião de dólares até 2015 para produtos nanotecnológicos. Muitas outras previsões variam entre uns moderados 150 mil milhões de dólares em 2010 (MRI, 2002) e 2,6 biliões de dólares em 2014 (Lux Research, 2004), com base na definição de nanotecnologia, na fé na sua contribuição para o valor dos produtos, bem como na quantidade de otimismo que lhe está associado. As melhores estimativas apontam para que ultrapasse o mercado das tecnologias da informação e da comunicação (TIC) e que ultrapasse o mercado da biotecnologia por um fator de dez. Embora as previsões variem muito, prevêem um grande aumento dos mercados de produtos nanotecnológicos na década atual. As estimativas supramencionadas são indicadores direcionais, mas podem não ser suficientes para uma análise aprofundada do mercado da nanotecnologia em desenvolvimento. A NSF e a Lux Research, numa análise efectuada entre 1999 e 2003, dividiram as estimativas em subáreas da nanotecnologia. A NSF supõe que a nanobiotecnologia e os nanodispositivos representarão 415 milhões e 420 milhões de dólares do mercado nanotecnológico previsto de 1 bilião de dólares até 2015.

A Fig. 4.3 apresenta as previsões do mercado mundial até ao ano 2015, tendo em conta os cenários otimista e pessimista, em milhares de milhões de dólares americanos.

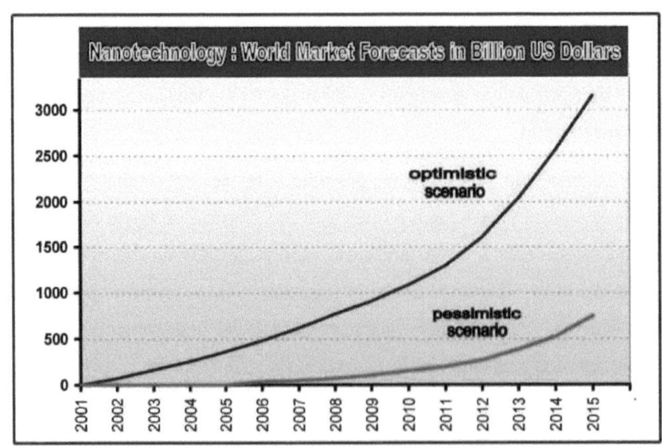

A figura 4.3 apresenta as previsões do mercado mundial até 2015. (Fonte: Comissão Europeia)

As previsões anteriores deverão aumentar substancialmente, a nanoelectrónica para 300 mil milhões de dólares, os nanomateriais de 145 milhões de dólares para 340 mil milhões de dólares, bem como o processamento químico, a indústria aeroespacial e a indústria farmacêutica.

Prevê-se que os produtos nanométricos sejam responsáveis pela maior parte desta compilação de diferentes subáreas, aplicações e mercados nanotecnológicos. O mercado dos nanomateriais pode ser dividido em algumas subáreas mais ou menos importantes, entre as quais os nanorrevestimentos, as nanopartículas e as nanoestruturas laterais representam mais de 300 mil milhões de euros em todos os materiais por volta de 2010. O que corresponde também aproximadamente à estimativa da NSF de 340 mil milhões de dólares até 2015.

O estudo Lux previu um modelo trifásico de evolução do mercado das nanotecnologias. Aliás, o estudo Lux é considerado o estudo mais sofisticado e abrangente sobre as perspectivas de produtos nanotecnológicos comercializáveis. O modelo previa que, na primeira fase, até 2004, a nanotecnologia seria utilizada num pequeno número de produtos de alta tecnologia. As inovações floresceriam até 2009, especialmente na nanoelectrónica. A partir de 2010, a nanotecnologia seria cada vez mais utilizada nos cuidados de saúde, nos produtos das ciências da vida (dispositivos médicos, produtos farmacêuticos) e nos produtos manufacturados. As nanobiotecnologias contribuirão significativamente para a evolução da indústria farmacêutica. A quota de mercado dos nanomateriais em si pode começar a diminuir nesta altura. A Lux Research (2004) estimou uma quota de mercado de 4% dos produtos manufacturados em geral em 2014 para os produtos nanotecnológicos, com 21% de nanotecnologia nos automóveis, 23% nos produtos farmacêuticos, 85% na eletrónica de consumo e 100% nos computadores pessoais. Assim, é provável que, em 2014, a nanotecnologia tenha uma quota de cerca de 15% da produção industrial mundial. As estimativas para o mercado de distribuição de medicamentos através de nanotecnologias também confirmam as projecções acima referidas, de acordo com uma análise do mercado de distribuição de medicamentos.

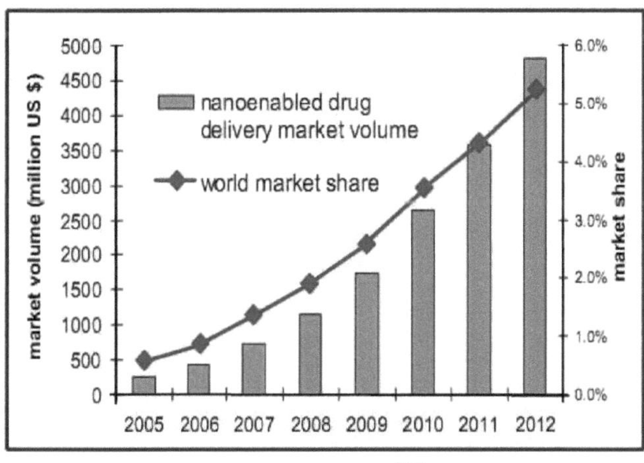

Figura 4.4: O volume e a quota do mercado de administração de medicamentos activados em comparação com o mercado mundial de administração de medicamentos. (Fonte: Moradi, 2005)

Prevê-se um aumento anual de 50% entre 2005 e 2012 no mercado da administração de medicamentos através de nanotecnologias. A quota de mercado segue uma tendência semelhante, mas com uma taxa de crescimento inferior. Com uma quota de mercado de 5,2% em 2012, o mercado da nanotecnologia para a administração de medicamentos deverá render cerca de 4,8 mil milhões de dólares. Esta quota de mercado deverá aumentar para 7% em 2015 e 10% até 2020.

A repartição regional dos valores das vendas globais foi estimada pela Lux Research (2004) em relação às suas previsões (2,6 mil milhões de dólares em 2014) e é apresentada na Figura 4.5.

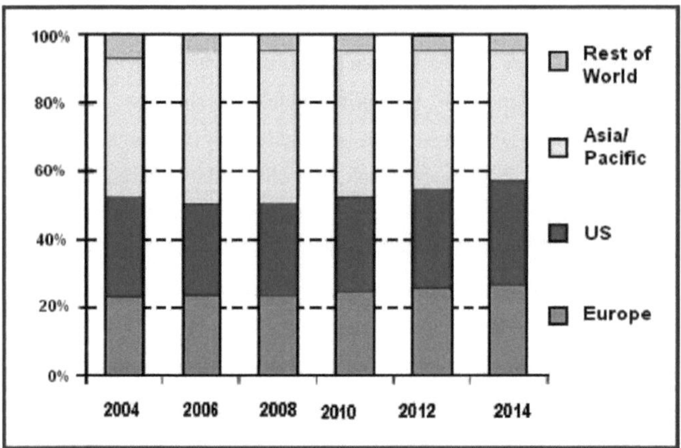

Figura 4.5: Repartição regional dos valores das vendas globais (Fonte: Lux Research, 2004)

Como se pode verificar, o potencial máximo de vendas de produtos nanotecnológicos existe na Ásia, seguida dos EUA e da Europa. A força da Ásia reside na aplicação da nanotecnologia nas TIC e a dos EUA na área da nanomedicina, pelo que os EUA seguirão a Ásia nas vendas, principalmente devido ao período de incubação muito maior da indústria médica.

Financiamento As actividades de financiamento público para 2005 são apresentadas no Quadro 4.1 (em termos de 1000 euros) (Fonte: CE, 2005)

USA(Federal)	910,000	Australia	62,000	Finland	14,500	India	3,800
Japan	750,000	Belgium	60,000	Austria	13,100	Malaysia	3,800
Eur.Commission	370,000	Italy	60,000	Spain	12,500	Romania	3,100
USA(States)	333,300	Israel	46,000	Mexico	10,000	S.Africa	1,900
Germany	293,100	Netherlands	42,000	New Zeal.	9,200	Greece	1,200
France	223,900	Canada	37,000	Denmark	8,600	Poland	1,000
South Korea	173,900	Ireland	33,000	Singapore	8,400	Lithuania	1,000
United Kingdom	133,000	Switzerland	18,500	Norway	7,000		
China	83,000	Indonesia	16,700	Brazil	5,800	others	2,800
Taiwan	75,000	Sweden	15,000	Thiland	4,200		
					TOTAL :	3,850,000	

Tal como o NNI nos EUA, o maior financiamento da investigação em nanotecnologias na Europa é concedido pela Comissão Europeia. A I&D em nanotecnologias foi financiada em cerca de 1,3 mil milhões de euros entre 2004 e 2006. Entre os países da UE, a despesa pública máxima é registada na Alemanha, seguida da França e do Reino Unido. No entanto, os EUA são os líderes no que diz respeito ao financiamento público, tendo gasto mais de 1,2 mil milhões de euros em 2004 e 1,7 mil milhões de euros em 2005 (Figura 4.6).

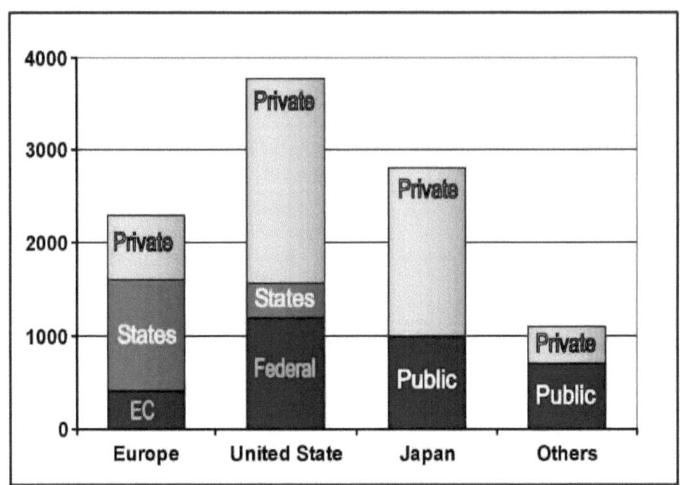

Figura 4.6: Estimativa do financiamento público e privado da I&D em nanotecnologias em 2005, por regiões do mundo, em milhões de euros (1 euro~1$). (Fonte: CE, 2005)

O financiamento privado é também o mais elevado nos EUA (54%) e cerca de 30% na Europa. Foram gastos 3,5 mil milhões de euros em nano-investigação nos EUA, 2,7 mil milhões no Japão e cerca de 2,5 mil milhões na Europa.

Capital de risco em nanotecnologias

A figura 4.7 mostra que o mercado mais atrativo para o financiamento de capital de risco é a nanobiotecnologia, seguida dos nanodispositivos.

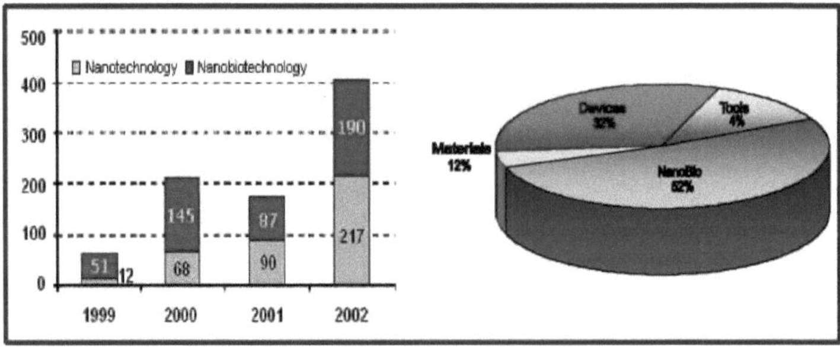

Figura 4.7: Financiamento de capital de risco a nível mundial por aplicação (esquerda) e por ano, em milhões de dólares (direita). Fonte: Paull et al. 2003.

A figura 4.8 indica que o financiamento de capital de risco (VC) aumentou mais de 500% em 3 anos, atingindo 400 milhões de dólares em 2002. Também é verdade que, devido a um financiamento extraordinariamente elevado, os mercados podem registar um afluxo de nanoprodutos que podem não ser necessários na prática (Nanologue, 2005).

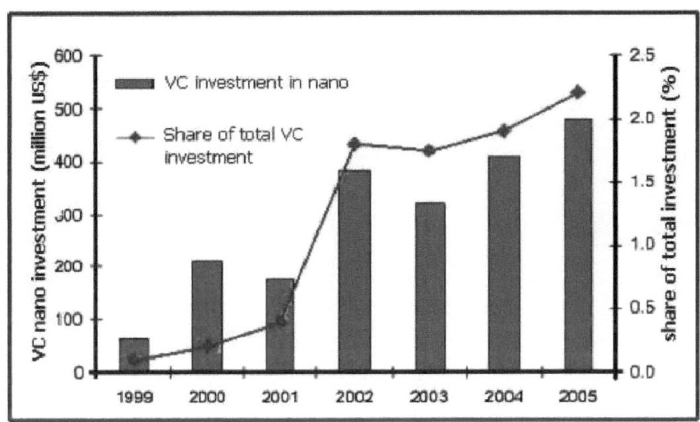

Figura 4.8: Financiamento de capital de risco a nível mundial no domínio da nanotecnologia, em número absoluto e em percentagem. Fontes: Anquetil (2005), 2005/2005: Lux Research, 2006, PWC 2006.

Empresas de nanotecnologia e mercado de trabalho

A NSF estima que, até 2015, serão criados cerca de 2 milhões de postos de trabalho no domínio da nanotecnologia em todo o mundo. Estes exigiriam empregos de apoio de cerca de 5 milhões (Roco, 2003A). A Lux Research estimou que, até 2014, serão criados 10 milhões de postos de trabalho na indústria transformadora no sector da nanotecnologia. A Figura 4.9 mostra o número total de postos de trabalho em nanotecnologia e também a sua percentagem em relação aos postos de trabalho na indústria transformadora.

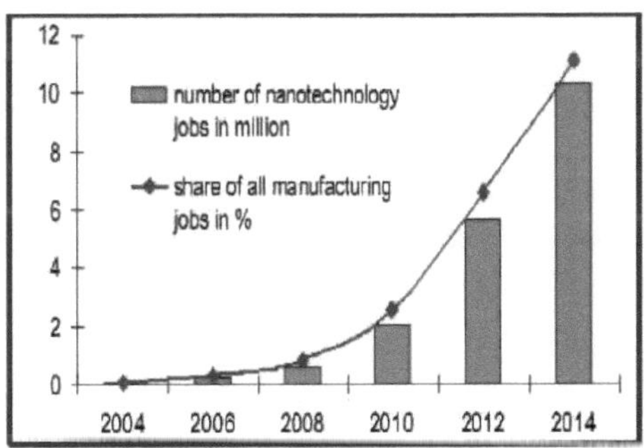

Figura 4.9: Número de postos de trabalho em nanotecnologia em milhões e percentagem destes postos de trabalho em relação ao total de postos de trabalho na indústria transformadora. Fonte: Lux Research 2004.

A Figura 4.10 na página seguinte apresenta os resultados do inquérito a 357 empresas a nível mundial realizado por Fecht et al. (2003). O Japão é igualmente forte em nanomateriais e nanferramentas, o

Reino Unido em nanobiotecnologia e a Alemanha é mais forte em nanferramentas.

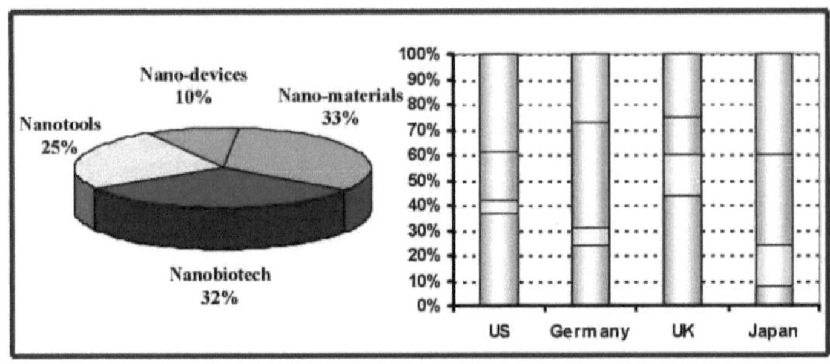

Figura 4.10: Empresas a nível mundial em diferentes segmentos de nanotecnologias (esquerda) e nos países mais activos (direita). Inquérito por amostragem a 357 empresas realizado por Fecht et al., 2003

I&D

A Figura 4.11 apresenta o número de organizações de I&D em nanotecnologias por país e região, incluindo o sector privado. Do total de 1100, 120 são grandes empresas, 460 são PME, 80 filiais ou empresas comuns (Cientificia, 2003) e 390 institutos de investigação. A Ásia e a Europa dominam os institutos de investigação, enquanto os EUA têm o maior número de PME a desenvolver I&D em nanotecnologias.

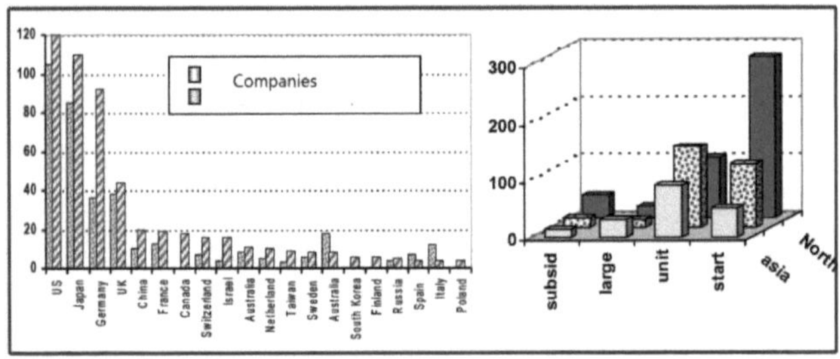

Figura 4.11: Instituições de nanotecnologia por país (esquerda) e por tipo de organização (direita). O número total é de 1198 (à esquerda) e 1050 (à direita), respetivamente. Fonte Cientifica, 2003

Patentes Dois dos principais indicadores de progresso na ciência e tecnologia são, sem dúvida, as publicações científicas e as patentes. Para avaliar o potencial económico das nanotecnologias e identificar os domínios e intervenientes mais promissores em termos de pessoas, organizações ou países (Hullmann, 2006), a análise das patentes constitui um método fiável. A Figura 4.12 mostra o número de famílias de patentes de 1995 a 2003 e as percentagens nos diferentes subdomínios das nanotecnologias.

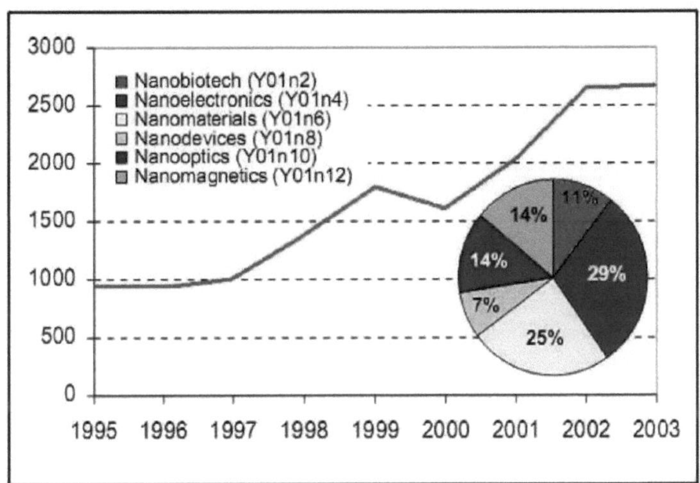

Figura 4.12: Patentes de nanotecnologia a nível mundial de acordo com a etiqueta Y01N do IEP. Gráfico de linhas: N.º total de famílias de patentes em Y01N. Torta: Distribuição das classes de etiquetas Y01N2-Y01N12 em 2003. Fonte: IEP, 2006.

As patentes de nanoelectrónica constituíam o maior grupo de patentes de nanotecnologias em 2003, seguidas das de nanomateriais e, posteriormente, das de nanomagnetismo e nano-ótica. Verifica-se um crescimento global de 14% das patentes no domínio das nanotecnologias entre 1995 e 2003. No entanto, verificam-se grandes diferenças entre os domínios. A nanoelectrónica, os nanodispositivos, os nanomateriais e os nanomagnéticos tiveram as taxas de crescimento mais elevadas na década de 1990, mas muito mais baixas entre 1999 e 2003. Por outro lado, a nano-ótica e a nanobiotecnologia registaram um crescimento negativo no final da década de 1990, mas aumentaram para cerca de 20% por ano nos anos 2000.

A Figura 4.13 (IEP, 2006) mostra o número de patentes de nanotecnologias em todo o mundo, repartidas por requerentes e inventores das Américas (principalmente EUA e Canadá), Ásia (principalmente Japão e Coreia do Sul) e Europa (principalmente Alemanha, Reino Unido, França e Países Baixos). A América é a região do mundo mais ativa no registo de patentes no domínio das nanotecnologias. No caso da nanotecnologia, um número significativo de inventores registou endereços residenciais asiáticos e trabalhou para empresas americanas requerentes. Verifica-se que os Estados Unidos são o país mais ativo no registo de patentes em nanotecnologia, tanto para os inventores como para os requerentes.

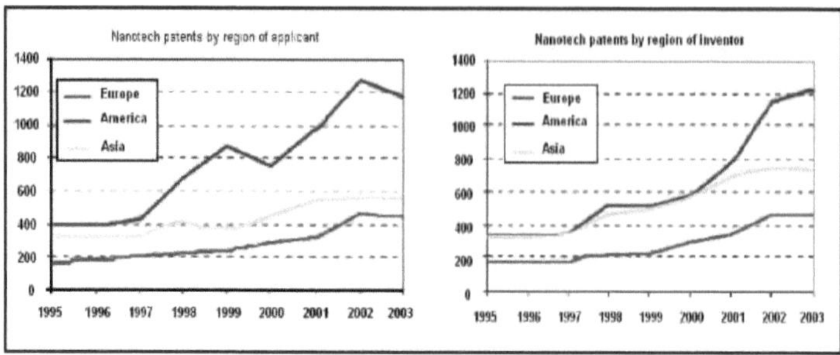

Figura 4.13: Patentes a nível mundial segundo o requerente (esquerda) e o inventor (direita). Fonte: EPO, 2006.

Publicações em nanotecnologia Os artigos sobre nanotecnologia e nanociências publicados por um país são indicadores razoavelmente bons da atividade científica num determinado domínio, sendo que o número de vezes que um artigo foi citado indica o impacto e a qualidade do trabalho de investigação. A figura mostra que a Europa tem o maior número de artigos científicos a seu crédito. Verifica-se também que a China registou rápidos progressos (Glanzel et al, 2003) no que diz respeito aos artigos de investigação sobre nanotecnologias que dela provêm. Os pormenores relativos à região e ao país são apresentados nos diagramas seguintes.

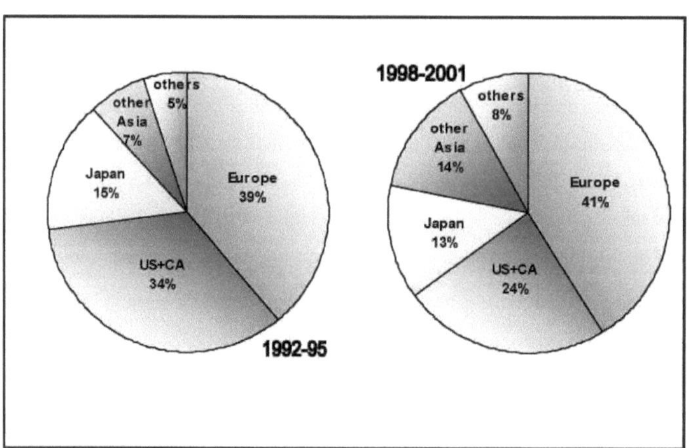

Figura 4.14: Publicações científicas em nanotecnologia na base de dados SCI por região do mundo 1992-1995 e 1998-2001. Fonte: Glanzel et al.2003

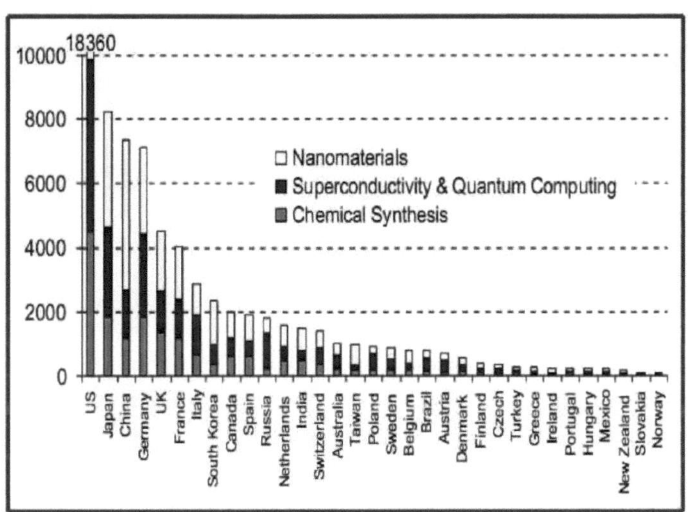

Figura 4.15: Publicações científicas em nanociência por país e subdomínio, 1999-2004 Base de dados SCI.

Fontes: Igami 2006, Science Citation Index 1999-2004. Análise efectuada pelo NISTEP, 2006 (NISTEP, 2006)

A partir da figura acima, verifica-se que cerca de 18000 artigos nanocientíficos tiveram origem nos EUA. Atrás vêm o Japão e a China, seguidos pelos países europeus. A Alemanha e o Japão são os líderes no que diz respeito à supercondutividade e à síntese química, mas a China só fica atrás dos EUA no que diz respeito aos nanomateriais.

O maior número de artigos sobre nanotecnologia parece ter sido publicado nas principais revistas científicas multidisciplinares que se dedicam à "ciência geral", nomeadamente a Science *e a Nature* (Popescu, 2001). O maior número de revistas de investigação em nanotecnologias pertence aos domínios da física e da química, com as revistas de nanociências a ocuparem o primeiro lugar em número de citações.

Resumo

Hullmann, 2006, apresentou dados suficientemente fiáveis, na medida em que teve em conta as taxas prováveis de progresso das nanotecnologias, por sector, nos principais países.

Dada a natureza omnipresente da nanotecnologia, é razoável assumir que esta tecnologia tem um enorme futuro. É provável que atinja o estatuto de informação, comunicação e tecnologias (TIC) e penetre profundamente na indústria eletrónica e farmacêutica. A razão pela qual as TIC parecem estar prontas para ultrapassar outras indústrias é o facto de, ao contrário da biotecnologia e da indústria farmacêutica, não estarem envolvidos ensaios morosos em seres humanos, pelo que os períodos de incubação são muito menores.

Esta situação conduzirá a um aumento da criação de emprego a vários níveis, liderando o grupo, naturalmente, os postos de trabalho nas áreas das vendas e do marketing (em que será necessário um menor desenvolvimento de novas competências), seguidos dos trabalhadores e investigadores especializados em nanotecnologias.

As nanotecnologias cativaram os investidores de capital de risco, com os EUA e o Japão a liderarem em termos de financiamento público e privado. A Ásia e a Europa continuam a beneficiar de muito menos financiamento privado e é provável que venham a recuperar o atraso quando os benefícios das nanotecnologias se disseminarem.

As grandes empresas multinacionais já começaram a investir em I&D no domínio das nanotecnologias, a fim de colher os primeiros benefícios da entrada no mercado. O facto de a nanotecnologia vir a ser uma tecnologia-chave para a defesa está patente no financiamento da I&D militar pelos EUA, sendo provável que a Europa seja a incubadora para o desenvolvimento da nanotecnologia para utilizações civis. Começou a surgir um grande número de patentes decorrentes do desenvolvimento das nanotecnologias, muitas das quais serão convertidas em projectos comerciais e industriais e, com toda a probabilidade, poder-se-á assistir a uma comercialização em grande escala durante os próximos cinco anos, aproximadamente.

Análise de produtos de consumo baseados em nanotecnologia

A Pew Charitable Trusts (PCT, 2005) e o Woodrow Wilson International Center for Scholars (Wilson, 2005) iniciaram em abril de 2005 um projeto sobre nanotecnologias emergentes. Tendo em conta o ritmo a que as aplicações nanotecnológicas estão a crescer, o objetivo do projeto é facilitar uma interação vibrante entre os consumidores e o público, a avaliação e minimização dos riscos devidos à rápida comercialização e a obtenção de benefícios da nanotecnologia para o homem comum.

São feitas tentativas para classificar as lacunas nos processos jurídicos e na compreensão técnica e procurar metodologias para as retificar. O debate e a participação são efectuados com todos os principais intervenientes no desenvolvimento da nanotecnologia, como decisores políticos, autoridades reguladoras, representantes governamentais, investigadores e pensadores estratégicos. O projeto visa apresentar uma análise objetiva de factos verificados de forma independente que possam, por sua vez, facilitar a tomada de decisões cruciais no que diz respeito ao desenvolvimento e comercialização das nanotecnologias. O projeto visa um envolvimento ativo do homem comum na elaboração de políticas, de modo a que os riscos associados ao ambiente e à saúde sejam devidamente compreendidos, tratados e incorporadas medidas corretivas antes de os produtos nanotecnológicos chegarem aos mercados em grande escala.

Foi disponibilizado um inventário completo de produtos de consumo baseados na nanotecnologia, obtido a partir de fontes abertas, juntamente com uma análise gráfica. O inventário constituiria um recurso abrangente para os decisores políticos, grupos de cidadãos e consumidores, etc., que possam querer ver as incursões que esta tecnologia está a fazer nos mercados.

Seleção dos produtos Os produtos foram selecionados com base na facilidade de compra e no facto de o fabricante afirmar que são produtos nano ou de as suas afirmações de que são baseados em nano serem consideradas genuínas. Foram feitos esforços para verificar cada produto junto do seu fabricante. Os produtos de natureza genérica que utilizam nanotecnologia foram incluídos e rotulados em conformidade, uma vez que a nanotecnologia é utilizada numa vasta gama de aplicações em quase todos os domínios da tecnologia. Foram também registadas amostras de produtos semelhantes ou idênticos, que indicariam como a nanotecnologia está a fazer incursões no mercado em geral. Alguns produtos que poderão já não estar disponíveis no mercado foram classificados como "Arquivo", por uma questão de exaustividade.

Metodologia Para garantir uma validação alargada por parte dos grupos interessados, apenas foram recolhidas na análise informações de fonte aberta baseadas na Internet. Além disso, a pesquisa de produtos foi efectuada utilizando pesquisas exploratórias, de fontes múltiplas e específicas, incluindo feeds RSS e Listservs. Foram incluídas informações sobre o fabricante, a autenticidade da utilização da nanotecnologia, o país de origem e o endereço Web do fabricante.

Categorias de produtos Foram utilizadas categorias e subcategorias de produtos de consumo comummente utilizadas, nomeadamente:

-Aquecimento, refrigeração e ar; grandes electrodomésticos de cozinha; tratamento de roupa e vestuário em "Electrodomésticos

-Auto Exterior; manutenção e acessórios em "Automóvel

-Artigos para crianças e bebés, brinquedos, etc., em "Mercadorias para crianças

-Câmaras e filmes, televisão; vídeo; áudio; dispositivos móveis; hardware de computador; ecrã; e comunicações, etc., em "Eletrónica e computadores

-Cozinhar; alimentos; armazenagem; suplementos em "Alimentos e bebidas

-Cuidados pessoais; protetor solar; artigos desportivos; cosméticos; vestuário; filtragem de água, etc., em "Saúde e boa forma

-Mobiliário doméstico; tintas; limpeza; materiais de construção; luxo, etc., em "Casa e jardim

-Revestimentos, etc., em "Corte transversal

Resumo Os gráficos associados à análise são colocados de seguida. De seguida, apresenta-se uma breve síntese dos mesmos.

1015 produtos nanotecnológicos de consumo constavam do inventário, em 25 de agosto de 2009. O inventário cresceu quase 379% (de 212 para 1015 produtos) desde março de 2006 (Nanotechproject, 2009), quando foi lançado pela primeira vez. (Figura 4.16).

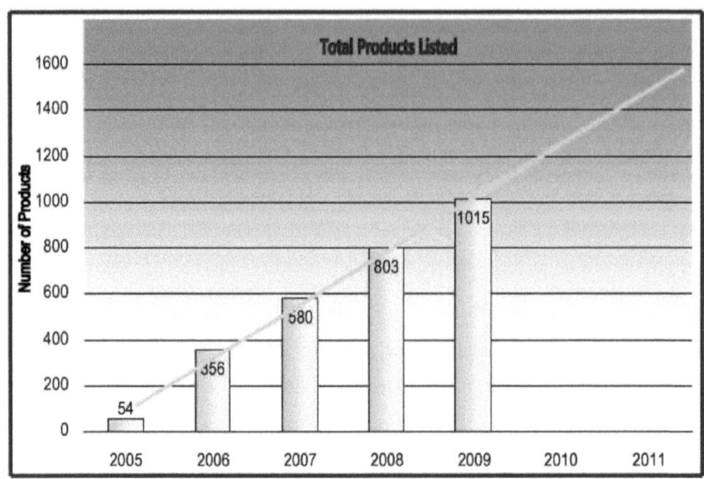

Figura 4.16. Número total de produtos listados, por data de atualização do inventário, com análise de regressão.

fonte: http://www.nanotechproject.org/inventories/consumer/analysis_draft/

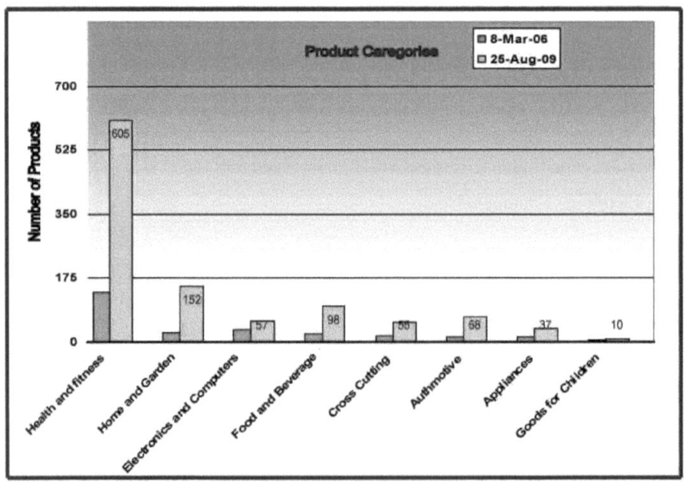

Figura 4.17. Número de produtos, de acordo com a categoria. Os produtos com relevância para várias categorias foram contabilizados várias vezes na figura 4.17. A cada categoria está associada uma série de subcategorias adequadas que permitem uma maior organização dos produtos. Por exemplo, Tinta é uma subcategoria de Casa e Jardim, enquanto Ecrã é uma subcategoria de Eletrónica e Computadores. A categoria Transversal foi incluída como um agrupamento de produtos que são multifuncionais. Atualmente, a única subcategoria da categoria Corte transversal é Revestimentos. Para além disso, 83 produtos

têm uma designação "genérica", indicando que se trata de tecnologias comerciais que serão utilizadas em produtos de consumo ou que aparecem atualmente nesses produtos. Fonte: http://www.nanotechproject.org/inventories/ consumer/analysis_draft/

O agrupamento dos produtos foi efectuado de acordo com as principais categorias geralmente disponíveis ao público nos mercados. (Figura nº 4.17 na página anterior). Com um total de 605 produtos, a maior categoria é a de Saúde e Boa Forma, que inclui protectores solares e produtos de cosmética.

As subcategorias em relação à categoria maior, a categoria Saúde e Boa Forma, estão representadas na Figura n.º 4.18. 4.18.

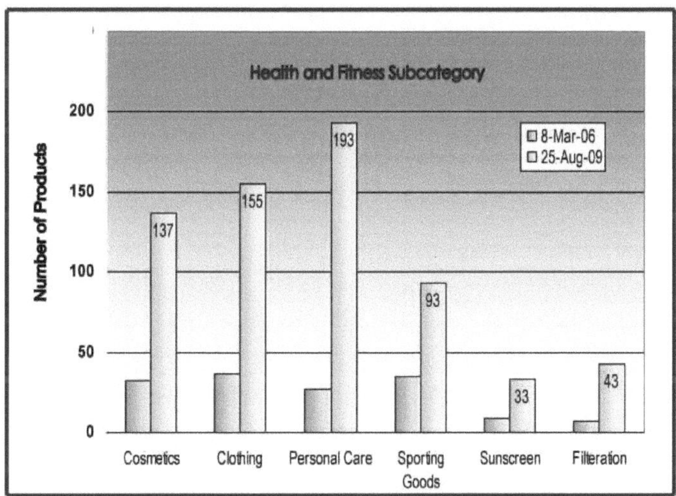

A figura no.4.18 ilustra as subcategorias associadas à maior categoria principal, Saúde e Boa Forma. Inclui Cosméticos (137 produtos), Vestuário (155), Cuidados pessoais (193), Artigos desportivos (93), Protetor solar (33) e Filtração (43). Mais uma vez, os produtos com relevância para várias categorias foram contabilizados várias vezes. As subcategorias Cosméticos, Vestuário e Cuidados Pessoais são atualmente as maiores do inventário. Fonte: http://www.Nanotechproject.org/inventories/consumer /analysis_draft/

A repartição regional dos produtos é apresentada na Figura n. 4.19 e verifica-se que as empresas sediadas nos Estados Unidos têm o maior número (540) de produtos.

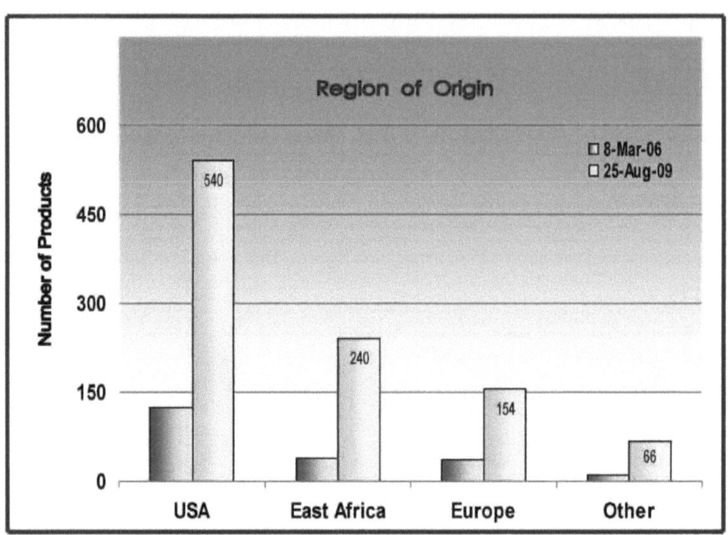

A figura no. 4.19 ilustra a repartição dos produtos por região e indica que as empresas sediadas nos Estados Unidos são as que têm mais produtos, com um total de 540, seguidas das empresas da Ásia Oriental (incluindo China, Taiwan, Coreia, Japão) (240), da Europa (Reino Unido, França, Alemanha, Finlândia, Suíça, Itália, Suécia, Dinamarca, Países Baixos) (154) e de outras regiões do mundo (Austrália, Canadá, México, Israel, Nova Zelândia, Malásia, Tailândia, Singapura, Filipinas, Malásia) (66). Dois produtos não têm designação de país". "O inventário inclui atualmente produtos de 24 países diferentes. Fonte: http://www.Nanotechproject.org/inventories/consumer/ analysis_draft/

Os materiais utilizados nos produtos são apresentados na Figura no. 4.20. O material mais preferido é a prata com 259 produtos, seguido do carbono com 82 produtos.

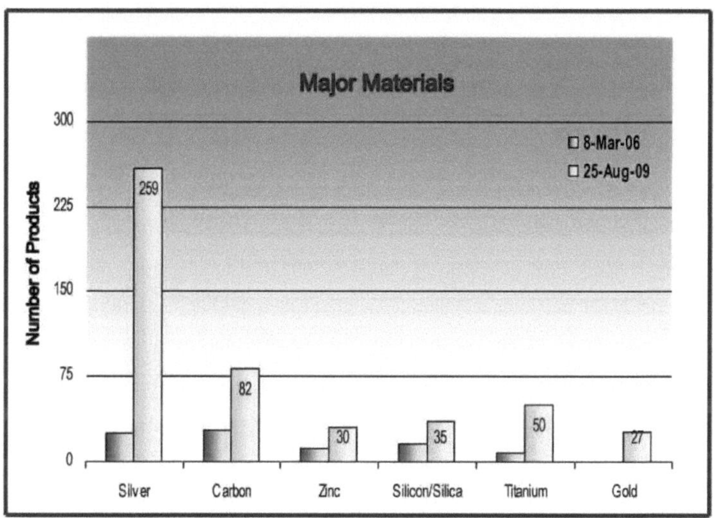

"A Figura 4.20 indica que existe um pequeno conjunto de materiais explicitamente referenciados em produtos de consumo nanotecnológicos. O material mais comum mencionado nas descrições dos produtos é atualmente a prata (259 produtos). O carbono, que inclui os fulerenos, é o segundo mais referido (82), seguido do zinco (incluindo o óxido de zinco) (30), da sílica (35), do titânio (incluindo o dióxido de titânio) (50) e do ouro (27)." Fonte: http://www. nanotechproject.org/inventories/consumer/analysis_draft/

SECÇÃO QUATRO : NANOTECNOLOGIA E PERCEPÇÃO PÚBLICA

Aceitação da nanotecnologia pelo público

As projecções apresentadas na secção Comercialização das Nanotecnologias não tomam em consideração cenários associados à aceitação pública das nanotecnologias. Há lições definitivas a retirar de tecnologias emergentes passadas, como os organismos geneticamente modificados (OGM) ou a tecnologia de energia nuclear. As opiniões do público têm um impacto direto na aceitação ou não dos nanoprodutos no mercado, pelo que as percepções do público sobre os riscos e preocupações devem ser tidas em consideração.

As discussões sobre as potencialidades económicas das nanotecnologias devem ter seriamente em conta os debates em curso sobre as nanotecnologias. A experiência tem demonstrado que o êxito comercial dos produtos pode ser afetado se as preocupações do público não forem adequadamente abordadas. Na ausência de clareza quanto à segurança para os seres humanos, o ambiente e outras questões éticas, como a privacidade, pode levar a uma opinião crítica adversa sobre os produtos nanotecnológicos (Hullman, 2006). Uma vez que a aceitação pública de um produto depende da apetência pelo risco de uma determinada população ou nação, este facto pode levar a problemas na distribuição global, nas vendas e, consequentemente, nos lucros dos nanoprodutos. A divisão global sobre a utilização de produtos geneticamente modificados é uma ilustração deste ponto. Uma vez que isto também constituiria um fator nas negociações de aquisição de nanotecnologias, considera-se que uma breve análise dos inquéritos públicos relacionados com as nanotecnologias não seria descabida nesta fase da presente dissertação.

Na Índia

Inquérito realizado por S Kulshrestha -2007

S Kulshrestha realizou um inquérito exploratório no outono de 2007 (Kulshrestha, 2007), no âmbito da sua dissertação de mestrado não publicada intitulada "Emergência de armas nucleares e seu impacto na forma como pensamos a guerra". A análise envolveu dois aspectos principais, nomeadamente A consciencialização da nanotecnologia e a compreensão da guerra.

DADOS. A amostra era constituída por um total de 182 candidatos alfabetizados, dos quais 103 eram estudantes, 45 eram oficiais da defesa e 34 eram mulheres alfabetizadas.

Sensibilização para as nanotecnologias

Consciencialização e compreensão. 90% da população incluída na amostra tinha ouvido falar de nanotecnologia, mas afirmou saber muito pouco sobre o assunto. Isto implica que o nível geral de consciencialização deve ser melhorado, abrangendo todos os aspectos desta tecnologia de ponta. (Figura 4.21, Figura 4.22)

Atitude. 61% consideram-na benéfica porque acham que conduziria a melhores cuidados médicos, pelo que o seu comportamento é empenhado. Os que dizem que é prejudicial, dizem-no devido aos perigos da corrida ao armamento e a questões de privacidade intrusivas (Figura 4.23).

Inferência. Verifica-se que a maioria está ciente da nanotecnologia, mas tem um conhecimento mínimo/insuficiente e incorreto sobre a mesma. "As pessoas em geral não têm conhecimentos suficientes na era atual para avaliar o impacto que a nanotecnologia terá nas suas vidas no futuro". Assim, é necessário sensibilizá-las para os aspectos positivos e negativos da nanotecnologia e para o seu impacto na sociedade no futuro.

Fig. 4.21

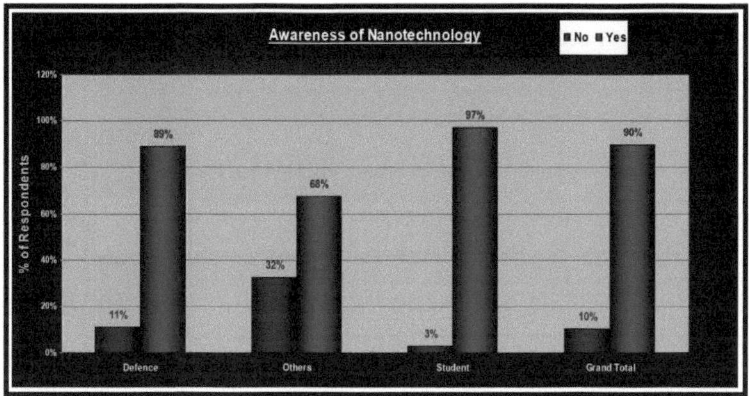

Fig. 4.22

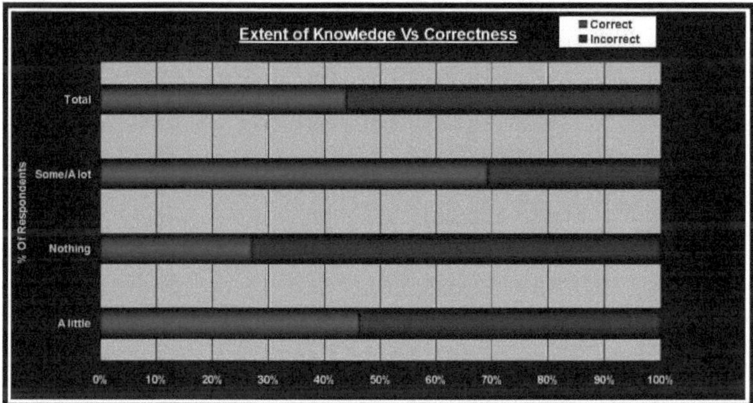

Fig. 4.23

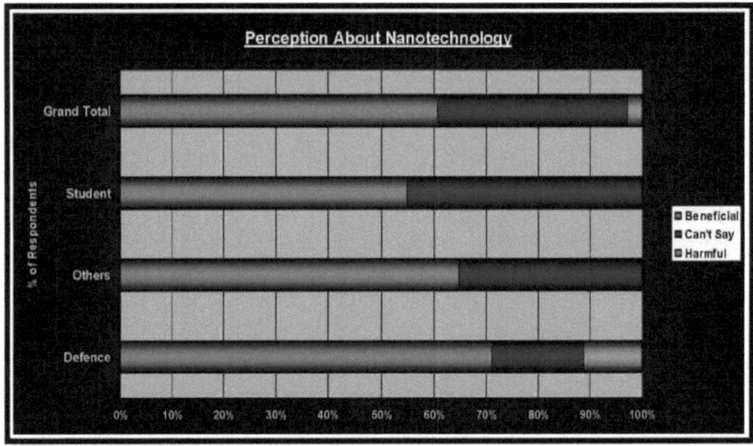

Utilização da nanotecnologia na guerra 87% estão conscientes de que a nanotecnologia pode ser utilizada de alguma forma na luta em guerras futuras.

Maior ameaça para a raça humana? 54% dos inquiridos afirmaram que tanto as armas nucleares como as nano-armas representam uma ameaça para a raça humana. No entanto, o facto de se falar em armas nucleares e nano implica que os inquiridos têm consciência do potencial de dano das novas nanotecnologias.

Inferência. Além disso, o segmento dos estudantes mostrou-se muito vivo e reativo ao inquérito, pelo que se considera que devem ser preparados para mobilizar e sensibilizar a população, uma vez que a sua interface tem acesso direto a uma grande e variada camada da população em casa e a vários níveis onde interagem.

Inquéritos de opinião pública -Outros países

Na arena internacional, várias agências realizaram inquéritos de perceção pública para avaliar diferentes aspectos da nanotecnologia. O resumo desses inquéritos é apresentado a seguir, para que se possa ter uma visão global da opinião pública sobre a nanotecnologia, os seus produtos, efeitos no ambiente e nos seres humanos. O Professor D. M. Berbue, professor de estudos de comunicação na Universidade Estatal da Carolina do Norte, discutiu-os em pormenor no seu blogue de 20 de outubro de 2009. (Berbue, 2009)

Percepções sobre a nanotecnologia

1. Os resultados indicaram que os inquiridos avaliaram os benefícios ou os riscos de forma independente, mas fizeram-no de uma forma complexa, o que resultou na conclusão de que "as percepções públicas da nanotecnologia não são tão simples como se supunha anteriormente - os riscos e os benefícios estão ambos envolvidos num cálculo complexo de tomada de decisões". (Curall et al, 2006)

2. As percepções de leigos sobre a utilização da nanotecnologia em alimentos e embalagens de

alimentos foram examinadas num inquérito envolvendo 153 pessoas por Siegrist, Cousin, Kastenholz, & Wiek em 2007. Estes descobriram que as pessoas estavam geralmente relutantes em experimentar esses alimentos, mas "consideravam que as embalagens nanotecnológicas eram mais benéficas do que os alimentos nanotecnológicos". (Siegrist et al, 2007A)

3. Em 2007, Cook & Fairweather realizaram um inquérito postal a 565 indivíduos na Nova Zelândia para examinar a aceitabilidade dos neozelandeses relativamente à compra de carne de bovino ou de ovino produzida com nanotecnologia. Os resultados "revelaram uma atitude positiva (76,6%) e indicaram que não se importariam de comprar" esses produtos. (Cook & Fairweather, 2007)

4. Hart realizou um inquérito para conhecer a opinião dos inquiridos sobre a utilização da nanotecnologia em alimentos e produtos relacionados com alimentos. O inquérito indicou que "73% dos inquiridos necessitariam de mais informações sobre a nanotecnologia utilizada em produtos alimentares antes de a utilizarem. (Hart, 2007)

Consciencialização

5. Em 2001, o Eurobarómetro realizou uma sondagem de opinião que envolveu 16 000 pessoas em toda a Europa e concluiu que as nanotecnologias faziam parte do síndroma "algumas tecnologias permanecem muito obscuras" para o público (CE, 2001).

6. Bainbridge realizou um inquérito na Internet, envolvendo 3909 pessoas, para avaliar as primeiras percepções sobre a nanotecnologia. A principal conclusão foi que "os membros do público em geral atentos à ciência estão muito entusiasmados com a nanotecnologia" (Bainbridge, 2002)

7. Em 2004, Cobb e Macoubrie realizaram um inquérito digital aleatório a 1536 inquiridos, cujos resultados indicaram que "80% dos inquiridos indicaram que tinham ouvido falar "pouco" ou "nada" sobre nanotecnologia. (Cobb e Macoubrie, 2004)

8. Na Grã-Bretanha, a BMRB Social Research realizou um inquérito omnibus (face a face) a uma amostra de 1005 pessoas. Os resultados revelaram que três em cada dez inquiridos afirmaram ter ouvido falar de nanotecnologia (29%). (BMRB,2004)

9. O Eurobarómetro especial, que realizou um inquérito presencial a mais de 32.000 pessoas em 25 países, concluiu que "as nanotecnologias recebem, de longe, a taxa de interesse mais baixa entre os itens sugeridos, com apenas 8% a mencionar interesse em desenvolvimentos neste domínio. (CE, 2005)

10. Com base no inquérito acima referido, Gaskell, Ten Eyck, Jackson & Veltri realizaram o seu inquérito telefónico aleatório a 15 000 pessoas nos EUA. Durante o inquérito, quando lhes foi perguntado "se a nanotecnologia irá melhorar o nosso modo de vida", 50% da amostra dos EUA respondeu "sim" e 35% respondeu "não sei". Este resultado é muito próximo do resultado do inquérito europeu (Gaskell et al, 2005).

11. Einsiedel, realizou um inquérito que envolveu 2000 pessoas no Canadá e 1200 nos EUA para avaliar as principais expectativas em relação à nanotecnologia. O inquérito concluiu que "quatro em

cada dez inquiridos nos EUA (42%) e um pouco mais de um terço dos canadianos (36%) esperavam que esta tecnologia trouxesse "grandes benefícios"". (Einsiedel, 2005)

12. Scheufele & Lewenstein realizaram um inquérito telefónico a 706 inquiridos e concluíram que "Cinquenta e cinco por cento de todos os inquiridos que indicaram ter conhecimento da questão da nanotecnologia manifestaram um apoio geral à nanotecnologia". Curiosamente, corroboraram estudos anteriores que "sugerem que as pessoas formam opiniões e atitudes mesmo na ausência de informação científica ou política relevante", e as campanhas/opiniões dos meios de comunicação social podem ser uma das razões para este facto. (Scheufele & Lewenstein, 2005)

13. Sheetz, Vidal, Pearson & Lozano, 2005, realizaram um inquérito na Universidade do Texas Pan-Americana (UTPA) a 978 estudantes e funcionários. Os resultados foram: "17% dos inquiridos sabiam o que era a nanotecnologia. A percentagem de pessoas que tinham pelo menos ouvido falar de nanotecnologia era de 45%". Para além disso, descobriram que. "A fonte dominante de informação foram os meios de comunicação social, como a televisão, filmes e revistas (61%) e que 'se pode confiar nos cientistas e engenheiros para tomarem decisões no melhor interesse do público em geral (80%)'." (Sheetz et al, 2005)

14. Lee, Scheufele & Lewenstein, num inquérito nacional, concluíram que "os indivíduos que demonstravam níveis mais elevados de confiança nos cientistas eram susceptíveis de percecionar mais benefícios do que riscos, e os indivíduos que demonstravam níveis mais elevados de emoção negativa em relação à nanotecnologia eram susceptíveis de percecionar mais riscos do que benefícios. (Lee et al, 2005)

15. Um inquérito realizado por Macoubrie a 152 pessoas que se tinham auto-destacado para o efeito, revelou que "95% dos participantes no presente estudo não tinham ouvido quase nada ou apenas um pouco sobre nanotecnologia". (Macoubrie, 2006)

16. Scheufele, Corley, Dunwoody, Shih, Hillback & Guston utilizaram dois conjuntos de dados para este inquérito nos EUA: o primeiro conjunto foi um inquérito telefónico a uma amostra de 1015 adultos e o segundo foi um inquérito por correio que envolveu 363 cientistas e engenheiros especializados em nanotecnologia. Concluíram que "em questões relacionadas com os impactos da nanotecnologia no ambiente e na saúde a longo prazo, os nanocientistas estavam significativamente mais preocupados do que o público. Chegaram também a uma conclusão muito significativa: "A nanotecnologia pode, portanto, ser uma das primeiras tecnologias emergentes em que o meio académico e as empresas têm a capacidade de chegar diretamente a um público que confia na informação que fornecem. Ironicamente, a nanotecnologia pode também ser a primeira tecnologia emergente para a qual os cientistas podem ter de explicar a esse público porque é que devem estar mais preocupados, e não menos, com alguns riscos potenciais." (Scheufele et al, 2007)

17. Fujita, em 2004, realizou um inquérito em Tóquio, no Japão, a uma amostra de 1011 pessoas, e descobriu que "55,2% afirmaram ter ouvido falar de nanotecnologia frequentemente ou de vez em

quando" (Fujita, 2006).

18. Lee & Scheufele, utilizando os dados do seu inquérito anterior, realizado em 2004 com 706 pessoas, investigaram as atitudes do público em relação à nanotecnologia em função dos meios de comunicação que utilizam. Descobriram que "as pessoas que confiam nos jornais e na Internet para obterem informações científicas apresentam níveis mais elevados de conhecimento sobre nanotecnologia". (Lee & Scheufele, 2006)

19. Priest, realizou um inquérito telefónico para avaliar a opinião dos norte-americanos sobre a nanotecnologia, tendo utilizado 1200 cidadãos dos EUA e 2000 canadianos no seu estudo. Descobriu que "57% dos inquiridos nos EUA e 64% dos canadianos indicaram que "não estão de todo familiarizados" ou "não estão muito familiarizados" com a nanotecnologia", e também que "46% dos inquiridos nos EUA e 39% no Canadá pensam que a nanotecnologia "irá melhorar a nossa qualidade de vida" nos próximos vinte anos". (Priest, 2006)

20. Hart realizou novamente um inquérito em 2006, numa amostra de 1014 pessoas, e concluiu que "a sensibilização do público para a nanotecnologia está a aumentar, uma vez que a proporção de americanos que dizem ter ouvido falar muito ou um pouco sobre nanotecnologia quase duplicou de 16% em 2004 para 30% em 2006. (Hart, 2006)

21. Hart, em 2007, num inquérito, mais uma vez utilizando uma amostra de 1014 pessoas, concluiu que "a maioria do público está demasiado insegura em relação à nanotecnologia para fazer qualquer julgamento sobre os seus riscos e benefícios". E também que "existe uma forte relação entre o conhecimento da nanotecnologia e a opinião de que os benefícios superam os riscos. "(Hart, 2007)

22. Burri & Bellucci, num inquérito, concluíram que, no contexto suíço, os cidadãos "não são nem relutantes em relação à nanotecnologia nem muito entusiastas face aos potenciais riscos ambientais e para a saúde que as tecnologias emergentes podem implicar" (Burri & Bellucci, 2008).

23. Nerlich, Clarke & Ulph, realizaram um inquérito a 434 estudantes em Inglaterra e concluíram que "os jovens deste estudo pareciam menos entusiasmados e menos incomodados com o advento da nanotecnologia" (Nerlich et al, 2007)

24. Siegrist, Keller, Kastenhol, Frey & Wiek, realizaram este inquérito na Suíça a 375 leigos e 46 peritos para avaliar as percepções sobre 20 aplicações da nanotecnologia. O estudo concluiu que "a perceção do carácter terrível das aplicações e a confiança nas agências governamentais são factores importantes para determinar a perceção dos riscos". Concluíram também que *"as preocupações do público relativamente à nanotecnologia* diminuiriam se fossem tomadas medidas para aumentar a confiança dos leigos nas agências governamentais." (Siegrist et al, 2007B)

25. Kahan, Slovic, Braman, Gastl & Cohen, 2007 realizaram um inquérito online a 1850 inquiridos em 2006. "Um total de 81% dos inquiridos referiu ter ouvido "nada" (53%) ou "apenas um pouco" (28%) sobre a nanotecnologia antes de ser inquirido." (Kahn et al, 2007)

26. Hart, em 2008, realizou um inquérito a 1003 adultos para avaliar o conhecimento e a atitude em relação à nanotecnologia e à biologia sintética. Verificou-se que "quase metade (49%) dos adultos afirmam não ter ouvido nada sobre o assunto". Foi encontrada uma associação entre o conhecimento da nanotecnologia e a impressão inicial dos inquiridos: "Aqueles que ouviram falar mais sobre a nanotecnologia têm mais probabilidades de pensar que os benefícios superam os riscos." (Hart, 2008)

27. Foi efectuado um estudo por Kahan, Slovic, Braman, Gastil, Cohen & Kysar, com duas amostras de 800 cidadãos americanos cada, utilizando os meios de teste em linha da Knowledge Networks. O primeiro grupo foi testado quanto à sua perceção depois de ter sido exposto a argumentos equilibrados, sem atribuir as opiniões a fontes conhecedoras, e o segundo grupo foi avaliado quanto às mesmas opiniões depois de identificar a atribuição das opiniões a peritos com tendências culturais conhecidas. Foi revelado que "a grande maioria dos sujeitos (92%) tinha ouvido "pouco" ou "nada" sobre nanotecnologia antes do estudo." (Kahn et al, 2008A)

28. Kahan, Braman, Slovic, Gastil & Cohen, 2008, Kahan efectuou o seu segundo estudo sobre visões culturais do mundo em 1850 indivíduos e confirmou conclusões anteriores de que "mais de 80% tinham ouvido falar "um pouco" ou "nada" sobre nanotecnologia". Na sua opinião, *"a nanotecnologia pode seguir o caminho da energia nuclear e de outras tecnologias controversas, tornando-se um ponto focal de conflito político culturalmente infundido. "*(Kahn et al, 2008B)

29. Em 2007, Pigeon, Harthorn, Bryabt & Rogers-Hayden realizaram quatro workshops paralelos, com 12 a 15 pessoas cada, no Reino Unido e nos EUA. Concluíram que "até à data, as nanotecnologias não parecem suscitar crenças sobre o risco físico enquanto tal; pelo contrário, estimulam o debate sobre as condições sociais". (Pigeon, et al, 2009)

30. Scheufele, Corley, Shih, Dalrymple & Ho, realizaram um estudo em 2007 nos EUA com 1015 indivíduos, utilizando o método de inquérito por amostragem e marcação digital aleatória. Os inquéritos de opinião pública do Eurobarómetro forneceram dados sobre 29 193 europeus. Descobriram que a proporção de "inquiridos que discordavam que a nanotecnologia era moralmente aceitável era mais elevada nos Estados Unidos (24,9%) e mais baixa em Itália (7,3%)". Os autores afirmam que "existe uma *relação sólida entre os níveis de religiosidade e o apoio público à nanotecnologia em todos os países."* (Scheufele et al, 2009)

31. O inquérito de Corley & Scheufele envolveu 1015 indivíduos, utilizando um método de quadro duplo de marcação aleatória de dígitos a nível nacional e um inquérito telefónico domiciliário listado. Descobriram que "as discrepâncias claras nos níveis de conhecimento factual sobre a nanotecnologia entre os inquiridos americanos com os níveis mais elevados e mais baixos de educação formal têm implicações positivas e negativas". O seu inquérito sugeriu que *"os esforços para aumentar a compreensão do público sobre a nanotecnologia não ajudaram o grupo que mais poderia precisar: aqueles com os níveis mais baixos de educação formal*". (Corley & Scheufele, 2009)

Análise dos inquéritos públicos

Específico da Índia

"As pessoas em geral não têm conhecimentos suficientes na era atual para avaliar o impacto que as nanotecnologias terão nas suas vidas no futuro".

As pessoas têm atualmente um conhecimento insuficiente sobre as nano-armas e é necessário sensibilizar a população para combater futuras guerras utilizando nano-armas".

Assim, é necessário sensibilizá-los para os aspectos positivos e negativos da nanotecnologia e para o seu impacto na sociedade no futuro. Além disso, o segmento estudantil mostrou-se muito vivo e reativo ao inquérito, pelo que se considera que devem ser preparados para mobilizar e sensibilizar a população, uma vez que a sua interface é o acesso direto a uma grande e variada camada da população em casa e a vários níveis onde interagem.

Outras nações

Sensibilização. A maioria dos inquiridos indicou que tinha ouvido falar "pouco" ou "nada" sobre nanotecnologias. As discrepâncias claras nos níveis de conhecimento factual sobre nanotecnologia entre os inquiridos com os níveis mais elevados e mais baixos de educação formal têm implicações positivas e negativas.

A nanotecnologia pode seguir o caminho da energia nuclear e de outras tecnologias controversas, tornando-se um ponto focal de conflito político culturalmente infundido.

Perceção pública da nanotecnologia. A perceção pública da nanotecnologia não é tão simples como se supunha anteriormente - os riscos e os benefícios estão ambos envolvidos num complexo cálculo de tomada de decisões. A maioria do público está demasiado insegura em relação à nanotecnologia para fazer qualquer juízo sobre os seus riscos e benefícios. Existe uma forte relação entre o conhecimento das nanotecnologias e a opinião de que os benefícios serão superiores aos riscos.

Os nanocientistas mostraram-se significativamente mais preocupados do que o público em questões relacionadas com os impactos da nanotecnologia no ambiente e na saúde a longo prazo. A nanotecnologia pode, portanto, ser uma das primeiras tecnologias emergentes em que o meio académico e as empresas têm a capacidade de chegar diretamente a um público que confia na informação que fornecem.

As preocupações do público relativamente à nanotecnologia diminuiriam se fossem tomadas medidas para aumentar a confiança dos leigos nas agências governamentais.

Capítulo 5

Desenvolvimento da nanotecnologia na Índia

<u>Política de Ciência e Tecnologia 2003</u>

A política de ciência e tecnologia da Índia para 2003 foi articulada pelo Ministério da Ciência e Tecnologia, Departamento de Ciência e Tecnologia (DST). Reconheceu-se que muitas descobertas científicas e realizações tecnológicas foram levadas da Índia para outros países. A Índia também absorveu ideias e técnicas científicas de outros países.

A Resolução sobre a Política Científica de 1958 e a Declaração sobre a Política Tecnológica de 1983 estabeleceram na Índia os princípios sobre os quais a ciência e a tecnologia têm progredido nas últimas décadas. Estas políticas têm-se baseado na autossuficiência, com um desenvolvimento sustentável e equitativo. O aumento significativo da produção alimentar, o aumento da esperança de vida, a erradicação ou o controlo de várias doenças, etc., são algumas das principais realizações nacionais. No entanto, é inegável que o ritmo acelerado da evolução da ciência e da tecnologia exige uma abordagem muito mais dinâmica e, provavelmente, a cooperação internacional em certos domínios em que os custos se tornam proibitivos para um único país criar grandes instalações experimentais. A apreciação das mudanças radicais que estão a ocorrer na tecnologia e o seu impacto foram avaliados, a citar:

"A ciência e a tecnologia tiveram um impacto sem precedentes no crescimento económico e no desenvolvimento social. O conhecimento tornou-se uma fonte de poder económico e de poder. Esta situação conduziu a um aumento das restrições à partilha de conhecimentos, a novas normas em matéria de direitos de propriedade intelectual e a regimes globais de comércio e controlo tecnológico. Os desenvolvimentos científicos e tecnológicos actuais têm também profundas implicações éticas, jurídicas e sociais. A sociedade está profundamente preocupada com estas implicações. A globalização em curso e o ambiente intensamente competitivo têm um impacto significativo nos sectores da produção e dos serviços."

Com este pano de fundo, o Ministério da Ciência e Tecnologia enunciou uma Política de Ciência e Tecnologia em 2003. Os objectivos da política são pormenorizados a seguir, tendo os principais pontos relevantes para a presente tese sido assinalados em itálico:

a. "Assegurar que a mensagem da ciência chegue a todos os cidadãos da Índia, homens e mulheres, jovens e idosos, de modo a que o país avance em termos científicos e emerja como uma sociedade progressista e esclarecida. Com efeito, a ciência e a tecnologia serão plenamente integradas em todas as esferas da atividade nacional.

b. Assegurar a segurança alimentar, agrícola, nutricional, ambiental, hídrica, sanitária e energética das populações numa base sustentável.

c. Envidar esforços diretos e sustentados para aliviar a pobreza, aumentar a segurança dos meios de subsistência, eliminar a fome e a subnutrição, reduzir o trabalho pesado e os desequilíbrios regionais, tanto rurais como urbanos, e criar emprego, utilizando as capacidades científicas e tecnológicas juntamente com o nosso acervo de conhecimentos tradicionais.

d. Promover vigorosamente a investigação científica nas universidades e noutras instituições académicas, científicas e de engenharia; e atrair os jovens mais brilhantes para carreiras científicas e tecnológicas.

e. Promover a capacitação das mulheres em todas as actividades científicas e tecnológicas e garantir a sua participação plena e equitativa.

f. Proporcionar a autonomia e a liberdade de funcionamento necessárias a todas as instituições académicas e de I&D, de modo a incentivar um ambiente propício a um trabalho verdadeiramente criativo, assegurando simultaneamente que a ciência e a tecnologia no país estejam plenamente empenhadas na sua responsabilidade e compromissos sociais.

g. Utilizar *todo o potencial da ciência e da tecnologia modernas*

h. *Realizar os objectivos estratégicos e de segurança nacionais, utilizando os últimos avanços da ciência e da tecnologia.*

i. *Incentivar a investigação e a inovação em áreas de relevância para a economia e para a sociedade, nomeadamente através da promoção de uma interação estreita e produtiva entre instituições públicas e privadas de ciência e tecnologia.*

j. *Reforçar substancialmente os mecanismos que permitem o desenvolvimento, a avaliação, a absorção e a atualização de tecnologias, desde o conceito até à utilização.*

k. Estabelecer um regime de direitos de propriedade intelectual (DPI) que maximize os incentivos à criação e proteção da propriedade intelectual por todos os tipos de inventores.

l. Assegurar, numa era em que a informação é fundamental para o desenvolvimento da ciência e da tecnologia, que sejam envidados todos os esforços para ter acesso de alta velocidade à informação, tanto em qualidade como em quantidade, a custos acessíveis; e também criar conteúdos digitalizados, válidos e utilizáveis de origem indiana.

m. Incentivar a investigação e a aplicação para a previsão, a prevenção e a atenuação dos riscos naturais, nomeadamente inundações, ciclones, terramotos, secas e deslizamentos de terras

n. Promover a cooperação científica e tecnológica internacional para atingir os objectivos de desenvolvimento e segurança nacionais e torná-la um elemento-chave das relações internacionais

o. Integrar os conhecimentos científicos com os conhecimentos de outras disciplinas e assegurar a plena participação dos cientistas e tecnólogos na governação nacional".

A aplicação da política deve ser efectuada da seguinte forma:

i. "Mecanismos adequados para a governação científica e tecnológica

ii. Utilização óptima das infra-estruturas e competências existentes

iii. Reforço das infra-estruturas de ciência e tecnologia nas instituições académicas

iv. Novos mecanismos de financiamento da investigação fundamental

v. Desenvolvimento dos recursos humanos, desenvolvimento, transferência e difusão de tecnologias

vi. Promoção da inovação

vii. Indústria e I&D científica

viii. Recursos indígenas e conhecimentos tradicionais

ix. Tecnologias para a atenuação e gestão dos riscos naturais

x. Criação e gestão da propriedade intelectual

xi. Sensibilização do público para a ciência e a tecnologia

xii. Cooperação científica e tecnológica internacional

xiii. Medidas fiscais

xiv. Controlo"

Tendo esta política como âncora, o Governo da Índia tem sido o principal impulsionador do desenvolvimento das nanociências e das nanotecnologias. O mesmo acontece nos países que se dedicam à nanotecnologia, onde as políticas nacionais têm orientado os investimentos, o desenvolvimento de capacidades, a criação de infra-estruturas e as parcerias públicas e privadas (NNI, 1996), (RIG, 2008), (BNO, 2005). Os governos facilitam o desenvolvimento nas fases iniciais, uma vez que a viabilidade comercial não é visível até que o desenvolvimento do produto atinja um determinado nível e o mercado comece a orientar o desenvolvimento (Nanowerk, 2008). A Índia encara o desenvolvimento de tecnologias emergentes do ponto de vista da elevação social, construindo a sua indústria para enfrentar a concorrência internacional e, assim, estabelecer a sua posição no mundo moderno. Por conseguinte, não é surpreendente ver o Governo interessar-se profundamente pela promoção de tecnologias nascentes como a nanotecnologia.

Atualmente, a indústria nanotecnológica na Índia está a dar pequenos passos em frente com empresas como a Tata's com o filtro de água Swach, a M&M com melhorias na indústria automóvel, a nanotecnologia em tintas na ICan nano (Moinudeen, 2008) e sistemas de administração de medicamentos na Dabur. No entanto, também é verdade que, ao contrário de outros países, as PME na Índia não são capazes de realizar investigação científica fundamental (GOI, 2006), mesmo em colaboração com agências governamentais, devido a questões de investimento e de rendibilidade.

Foi afirmado noutra parte desta tese que os principais produtos a chegar ao mercado estariam nos segmentos de luxo ou ricos, onde existe uma procura de novidade e de alto valor, pelo que a maioria dos produtos nanotecnológicos nos mercados actuais se destinam a esta clientela (WWC, 2009) (cosméticos, moda, cuidados pessoais, desporto, etc.). Os produtos para as massas, nos quais a nanotecnologia vai ter um grande impacto, ainda não chegaram às prateleiras em grande número, à exceção, claro, do purificador de água Swach da Tatas. Espera-se, por conseguinte, que o sector privado se concentre em áreas rentáveis e de elevado valor em que a nanotecnologia possa ser explorada comercialmente. Num país como o nosso, em que as necessidades sociais têm de ser satisfeitas para um crescimento equitativo, só as empresas públicas podem investir na investigação primária em áreas de desenvolvimento de produtos que forneçam água potável pura, medicamentos, benefícios agrícolas, vestuário em massa, poupança de energia, etc. O sector público e o governo centrar-se-ão em aplicações que beneficiem as massas e forneçam soluções para questões socialmente relevantes. Assim, verifica-se que a missão da nanociência e da tecnologia tem como objetivo centrar-se na agricultura, na água e na saúde.

The successful projects in nanotech applications in medicine include; steroidal drug delivery by encapsulation of nanoparticles by Department of chemistry at Delhi University (India R&d, 2008), biochip iSense para deteção de ataques cardíacos pelo Centro de Excelência em Nanotecnologia, IIT Mumbai, (Índia I&D, 2008), kits de diagnóstico da febre tifoide e da tuberculose pelo IISc/DRDO (Hindu, 2006) e CSIO (TOI, 2004), e desenvolvimento de uma aplicação antimicrobiana de nanoprata pelo Instituto Agharkar (Jahanara, 2003). O desenvolvimento de um filtro de água pelo ARCI Hyderabad (Businessline, 2008) é notável porque já foram efectuados ensaios em grande escala para verificar a sua utilidade em cerca de 40 aldeias e o produto foi transferido com êxito para o sector privado.

O TERI efectuou estudos exaustivos como "Nanotechnology Development in India-a status report" (Relatório TERI n.º 2006ST21: D5, 2009), que, entre outros, serviram de base para o debate que se segue.

Na Índia, os decisores políticos em matéria de I&D têm de ser pró-activos se quiserem colher os benefícios da nanotecnologia, porque a corrida à nanotecnologia já começou e as nações estão a competir para serem as primeiras no terreno a capitalizar os mercados potencialmente enormes, assegurando os DPI. Podemos culpar os britânicos por nos terem mantido fora da Revolução Industrial e os nossos problemas, enquanto estado nascente, por termos perdido a onda do silício ou dos semicondutores (Khandelwal,1981), mas conseguimos apanhar a onda do software e também fizemos uma mossa notável no segmento dos lançadores de satélites. Surpreendentemente, no sector do software foram necessárias infra-estruturas e investimentos mínimos, ao passo que no segmento espacial foram necessários investimentos financeiros estratégicos, inovação dedicada e paciência. A estrutura de elaboração de políticas na Índia é tão complexa quanto possível, uma vez que envolve uma miríade de agências e ministérios, com interesses diversos, o que é evidente, como se pode ver pelas guerras territoriais que grassam nos sectores do carvão, do ambiente, da mega e micro energia e das minas. Atualmente, o Governo parece estar concentrado num desenvolvimento sistemático das nanotecnologias de uma forma holística, analisando todos os aspectos financeiros, o desenvolvimento de infra-estruturas, o aproveitamento dos recursos humanos, a promoção da participação do meio académico e da indústria e a facilitação da aquisição de nanotecnologias no estrangeiro.

Principais participantes na trajetória nanotecnológica da Índia Como vimos acima, as principais descobertas vieram de institutos académicos e laboratórios de I&D financiados pelo Governo, pelo que as principais agências envolvidas no panorama nanotecnológico da Índia pertencem ao Governo.

O principal ministério envolvido nesta tarefa é o Ministério da Ciência e Tecnologia (MoST), que designou o Departamento de Ciência e Tecnologia (DST) como a agência líder com o objetivo de colocar a Índia no mapa mundial no domínio da nanotecnologia. O DST dirigiu a Iniciativa para a Nanociência e a Tecnologia (NSTI), não exatamente semelhante à Iniciativa Nacional para a Nanotecnologia (NNI) dos EUA, no período de 2001 a 2006, tendo posteriormente sido incumbido de dirigir a Missão para a Nanociência e a Tecnologia (NSTM) no período de 2007 a 2012.

NSTI A Iniciativa Nacional de Ciência e Tecnologia foi lançada em outubro de 2001, com uma dotação orçamental de Rs 100 Crores para o período 2001-2006. Os principais domínios de ação da NSTI foram os seguintes

Áreas de investigação. - Síntese e montagem, caraterização, aplicações no domínio da nanociência e da tecnologia.

Ensino. - Escolas avançadas, simpósios e workshops de formação para investigadores e estudantes para o desenvolvimento do DRH.

Indústria. - Reforço da interação com as indústrias em todos os domínios possíveis, como os sistemas de administração de medicamentos, a nanoelectrónica, a produção de nanopós/partículas e os revestimentos de superfície, como tintas e pigmentos.

O NSTI foi convertido em Nano Mission em 2007.

Missão Nano Em 2007, o Governo da Índia aprovou a criação da Missão Nano - uma missão no domínio da nanociência e da tecnologia com um orçamento de 1000 milhões de rúpias para o período 2007-2012, que funciona com o DST como agência nodal. O principal objetivo da missão é reforçar as capacidades em nanociência e tecnologia e também utilizar as aplicações derivadas para o desenvolvimento da nação.

Os objectivos da Nano-Missão são:

Promoção da investigação fundamental. - Criação de centros de excelência e financiamento da investigação fundamental por cientistas para estudos sobre a compreensão da matéria à nanoescala e a sua manipulação e controlo.

Desenvolvimento de infra-estruturas para a investigação em nanociência e tecnologia - A investigação em nanociência requer instalações de instrumentação muito dispendiosas, que serão desenvolvidas a nível nacional para uma utilização óptima e partilhada entre os investigadores.

Programas de desenvolvimento. - A Missão Nano criaria centros de desenvolvimento de aplicações e tecnologias nanotecnológicas, incubadoras de empresas nanotecnológicas e promoveria projectos de I&D orientados para aplicações. Desempenharia assim o papel de catalisador na participação da indústria na I&D em nanotecnologias, quer diretamente quer através de PPP.

Desenvolvimento de recursos humanos. - A fim de assegurar a emergência de uma verdadeira cultura interdisciplinar no domínio da ciência, engenharia e tecnologia à escala nanométrica, a Missão concentrar-se-á em proporcionar um ensino e formação eficazes a investigadores e profissionais em domínios diversificados

Colaborações internacionais. - Está prevista a criação de centros de excelência conjuntos, a facilitação do acesso a instalações de investigação sofisticadas no estrangeiro e a criação de parcerias entre o meio académico e a indústria a nível internacional. Além disso, estão também previstas visitas exploratórias de cientistas, a organização de workshops e conferências conjuntos e projectos de investigação conjuntos.

medida que a consciencialização e o conhecimento vão ganhando ritmo, cada vez mais disciplinas se juntam à corrida, uma vez que se verifica que as nanociências e as nanotecnologias estão praticamente a permear todos os domínios da ciência e da tecnologia, pelo que talvez seja melhor rebatizá-las como "nanociências" e "nanotecnologias".

A partir da figura da página seguinte (Figura 5.1), verifica-se que outros departamentos e agências do Ministério da Ciência e Tecnologia, como o Conselho de Investigação Científica e Industrial (CSIR), encarregaram alguns dos seus 40 laboratórios de estudar as aplicações para obter vantagens sociais e económicas da nanotecnologia para as massas. (CSIR, 2006). O Departamento de Biotecnologia está a investigar as aplicações da bionanotecnologia (DBT, 2006, 2008). O Ministério das Energias Novas e Renováveis (MNRE) está a desenvolver a nanotecnologia em células de combustível e células nanofotovoltaicas. O Ministério da Saúde e do Bem-Estar da Família (MoFHW) encarregou o Conselho Indiano de Investigação Médica (ICMR) de procurar aplicações nos domínios da saúde para as massas (ICMR, 2007). O Departamento de Energia Atómica (DAE) do governo central está a investigar aplicações no domínio da energia nuclear. As aplicações no domínio da defesa estão a ser realizadas pelo Ministério da Defesa (MOD) nos laboratórios da Organização de Investigação e Desenvolvimento da Defesa (DRDO) (Hindu, 2006). A nanoelectrónica está sob a alçada do Ministério das Tecnologias da Informação e da Comunicação (MoICT), Departamento de Tecnologias da Informação (DIT) (DIT, 2004). Com aplicações na agricultura, nos produtos alimentares, nas tintas, nos produtos farmacêuticos (NAL, 2003), (FE, 2004), (Kulkarni, 2006), (GOI, 2008), etc., os ministérios competentes estão a aderir ao movimento.

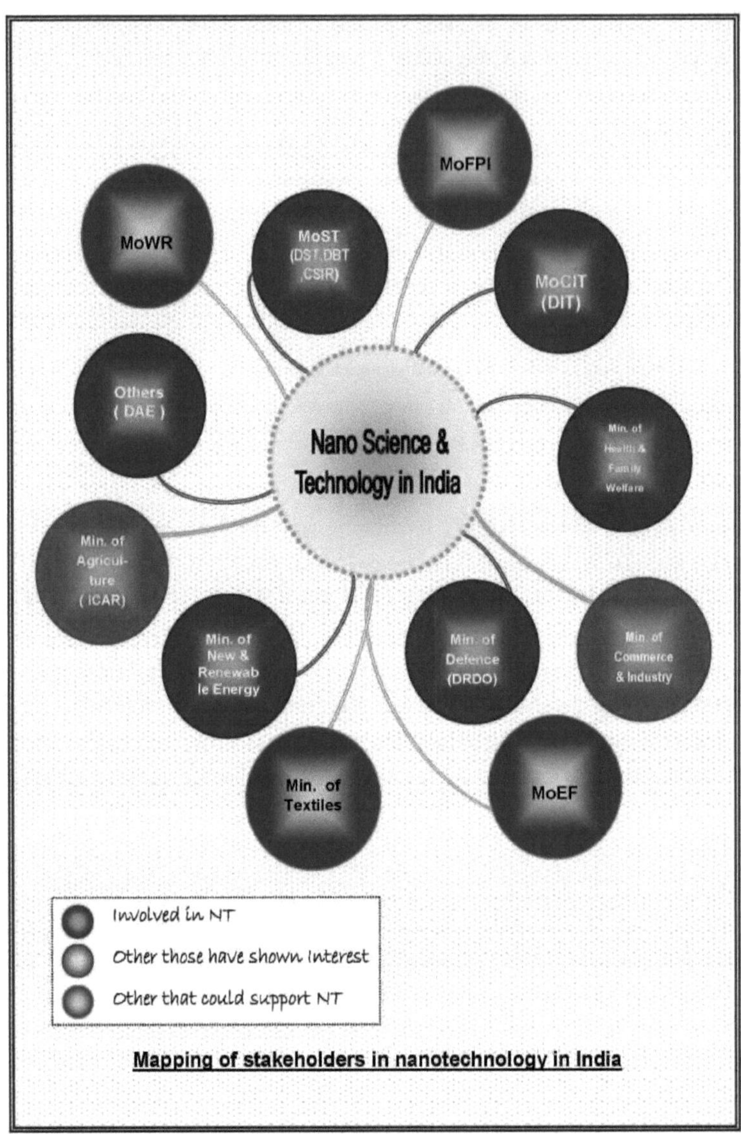

Figura no. 5.1: Mapeamento das partes interessadas em nanotecnologia na Índia

Centros de excelência e instituições de I&D do sector público O NSTI criou onze centros de excelência em nanociências e tecnologias como parte do impulso dado à I&D pelo sector público, na prossecução de uma vasta investigação fundamental em nanociências e tecnologias. Foram também criados sete centros de nanotecnologia, mas com resultados limitados no tempo e para fins específicos, como o do Tata Institute of Fundamental Research TIFR, que se ocupa de nanobiossistemas. Os centros estão localizados em universidades e institutos autónomos centrais, estatais, reconhecidos ou privados, com exceção de um que é um laboratório do CSIR. Os centros não foram selecionados arbitrariamente; foram criados com base nas capacidades avaliadas dos institutos onde estão localizados. Os institutos em que estes centros foram criados obtiveram credenciais de investigação credíveis em nanotecnologias ou dispõem de instrumentação/infra-estruturas de base que podem ser facilmente adaptadas à investigação no domínio dessas tecnologias. Além disso, foram distribuídos geograficamente para permitir o desenvolvimento equitativo das nanociências e tecnologias em toda a Índia. O quadro seguinte enumera os centros.

Centros de Excelência

* Fonte: nanomission.gov.in

Quadro 5.1: Unidade de nanociências

** Fonte: nanomission.gov. in*

SI. Não.	Unidade de Nanociências	Coordenador do programa
1.	IIT Madras, Chennai	Prof. T. Pradeep
2.	IACS, Calcutá	Prof. D. Chakravorty
3.	Universidade de Pune	Prof. (Sra.) S.K. Kulkarni
4.	Centro Nacional de Ciências Básicas S.N. Bose, Calcutá	Prof. A.K. Raychaudhuri
5.	NCL, Pune	Dr. Sivaram
6.	JNCASR, Bangalore	Prof. G.U. Kulkarni
7.	BHU, Varanasi	Prof. O.N. Srivastava
8	IIT Kanpur, Kanpur	Prof. Ashutosh Sharma
9	IISc, Bangalore	Prof. S. Chandrasekaran
10	IIT Delhi, Nova Deli	Prof. B.R. Mehta
11.	SINP, Calcutá	Prof. M.K. Sanyal

Quadro 5.2: Centro de nanotecnologias

** Fonte: nanomission.gov. in*

SI. Não.	Centro de Nano Tecnologia	Coordenador do programa
1.	AmritaInstitute OfMedical Sciences, Kochi, Kerala (Implantes, Engenharia de Tecidos, Investigação em	Dr. ShantikumarVNair, Centro de Engenharia Biomédica, Instituto

	Células Estaminais)	Amrita de Ciências Médicas, Elamakkara PO, Koshi, Kerala
2.	Centro Nacional de Ciências Básicas S.N. Bose, Calcutá (NEMS e MEMS / Nano produtos)	Prof. A. K. Raychaudhuri, Centro Nacional de Ciências Básicas S.N.Bose, Bloco J.D., Setor III, Salt Lake, Calcutá
3.	Tata Institute OfFundamental Research (Fenómenos à nanoescala em sistemas biológicos e materiais)	Dr. G.V. Shivshankar Centro Nacional de Ciências Biológicas, TIFR, Campus GKVK, Bellary Road, Bangalore
4.	IIT-Bombaim, Bombaim (Nanoelectrónica, nanosensores de polímeros, nanobiotecnologia)	Prof. Ashok Misra Diretor, IIT-Bombay Powai, Mumbai
5.	Instituto Indiano de Ciência, Bangalore (nanodispositivos, nanocompósitos, nanobiossensores)	Prof. S. Chandrasekaran Divisão de Ciências Químicas Instituto Indiano de Ciências de Bangalore
6.	IIT, Kanpur (Eletrónica imprimível, nanopatematização)	Prof. Y.N. Mohapatra Departamento de Física, IIT-Kanpur Kanpur - 208016
7.	Associação Indiana para o Cultivo da Ciência (Dispositivos Fotovoltaicos e Sensores)	Prof. D.D. Sarma Centro de Estudos Avançados Materiais, Associação Indiana para o Cultivo da Ciência, Calcutá

Tabela 5.3: Centro de Ciência Computacional dos Materiais

* *Fonte: nanomission.gov.in*

SI. Não.	Centro de Ciência Computacional dos Materiais	Coordenador do programa
1.	Centro de Ciência Computacional de Materiais do Centro Jawaharlal Nehru de Investigação Científica Avançada, Bangalore	Prof. Balasubramanian Sundaram, JNCASR, Jakkur PO, Bangalore

Quadro 5.4: PARCERIAS PÚBLICO-PRIVADAS

Projectos conjuntos entre instituições e indústrias

* Fonte: nanomission.gov.in

1.	Centro de Materiais Nano-Funcionais, IIT Madras	Murugappa Chettiar e Orchid Pharma
2.	Centro de nanotecnologia$_5$ Univ. de Hyderabad	Laboratórios do Dr. Reddy
3.	Centro para Têxteis Interactivos e InteligentesJIT Delhi	ARCI, Hyderabad e Indústria Têxtil
4.	Centro de Nanotecnologia Farmacêutica, NIPER, Chandigarh	Indústria farmacêutica
5.	Nanocompósitos de borracha, Universidade MG, Kottayam	Pneus Apollo
6.	Centro de Aplicação de Nanofósforo, Universidade de Allahabad	Nanotech Corp., EUA

Foi constituída uma Divisão de Iniciativa em Nanotecnologias no Departamento de Tecnologias da Informação, no âmbito da sua área de incidência de I&D em eletrónica. Em 2004, foi lançado um programa de desenvolvimento de nanotecnologias no âmbito desta divisão. As principais áreas abrangidas por este programa foram (i) o desenvolvimento de infra-estruturas nos domínios da nanometrologia e da nanoelectrónica e (ii) o apoio a pequenos e médios projectos de I&D nos domínios dos nanossistemas, nanometrologia, (DIT, 2004) nanomateriais, nanotubos de carbono (CNT) e nanodispositivos. O DIT apoiou a criação de dois projectos, nomeadamente um no NPL Delhi (sobre nanometrologia) e outro no IISc Banglore (sobre nanoelectrónica). Todos estes centros devem igualmente trabalhar em rede e interagir entre si para criar um impulso sinergético nas aplicações nanotecnológicas.

A indústria privada e a indústria de I&D desenvolveram nanotubos de qualidade normal, mas com um custo muito inferior, utilizando um processo científico único. O processo, com pequenas alterações, também pode produzir nanopartículas. Tanto os nanotubos como as nanopartículas são blocos básicos para a indústria da nanotecnologia.

A "Forevision" é membro da Forevision Technologies Inc, N.J, EUA, um dos principais fornecedores de serviços técnicos/aplicação e de instrumentos científicos e de investigação. Foi criado um laboratório analítico da Forevision para formar basicamente pessoal em instrumentação de nanotecnologia/nanociência.

A "Qtech Nanosystems Pvt. Ltd" está centrada no fabrico de produtos baseados na nanotecnologia e funciona como "centro de I&D de incubação tecnológica" (Qtech, 2006). Colabora no âmbito do regime de desenvolvimento e lançamento de novos produtos (NPDL), efectuando investigação fundamental e desenvolvimento de produtos nanotecnológicos inovadores.

A Velbio Nanotech'VBN analisa genes e proteínas para a descoberta de medicamentos e está a conceber medicamentos utilizando um pequeno fragmento de ADN como um novo tipo de medicamentos para várias doenças, tais como vacinas contra a SIDA, pedras nos rins, produtos genéricos cosmóticos, cancro e doenças cardíacas, etc. Estes medicamentos são administrados no corpo humano depois de montados em nanochips. A VBN está a investigar através de um novo método para iniciar e controlar reacções químicas em cadeias de ADN para utilização em sensores baseados em ADN, novos procedimentos de terapia genética e outras aplicações médicas (VLN, 2010).

Monad Nanotech". Trata-se de uma empresa de nanobiotecnologia que produz nanomateriais de carbono (CNM) a nível comercial, utilizando materiais à base de plantas para a produção de diferentes tipos de CNM (Sundarajan, 2009).

A "Dabur Research Foundation" desenvolveu o Nanoxel e está a investigar o desenvolvimento de sistemas de administração de medicamentos baseados em lipossomas e nanopolímeros.

A área principal de investigação e desenvolvimento da Panacea Biotech inclui projectos de descoberta de medicamentos e de distribuição de medicamentos (pequenas moléculas), produtos biofarmacêuticos (grandes moléculas), desenvolvimento de vacinas, em conformidade com as normas regulamentares internacionais. As suas instalações de investigação ultra-modernas e bem equipadas em Lalru, Punjab, estão distribuídas por 40 000 pés quadrados de espaço laboratorial e chamam-se "SAMPANN Drug Delivery R&D Centre". Dispõe de cientistas altamente talentosos, maquinaria especializada, infra-estruturas e recursos de qualidade superior e realiza investigação nas áreas da farmacologia, tecnologia de formulação farmacêutica, química medicinal, produtos naturais e química analítica. Existe um departamento interno de ciência da informação e um departamento de gestão dos direitos de propriedade intelectual. O centro de I&D da SAMPANN está atualmente a desenvolver produtos baseados na administração sofisticada de medicamentos, ou seja, sistemas injetáveis auto nano emulsionantes, sistemas orais de libertação controlada, preparações injetáveis de depósito e administração pulmonar de medicamentos.

A "Nano Cutting Edge Technology Pvt Ltd" - Nanocet, produz nanopartículas bioestabilizadas de ferro-paládio, ouro-nano gel e prata-nano gel. Foi sintetizada uma variedade de nanopartículas de metais de transição e semicondutores utilizando microrganismos que interagem com metais e métodos ecológicos.

A ala de investigação da Scalene Cyberbatics Ltd, o "Center for Advance Research & Development" (CARD), investigou e desenvolveu um novo método para destruir células cancerígenas no cérebro humano e noutras partes do corpo humano.

A "Tata Chemicals" desenvolveu um purificador de água que utiliza nanotecnologia no seu filtro. Anos de colaboração entre várias empresas Tata, incluindo a Tata Chemicals, a Titan Industries e a TCS, resultaram no TataSwach. TCS Innovation Labs - TRDDC desenvolveu um conceito inovador na tecnologia Swach, que combina nanotecnologia superior com ingredientes de baixo custo, como a cinza de casca de arroz. O produto foi amplamente testado para cumprir as normas internacionais de purificação da água.

ONG no domínio da nanotecnologia

As ONG fazem parte das partes interessadas na arena nanotecnológica na Índia. As grandes áreas de trabalho realizadas por ONG indianas específicas, bem como pela NANO Action (um grupo de cerca de 70 ONG mundiais), são analisadas nos parágrafos seguintes.

A IndiaNano IndiaCo ventures, que é uma empresa de serviços financeiros e de capital próprio, tem uma unidade estratégica de negócios, a IndiaNano, que ajuda na criação de empreendimentos e auxilia a transferência de tecnologia público-privada. A equipa da IndiaNano é composta por cientistas e engenheiros, que actuam como uma ponte entre a invenção a nível laboratorial e a realidade comercial no mercado. Trabalha nos domínios da gestão da propriedade intelectual, do licenciamento de tecnologia, das operações, do desenvolvimento empresarial, da transferência de tecnologia e da comercialização da propriedade intelectual. O principal objetivo da IndiaNAno, tal como verificado no seu sítio Web www.IndiaNano.com, é o seguinte

-Forjar laços estratégicos entre a indústria e o mundo académico - Divulgar, da forma mais ampla possível, os progressos da tecnologia e da investigação

-Apoiar a investigação fundamental a longo prazo no domínio da engenharia

-Atração de investimentos

O Consórcio para a Nano Ciência e Tecnologia (NSTC) O Consórcio para a Nano Ciência e Tecnologia tem por objetivo facilitar a criação de empresas rentáveis por parte dos empresários, estabelecendo uma ponte entre estes e os investigadores no domínio da nanotecnologia, e também facilitar a difusão da nanotecnologia, reunindo estudantes e académicos para benefício mútuo. Nos últimos seis anos, o NSTC cresceu e passou a incluir no seu âmbito estudantes, investigadores, empresas, organismos governamentais, tecnocratas e homens de negócios. Na sua opinião, a NSTC proporciona uma plataforma para o crescimento destas partes interessadas no domínio das nanotecnologias na arena global. Prevêem um grande potencial nas áreas da nanobiotecnologia, nanoprodução, materiais avançados, nanomedicina, nanoenergia, nanoelectrónica e cuidados de saúde nanométricos. O Consórcio define a sua missão como:

-Facilitar as oportunidades de financiamento da nano-investigação, da comercialização e do desenvolvimento de produtos.

-promover a comercialização da nano-investigação, reunindo investigadores e empresários.

-Aumentar a sensibilização para as nanotecnologias através da educação, da nanotreinamento e da publicação.

Facilitar a transferência de tecnologia, catalisando os esforços de colaboração e fornecendo aos investidores mundiais conhecimentos do mercado e das infra-estruturas relativas ao ambiente indiano.

-Reunir e facilitar a partilha de conhecimentos de investigação em todo o mundo, através de seminários, conferências e revistas.

A NSTC está empenhada em cumprir os seus objectivos através dos seguintes processos, conforme descrito no seu sítio Web www.nstc.in :

"- Prestação de serviços de consultoria em domínios relacionados com o fabrico, comercialização e distribuição de produtos nanotecnológicos.

-Facilitar a criação de nano pólos para reforçar a inovação neste domínio, reunindo universidades e investigadores.

-Promover a nanoformação através de programas de formação que possam ser realizados em todo o mundo.

Aumento da aliança entre a indústria e os académicos, convertendo a investigação em ofertas concretas para as empresas e comercializando-as como soluções para as empresas.

-Facilitar a gestão da propriedade intelectual no domínio da nanotecnologia e a comercialização de patentes, proporcionando a necessária perspicácia comercial e o enquadramento jurídico para o efeito.

-Possibilitar a investigação e o desenvolvimento conjuntos/contratuais, envolvendo organismos governamentais e privados para incentivar o financiamento.

-Forjar alianças de marketing para nanoprodutos promissores".

NanoAction 2007 Uma declaração intitulada NanoAction, 2007, sobre *os Princípios para a Supervisão das Nanotecnologias e dos Nanomateriais*, foi publicada em janeiro de 2007 por um grupo informal de cerca de 70 organizações ambientais, da sociedade civil, laborais e de interesse público. Este grupo de ONG incluía:

-ONG do sector alimentar, como o *Forum for Biotechnology and Food Security (Índia)*, o Institute for Agriculture and Trade Policy (EUA) e o Center for Food Safety (EUA), a Soil Association (Reino Unido),

-grupos orientados para a tecnologia, como o Grupo ETC e o Centro Internacional de Avaliação Tecnológica, - grupos ambientalistas, como a Greenpeace International, AccionEcologica (Equador) e Friends of the Earth (FoE) (Austrália, Europa e Estados Unidos),

-grupos centrados na justiça global e nas questões do Sul, tais como os grupos indígenas Tebtebba Foundation Indigenous People's International Centre for Policy Research and Education (Filipinas), o Institute for Sustainable Development (Etiópia) e a Third World Network (China).

-campanhas sobre produtos químicos tóxicos e segurança, como o Centro Africano de Biossegurança, a Rede Nacional de Tóxicos (Austrália) e a Coligação de Tóxicos do Vale do Silício (EUA),

É notável que grupos tão diversos e em grande número, de todo o mundo, se tenham reunido em torno de questões fundamentais relativas às nanotecnologias. Estes grupos são heterogéneos; representam comunidades muito diferentes e, por vezes, abordam questões divergentes. É provável que todos estes grupos tenham receio de que a penetração das nanotecnologias seja suscetível de gerar sérias questões fundamentais no domínio dos alimentos, embalagens, ambiente, privacidade, ética, toxicidade, etc. Uma vez que estes grupos têm uma experiência variada no tratamento de questões como a gestão nuclear, o ambiente, os alimentos e a engenharia genética, consideram que uma abordagem conjunta consolidada tem mais probabilidades de dar frutos em questões globais. Doug Parr, da Greenpeace, afirmou em 2003, relativamente à nanotecnologia, que

"O que distingue a nanotecnologia é o facto de o seu potencial ser tão grande, para o bem ou para o mal, que vale a pena trabalhar para o conseguir. A questão mais importante é saber como é que a nanotecnologia vai ser utilizada, com que objectivos e no interesse de quem. Se a nanotecnologia vai ser tão grande como muitos pensam, então é uma questão que interessa a todas as pessoas na Terra."

Questões levantadas pelas ONG As ONG exprimiram as suas dúvidas quanto à natureza "fixa" das nanotecnologias para todas as grandes questões como a alimentação, a energia e o ambiente, sem sequer analisar em profundidade as graves desigualdades entre ricos e pobres no que diz respeito ao consumo flagrante, por um lado, e à falta de sustento básico, por outro. A nível geral, as ONG manifestaram as suas preocupações quanto à probabilidade de as nanotecnologias poderem aumentar, em vez de reduzir, os desequilíbrios ambientais e sociais.

Outras questões específicas levantadas por eles dizem respeito a -Perigos para a saúde e para o ambiente, de definições ainda desconhecidas, para uma vasta classe de pessoas (trabalhadores, médicos, cientistas, pessoal de limpeza, manipuladores, consumidores, etc.) envolvidas na investigação, produção e distribuição de produtos nanotecnológicos. Riscos para a flora, fauna, vida animal, sistemas hídricos, ar, terra, etc., devido a medidas de eliminação provavelmente inadequadas.

É indubitável que as ONG têm desempenhado um papel fundamental na recolha de dados, na sensibilização, na interação com o público, na pressão, na publicação de guias para o público sobre produtos nanotecnológicos, na realização de seminários e conferências, na formação de comités técnicos, etc. No entanto, até agora, não conseguiram obter dos governos garantias de legislação protetora no que diz respeito à gestão dos riscos antecipados para a saúde e o ambiente por parte das agências de produção. Também não foram capazes de forçar a realização de estudos exaustivos sobre o assunto antes de esses produtos chegarem aos mercados. Surpreendentemente, apesar de os organismos reguladores consultarem um vasto leque de partes interessadas, as ONG raramente são chamadas a participar no diálogo sobre questões relacionadas com a nanotecnologia (Miller & Scrinis, 2010)

Financiamento

A Iniciativa de Nanociência e Tecnologia (NSTI) foi lançada com um orçamento inicial de Rs.100/- Crores para o período 2001-2006. Posteriormente, o governo aprovou a Missão para a Nanociência e a Tecnologia com um orçamento de 1000 milhões de rúpias para o período 2007-2012 (Srivastava, 2007). Uma parte considerável da NSTI foi gasta na criação de centros de excelência (CoEs) e de infra-estruturas de investigação. Considerando que os recursos humanos constituem o principal objetivo das despesas orçamentais da NSTM. Cerca de Rs.70/- Crores foram gastos pelo DIT no desenvolvimento da microeletrónica e da nanotecnologia em 2004-06, e cerca de Rs.25/- Crores em 07-08, sendo a estimativa para 08-09 de Rs.35/- Crores (DIT, 04-10). A estimativa para 09-10 é também de 35 milhões de rúpias, mas para 10-11 é de 100 milhões de rúpias. O DIT sancionou um financiamento quinquenal de cerca de 110 milhões de euros para os seus centros no NPL, IISc e IIT Mumbai. Outro financiamento da investigação em nanotecnologias é indireto e através de outras organizações como a DRDO, CSIR, DAE, etc., em que a nanotecnologia é parte integrante de um projeto mais vasto. Um aumento muito significativo entre o financiamento do NSTI e do NSTM indica que o Governo considerou a I&D em nanotecnologias como uma necessidade imperativa.

Colaborações em I&D no domínio das nanotecnologias Apresentam-se a seguir alguns dos esforços de colaboração internacional ou de esforços conjuntos de I&D no domínio das nanotecnologias:

-Estão a ser planeadas conferências, visitas científicas e o desenvolvimento de projectos conjuntos de I&D no âmbito da NSTM. Estão a ser elaboradas modalidades para a criação de parcerias entre o meio académico e a indústria e para o acesso a instalações de investigação sofisticadas.

-A Direção Internacional de Ciência e Tecnologia (ISAD) do CSIR iniciou projectos e workshops de colaboração em nanociência e tecnologia com a França, a África do Sul, a Coreia do Sul, o Japão e a China.

-A Índia e a UNESCO assinaram um memorando de entendimento para a criação de um Centro Regional de Ensino e Formação em Biotecnologia, incluindo a nanobiotecnologia.

-A Índia, o Brasil e a África do Sul lançaram uma iniciativa tri-lateral entre os seus departamentos de ciência e tecnologia para a colaboração no domínio da nanotecnologia. Os domínios de interesse são os sistemas de administração de medicamentos, os sensores e os nanodispositivos, as células solares híbridas nanoestruturadas, etc.

-A fim de incentivar a colaboração entre cientistas da Índia e da UE no domínio das nanotecnologias, foi criado um fórum Euro-India Net no âmbito do 6º PQ entre a UE e a Índia.

-O Grupo de Cooperação em Alta Tecnologia Indo-EUA (HTCG), o Comité Indo-Alemão para a Ciência e Tecnologia, o Fórum Indo-EUA para a Ciência e Tecnologia e o Laboratório Indo-Francês para a Química do Estado Sólido (IFLaSC) são algumas das outras colaborações internacionais no domínio das nanotecnologias em que o Governo desempenhou um papel de liderança.

-Outras iniciativas incluem o incentivo à criação de redes entre cientistas e tecnólogos de origem indiana que se encontram no estrangeiro e cientistas indianos (PBD, 2003) e a I&D conjunta com institutos da Rússia, Japão, EUA e UE, entre outros.

Nanotecnologia e questões de desenvolvimento na Índia

Com o facto de o Governo da Índia ter colocado a nanotecnologia em modo de missão em 2007, é evidente que o imperativo de aproveitar o enorme potencial dessas tecnologias para o bem maior das pessoas comuns e para a construção da nação foi percebido e apreciado. No debate que se segue, pretende-se, por conseguinte, centrar a atenção em três domínios-chave - agricultura, energia e água - e compreender os desenvolvimentos e desafios no caso da Índia.

Nanotecnologia e agricultura na Índia

Desafios no sector agrícola na Índia. A Índia tem sido tradicionalmente uma economia baseada na agricultura e tem beneficiado dos avanços da ciência e da tecnologia ao longo dos anos, através das suas infra-estruturas de investigação e desenvolvimento espalhadas por todo o país. A importância deste sector como fornecedor fundamental de alimentos para as massas foi aceite por todos os partidos políticos do país. O papel de estabilidade da agricultura durante as crises internacionais também foi provado em muitos casos no passado, como em 2008, após a crise imobiliária nos EUA.

Com o aumento constante da população, a pressão sobre os recursos hídricos, os fertilizantes, os desafios ambientais, a queda dos rendimentos e da rentabilidade (que conduz ao suicídio dos agricultores), existe uma enorme pressão sobre este sector.

Por conseguinte, é necessário reorientar a I&D no domínio da agricultura para aproveitar os últimos desenvolvimentos neste domínio e reforçar e atualizar a C&T tradicional com tecnologia e investigação de ponta. A nanotecnologia, enquanto tecnologia emergente, é muito promissora para aliviar os problemas de produtividade e rendimento e para combater as pragas e doenças das culturas (Roco, 2003). Alimentar a população humana global através do aumento da produção agrícola poderá ser uma das funções mais significativas da nanotecnologia (Slamanca et al, 2005). A nanotecnologia pode ajudar em diversos domínios da agricultura, como os nanofertilizantes, os fornecedores de nutrientes, a conservação dos solos, a recuperação das suas propriedades, as modificações da estrutura das plantas e o combate à natureza. Além disso, a transformação dos produtos agrícolas, o manuseamento, a embalagem e a conservação dos alimentos, etc., são domínios promissores para os avanços da nanotecnologia.

I&D em nanotecnologia no sector agrícola na Índia. O Governo indiano nunca perdeu o foco na agricultura e sempre defendeu a importância e os investimentos em I&D neste sector. Vários peritos salientaram o impulso que pode ser dado pela utilização da nanotecnologia para melhorar a agricultura a partir das bases. Desde o Dr. Kalam (Kalam, 2006) até ao Shri Pawar (Pawar, 2007) e à DG ICAR, todos defenderam a causa da incorporação das nanotecnologias na I&D agrícola para obter benefícios sustentados. Considerando a natureza interdisciplinar das nanotecnologias, um subgrupo da Comissão de Planeamento recomendou a criação de um Instituto Nacional de Nanotecnologias na Agricultura (NINA) e de um consórcio nacional de I&D em nanotecnologias. Este consórcio poderia aproveitar o desenvolvimento através do trabalho em rede de universidades e institutos de investigação, para aumentar a produtividade, a qualidade dos produtos agrícolas e a utilização óptima dos recursos (Sastry et al, 2007). Tal resultaria num aumento do rendimento dos agricultores, numa maior disponibilidade de produtos para as massas, na redução dos custos agrícolas e da carga sobre o ambiente.

É óbvio que na Índia, com uma grande diversidade de terrenos e zonas agrícolas, as tecnologias teriam de ser desenvolvidas internamente ou, se adquiridas no estrangeiro, adaptadas às condições locais antes de poderem ser benéficas para os agricultores. Parece que, atualmente, a I&D neste domínio está a progredir a um ritmo mais lento do que noutros domínios, como a medicina e a eletrónica. Com as colaborações estrangeiras a serem uma certeza na agricultura para impulsionar a I&D na Índia, Sh MS Swaminathan apelou à criação de uma comissão reguladora nacional para a nanotecnologia (Sreelata, 2008), a fim de fornecer orientações claras sobre as transformações genéticas e os incentivos ao desenvolvimento deste domínio. Existe um receio crescente de que a corrida a este domínio sem uma regulamentação adequada em vigor possa ser prejudicial em muitos aspectos para a sociedade. Nalguns casos, optou-se por colaborações, como a que existe entre o Technologico de Monterry (México) (Michael, 2006) e a Tamil Nadu Agricultural University (Índia) no que respeita ao herbicida com nano formulação para a prevenção de ervas daninhas.

Nanotecnologia e energia na Índia

Desafios no sector da energia na Índia. Atualmente, a Índia satisfaz as suas necessidades energéticas através de importações de petróleo bruto para manter uma taxa de crescimento de 8-9%. No domínio das energias renováveis, a Índia beneficia de uma luz solar prolongada, de uma boa energia eólica, de grandes recursos hidroeléctricos e de enormes recursos bioenergéticos. A Índia ocupa o segundo lugar no desenvolvimento do biogás e o quarto no desenvolvimento da energia eólica (Urja, 2008) e utiliza tecnologias desenvolvidas a nível nacional. No entanto, a energia solar contribui atualmente com menos de 0,1% da capacidade total instalada de energias renováveis na Índia.

A investigação de sistemas solares fotovoltaicos (SPV) tornou-se o centro focal devido ao Plano de Ação Nacional para as Alterações Climáticas de 2008, sendo a missão da energia solar uma das oito missões a implementar no âmbito do plano.

Os progressos no aproveitamento da energia solar têm sido lentos devido ao facto de as tecnologias não serem ainda comercialmente viáveis. Foi também dado um novo impulso ao desenvolvimento da tecnologia fotovoltaica através da preparação de um roteiro específico. O aproveitamento da energia solar em grande escala ainda não é economicamente viável, uma vez que não estão disponíveis tecnologias mais baratas para o efeito.

O Ministério das Energias Novas e Renováveis (MNRE) criou um Centro de Energia Solar para a conceção e desenvolvimento, ensaio, normalização, formação e divulgação de informações no domínio da energia solar.

A nanotecnologia tem várias aplicações neste domínio das energias alternativas e renováveis, por exemplo: em células de combustível, nanocatalisadores e armazenamento de hidrogénio utilizando nanotubos de carbono (CNT) (CWET, 2010); em díodos orgânicos emissores de luz baseados em pontos quânticos, materiais SPV e revestimentos CNT para células solares. Estas tecnologias vão tornar a energia solar e outras fontes de energia renováveis muito mais rentáveis e eficientes, reduzindo assim a nossa dependência dos combustíveis fósseis.

I&D em nanotecnologias no sector da energia na Índia. Na Índia, a principal ênfase na intervenção nanotecnológica é colocada no domínio da energia solar e dos dispositivos de armazenamento de energia. Esta situação deve-se principalmente ao atraso da nossa I&D interna em relação às suas congéneres estrangeiras e à falta de ligação em rede entre os laboratórios e a transformação comercial da investigação avançada no mercado.

A investigação sobre SPV está basicamente orientada para nanomateriais, módulos e dispositivos de silício multicristalino, processos, dispositivos de armazenamento e sistemas de iluminação, etc. É apoiada financeiramente tanto pelo DST como pelo MNRE. Atualmente, as películas e os painéis de silício multicristalino estão a ser fabricados utilizando tecnologias provenientes do estrangeiro, bem como as desenvolvidas internamente. As empresas envolvidas neste esforço incluem: Maharishi Solar Technology, TATA-BP Solar, Signet Solar India, Moserbaer Photovoltaic, BHEL, CEL, etc.

No domínio da energia eólica, o desenvolvimento de produtos ou a investigação sobre o aproveitamento da energia eólica com nanocomponentes ainda não foram comunicados na Índia (MNRE, 2008), apesar de a importância da I&D sobre fibras de carbono e compósitos de nova geração ter sido identificada no 11.

Por conseguinte, poderá valer a pena impulsionar a investigação nascente através de colaborações ou de programas de investigação conjuntos, a fim de reduzir os prazos e alcançar os restantes países desenvolvidos e colher os benefícios da produção de energias renováveis e da redução dos custos de importação.

Nanotecnologia e água na Índia

Desafios no sector da água na Índia. A Índia enfrenta uma grave escassez de água, tanto nas fontes superficiais como subterrâneas, devido à sua utilização em grande escala para fins agrícolas, industriais e domésticos. Além disso, a qualidade da água deixa muito a desejar. Os rios e as águas subterrâneas estão poluídos. Os poluentes incluem metais pesados, matéria fecal, lixiviação subterrânea de lixeiras, poluentes agrícolas de pesticidas e fertilizantes (Mukherjee et al, 2006), salinidade, surfactantes, etc. Os custos estimados dos danos ambientais são de 9,7 mil milhões de dólares por ano, representando a água poluída 59% do valor total (Brandon et al, 1986).

Calcula-se que as nanotecnologias possam ser úteis através de aplicações como as nanopartículas magnéticas para o tratamento e a reabilitação da água, as nanomembranas para a desintoxicação e a purificação da água, a dessalinização, a degradação catalítica dos poluentes da água (Salamanca et al, 2005) por nanopartículas de TiO2, os nanossensores para a deteção de agentes patogénicos e contaminantes e os polímeros nanoporosos, as argilas attapulgite e as zeólitas nanoporosas para a purificação da água.

A utilização da nanotecnologia pode melhorar a eficiência a todos os níveis do processo de purificação da água, quer se trate de tratamento terciário para recuperação de águas residuais, águas de esgotos ou processo de dessalinização. As nanomembranas, os catalisadores, os filtros, etc., podem ser utilizados.

Os CNT foram identificados como sendo adequados para a RO e como uma alternativa à RO. Os CNT têm as vantagens de uma boa resistência, estabilidade e taxas de fluxo elevadas (Salamanca et al, 2005).

I&D em nanotecnologia no sector da água na Índia. Já se encontram no mercado três filtros de purificação de água para uso doméstico, todos eles utilizando nano partículas de prata para a purificação da água. Estes filtros foram desenvolvidos pela Tata Chemicals (SWACH), pelo Advanced Research Centre for Powder Metallurgy and New Materials (ARCI) Hyderabad (IWP, 2008), que é um laboratório autónomo do DST (o filtro é comercializado pela SBI Aquatech Hyderabad) e pelo IIT Chennai, que desenvolveu um bloco de carvão ativado com nanoprata para a remoção de pesticidas (Businessline, 2008) (comercializado pela Eureka Forbes como Aquaguard Total Gold Nova)

- Os filtros de água à base de CNT foram desenvolvidos e testados pelo Bhabha Atomic Research Centre (BARC), Mumbai (Kar et al, 2008). As instalações de investigação conjuntas da BHU e do Rensselaer Polytechnic Institute, EUA, também desenvolveram e testaram com êxito filtros de CNT para a remoção de bactérias (Srivastava et al, 2004).

- Os nanocatalisadores de TiO2 foram estudados para a remoção de clorofenol (Venkatachalam et al, 2007A), nitrobenzenos (Priya & Madras, 2006), iões metálicos (Aarthi & Madras, 2008) e bisfenol (Venkatachalam et al, 2007B). Os nanocatalisadores de Fe-Ni foram considerados eficazes para a degradação do corante laranja na água

(Bokare et al, 2007). Este trabalho está a ser realizado no ARCI Hyderabad, no ARI Pune e no BITS Goa.

- Para um controlo eficaz dos microrganismos na água, o IICT Hyderabad desenvolveu um catalisador de alumina revestido a nanoprata utilizando um método eletroquímico (Sashikala et al, 2007).

- O nano óxido de ferro-titânio e o nano óxido de ferro foram desenvolvidos no Presidency College, em Calcutá, e no IIT Kharagpur, para a remoção do arsénico da água.

- Estão em curso desenvolvimentos para tornar as estações de tratamento de água em massa que utilizam nanotecnologias muito mais eficientes e rentáveis.

Verifica-se que os sistemas de purificação da água foram desenvolvidos para satisfazer as necessidades e os requisitos locais, tanto para as zonas urbanas como para as zonas rurais. Enquanto a Tatas assumiu a liderança em toda a Índia com o seu filtro SWACH de preço muito económico (Rs900-Rs350), o filtro Eureka Forbes destina-se aos agregados familiares urbanos e tem um preço de Rs. 9000/- a Rs. 10000/- . Esperam-se novos avanços que tornarão a água potável pura para todo o país uma realidade nos próximos anos.

Capítulo 6

Aquisição de estudos de caso sobre nanotecnologias

Os estudos de caso apresentados nesta secção dizem respeito às agências que se dispuseram a permitir-me uma discussão livre, franca e justa sobre a aquisição ou transferência de tecnologia de ou para elas. Embora tenham sido feitas tentativas com muitas mais indústrias e agências governamentais, não foram frutuosas por razões de confidencialidade ou pelo facto de, na realidade, não ter acontecido grande coisa no terreno. Tive de viajar literalmente por toda a Índia para realizar os estudos de caso, como será evidente pelos locais a que dizem respeito, nomeadamente Kolkatta, Hyderabad e Kanpur. Os estudos de caso abrangem os seguintes segmentos:

A) Laboratório autónomo de I&D do Estado para a indústria privada:

Categoria Benefício social para as massas

Estudo de caso -1. ARCI Hyderabad para M/s SBP Aquatech Hyderabad

Categoria comercial

Estudo de caso 2. ARCI Hyderabad para M/s Resil Chemicals, Bangaluru

B) Empresa comum de uma agência governamental com colaboradores estrangeiros Categoria:

Estudo de caso 3. ARCI com a Zoz Gmbh Germany AG

Estudo de caso 4. ARCI com Engineered nanoProducts Germany AG

C) Empresa comum de uma empresa privada com um colaborador estrangeiro:

Estudo de caso -5. United Nanotech Products Ltd, Kolkatta com a NEI corporation U.S.A

D) Nanotechnology Intermediate Product Development and Transfer to Indian and Foreign Companies by Academic Institutes of Repute (Desenvolvimento e transferência de produtos intermédios de nanotecnologia para empresas indianas e estrangeiras por institutos académicos de renome):

Estudo de caso -6: Estudo geral das caraterísticas mais salientes das negociações que precedem os memorandos de entendimento no domínio da nanotecnologia realizados pelo IIT Kanpur.

Estudo de caso -7: estudo das caraterísticas mais salientes das negociações que precederam os memorandos de entendimento no domínio da nanotecnologia celebrados pelo IIT Delhi com a M/s Lockheed Martin Corporation U.S.A.

Começarei por abordar os estudos de caso na ARCI, Hyderabad:

A) Laboratório autónomo de I&D do Estado para a indústria privada

Perfil do Centro Internacional de Investigação Avançada em Metalurgia do Pó e Novos Materiais (ARCI)

"O Centro Internacional de Investigação Avançada para a Metalurgia do Pó e Novos Materiais (ARCI) é um centro autónomo de I&D do Governo da Índia, Departamento de Ciência e Tecnologia (DST), localizado em Hyderabad. O ARCI foi criado com a missão de desenvolver tecnologias únicas, inovadoras e tecno-comerciais viáveis no domínio dos materiais avançados e, posteriormente, transferi-las para as indústrias indianas. Embora a semente, que mais tarde levou à génese da ARCI, tenha sido lançada em 1985-86, a ARCI só se tornou um centro de I&D autónomo e de pleno direito do DST em 1997. Durante a última década, a ARCI registou um crescimento explosivo e deu passos rápidos para se estabelecer como um centro de renome mundial para o desenvolvimento, demonstração e transferência de tecnologias relacionadas com materiais.

A caraterística mais singular do mandato da ARCI está relacionada com o facto de estar centrada na indústria. No interesse da sua eventual comercialização, a ARCI demonstra as tecnologias por si desenvolvidas numa escala suficientemente grande, não só para provar a fiabilidade/consistência da tecnologia, mas também para realizar uma sensibilização eficaz do mercado. Isto também garante que a transferência subsequente de tecnologia para a indústria tem maiores hipóteses de sucesso comercial. Os esforços de transferência de tecnologia da ARCI já tiveram um sucesso substancial. Até agora, transferiu 17 tecnologias para 30 empresários em todo o país e estas tecnologias são atualmente utilizadas em diversos segmentos da indústria.

O Centro de Nanomateriais teve origem na Divisão de Metalurgia do Pó da ARCI, que existia desde o início da ARCI. O conceito de criação do Centro de Nanomateriais tomou forma no ano de 2003. Tendo em conta o facto de a ARCI dispor de competências excepcionais no domínio dos materiais, foi decidido que a ARCI se concentraria na produção de nanopós e exploraria também por sua conta a sua utilização para, pelo menos, algumas aplicações que respondessem a um grande mercado indiano ou a um mercado exclusivo da Índia. Nos últimos sete anos, o Centro fez progressos substanciais não só em termos de criação de um vasto conjunto de instalações de síntese, processamento e caraterização, mas também no sentido de avançar significativamente para o desenvolvimento de aplicações em várias áreas promissoras, incluindo a nano-prata para a desinfeção da água potável e suspensões de nano-prata altamente estáveis para aplicações têxteis antimicrobianas.

A tecnologia do filtro de vela de nanoprata foi transferida com êxito para uma empresa e o produto está no mercado com a marca PURITECH. Antes da transferência de tecnologia, o produto foi submetido a ensaios de campo durante um ano em cerca de 40 aldeias para desinfeção de água potável e foi testado em laboratório de acordo com as diretrizes da IS e da EPA. A empresa já está a operar uma unidade de produção baseada na tecnologia ARCI com uma capacidade de 1000 velas por ano.

Em colaboração com um fabricante de acabamentos têxteis, foram desenvolvidas suspensões de nanoprata altamente estáveis para aplicações antimicrobianas em têxteis. Foram desenvolvidas e fornecidas formulações de acordo com as especificações da empresa para ensaios laboratoriais nos tecidos revestidos. O tecido revestido com a formulação ARCI mostrou um excelente desempenho em termos de elevada ação antibacteriana, mesmo após 30 lavagens. A transferência de tecnologia foi concluída para a M/S Resil Chemicals Pvt Ltd Banglore". (Relatório anual da DST 2009-2010 e relatório de desempenho da ARCI 20092010)

Discussões na ARCI sobre as negociações relativas à transferência de tecnologia para a M/S SBP Aquatech e a M/S Resil Chemicals em 03 de novembro de 2010

Visitei o ARCI, o laboratório altamente aclamado do DST, em 3 de novembro de 2010, para discutir com o Dr. G Padmanabham, Diretor Associado do ARCI. Os pontos altos das discussões, relevantes para as negociações, são descritos em seguida.

Estudo de caso -1. Benefício social para as massas Categoria

TOT para M/S SBP Aquatech Pvt Ltd, Hyderabad

SBP Aquatech Pvt. Ltd

203, residência Sriramasai

6th street, colónia de Laxminagar

Saidabad-59

Hyderabad, Índia

A ARCI trabalha com o objetivo de transferir resultados de investigação de ponta, através de demonstrações em grande escala, para benefício social das massas. Por conseguinte, procurou uma indústria disposta na região de Andhra para transferir a tecnologia da sua vela de nanoprata única para a purificação da água. O produto já tinha sido extensivamente testado em cerca de 40 aldeias na região de Godavari para verificar a sua eficácia e tinha provado ser uma solução de purificação de água de baixo custo para as famílias rurais e urbanas de classe média. A M/S SBP Aquatech já se encontrava no sector dos filtros de água na região e estava disposta a considerar a transferência de tecnologia da ARCI, uma vez que esta lhe proporcionaria uma vantagem num segmento de nicho em comparação com os seus concorrentes. As vantagens de um produto topo de gama a custos muito razoáveis eram óbvias para eles. O TOT foi concluído de forma satisfatória, numa base regional, de modo a que ninguém monopolizasse a sua tecnologia, e a ARCI encontraria agora parceiros industriais noutras áreas do país. Durante as negociações, a empresa M/S SBP Aquatech analisou o TOT essencialmente do ponto de vista financeiro. Esta solução convinha-lhes porque o cálculo dos custos era efectuado em conformidade com as políticas governamentais. Além disso, o TOT incluía um apoio técnico completo da ARCI e, tratando-se de um produto de utilidade social desenvolvido por uma agência governamental, o apoio está a ser prestado mesmo para além do período estipulado no TOT. A M/S SBP Aquatech também se apercebeu de que nunca obteria uma TOT para um produto de tecnologia de ponta como este no estrangeiro a um preço tão razoável. As negociações foram, por conseguinte, vantajosas para a ARCI, para a empresa e, evidentemente, para as massas!

Estudo de caso - 2. Categoria comercial

TOT para M/S Resil Chemicals Pvt Ltd, Hyderabad

Resil Chemicals Private Limited

#28 & 30, BCIE, Old Madras Road ,

Bangaluru 560 016

A ARCI transferiu um produto nanotecnológico para a M/S Resil Chemicals Pvt Ltd, que é "Um dos principais fabricantes asiáticos de produtos e soluções de silicone, a Resil evoluiu para se tornar o nome de referência para acabamentos têxteis especializados e apoio à aplicação. Fundada em 1994, a empresa cresceu, reforçando a sua presença em mercados de rápido progresso em todo o mundo. O Centro de Investigação de Aplicações (ARC) tornou ainda mais real a visão da Resil de fornecer padrões globais para o acabamento têxtil."

Foi desenvolvida uma suspensão à base de partículas de nanoprata com excelentes propriedades antimicrobianas, que se mantêm mesmo após 30 lavagens, e a empresa está a comercializá-la através da sua empresa-mãe no Reino Unido. Uma vez que se trata basicamente de um TOT comercial, ao contrário do anterior, as negociações foram efectuadas de uma forma diferente, tendo em conta o ângulo de rentabilidade para a ARCI, de acordo com as políticas governamentais.

A transferência de know-how foi concluída em março de 2010; a marca do produto é "N9 Pure Silver" e está a ser comercializada através da N9 World technologies, um braço de marketing da Resil. O primeiro lote experimental foi exportado para a África do Sul.

Pontos gerais relativos às negociações que se reflectiram no acordo de desenvolvimento e transferência de know-how com as empresas indianas.

-As áreas de responsabilidade da ARCI e da empresa são discutidas, negociadas e claramente enumeradas para evitar qualquer ambiguidade posterior.

Os pontos financeiros negociados incluem os custos de desenvolvimento e transferência de know-how, as cláusulas de penalização por incumprimento de pagamento, o pagamento dos impostos aplicáveis, a realização de testes de caraterização, o pagamento de outros serviços diversos prestados pela ARCI (como o destacamento de pessoal, etc.)

-A conclusão da transferência é discutida com base nos requisitos de testes, documentação e formação.

-Condições de confidencialidade

-Cláusulas de força maior e de rescisão do contrato

-Cláusulas de liquidação em caso de rescisão e de liquidação em caso de outras causas, como o fracasso do projeto, etc.

-Questões relacionadas com o RIP

-E cláusulas de arbitragem e de jurisdição.

Discussões no ARCI sobre as negociações relativas à criação de uma demonstração conjunta

Centros com Zoz Gmbh e EPG nanoproducts Germany em 03 Nov 2010

Visitei o ARCI, o laboratório altamente aclamado do DST, em 3 de novembro de 2010, para discutir com o Dr. G Padmanabham, Diretor Associado do ARCI. Os pontos altos das discussões, relevantes para as negociações, são descritos em seguida.

B) Empresa comum de uma agência governamental com colaboradores estrangeiros Categoria

Estudo de caso 3. Criação de um centro de demonstração conjunto com um colaborador estrangeiro Zoz Gmbh Alemanha

Zoz Gmbh

Maltozstr. 1

57482 Wenden, Alemanha

"A Zoz GmbH é o núcleo e a empresa de materiais do Grupo Zoz e um pequeno mas global ator no fabrico de equipamentos e materiais nanoestruturados com mais de 20 anos de experiência neste campo. Para além dos dispositivos de processamento de alta cinética (Simoloyer®) para ligas mecânicas, alta energia e moagem reactiva (HKP), também oferecem equipamento para moagem e redução do tamanho das partículas, mistura e dispersão, peneiração e filtragem, atomização, desgaseificação e passivação. Os acessórios abrangem a transferência completa de materiais, o manuseamento do produto e a operação da fábrica."

A ARCI criou um centro de desenvolvimento conjunto com a Zoz Gmbh, onde o fornecedor estrangeiro criou uma instalação de moagem de bolas de alta energia para utilização em aplicações de nanomateriais. A ARCI está a explorar as aplicações industriais. A Zoz Gmbh forneceu o moinho de bolas a 50% do custo, com base num modelo de partilha de lucros, para o centro de desenvolvimento conjunto, uma vez que ajudará a ARCI não só a utilizar e a absorver a tecnologia, mas também a partilhar os lucros no futuro.

Estudo de caso 4. Criação de um centro de demonstração conjunto com um colaborador estrangeiro EPG nanoProducts, Alemanha.

Engineered nanoProducts Germany AG

GoethestraBe 30

64347 Griesheim

Alemanha

"A EPG utiliza know-how líder a nível mundial no desenvolvimento de nanoprodutos para os seus clientes. A base tecnológica e a propriedade intelectual (PI) da EPG baseiam-se nos seus próprios desenvolvimentos, bem como em numerosas licenças adquiridas, entre outros, do Instituto de Novos

Materiais de Saarbrücken. Helmut Schmidt, Dr. Martin Mennig e Dr. Klaus Endres, têm vindo a impulsionar o desenvolvimento e a comercialização de inovações na área da nanotecnologia química desde há muitos anos e a protegê-las em mais de 100 patentes de base. Para o fabrico de produtos personalizados, para além do excelente know-how desenvolvido até à data e das capacidades do departamento de desenvolvimento localizado na Lorena, está disponível uma rede internacional adicional de parceiros de investigação e desenvolvimento para assumir serviços de desenvolvimento de projectos; a conceção e a gestão de projectos permanecem na EPG. Esta rede inclui instalações de investigação de renome na Alemanha, no resto da Europa e na Ásia. Assim, a EPG está em condições de desenvolver produtos sofisticados e específicos para os clientes, com elevada eficácia, de forma versátil e em vários sectores de atividade. Para a subsequente produção em série com qualidade garantida, a EPG oferece uma estrutura organizacional eficiente que é utilizada para desenvolver a tecnologia de fabrico relevante e aplicá-la na nova unidade de produção. O alvo dos desenvolvimentos tecnológicos da EPG são os mercados globais. Neste contexto, a região económica asiática, em particular, assume uma importância crescente. Um passo importante neste domínio é a criação de um centro de desenvolvimento e produção em Hyderabad, na Índia. Este centro foi construído em colaboração com a empresa tecnológica estatal indiana ARCI".

A ARCI criou um centro de demonstração conjunto em colaboração com a EPG nanoProducts Germany para o fabrico de revestimentos nanocompostos.

Estes têm amplas aplicações no sector automóvel, na arquitetura e nos instrumentos cirúrgicos. São revestimentos resistentes a riscos e à abrasão, alguns exemplos de aplicações são em capacetes, viseiras, lentes Asphryx utilizadas por oftalmologistas, etc. O projeto já atingiu a fase piloto.

<u>Pontos gerais relativos às negociações que se reflectiram no memorando de entendimento com as empresas estrangeiras.</u>

-As negociações para a criação de centros de demonstração conjuntos com colaboradores estrangeiros são feitas de forma diferente e são efectuadas negociações muito difíceis para garantir que o máximo de benefícios reverta a favor da ARCI e, consequentemente, da Índia.

-São negociadas e discutidas responsabilidades pormenorizadas relativamente a cada parceiro. Estas responsabilidades abrangem o fornecimento de tecnologia, ferramentas, criação de infra-estruturas, documentação, testes, visitas, formação, instalação, colocação em funcionamento, estudos de condução, demonstração de capacidades, questões de fiabilidade, TOT a terceiros, a sua formação, ensaios, etc. Trata-se de uma matriz muito completa que exige muitas negociações e deliberações.

- Realização de negociações financeiras; sobre custos, moeda de pagamento, repartição dos custos individuais; repartição dos custos para o desenvolvimento conjunto.

- Partilha dos lucros da transferência bem sucedida de tecnologia para terceiros, modo de pagamento, impostos e direitos.

- Destacamento de pessoal, locais e duração.

- Questões de DPI, a ARCI negoceia a cessão exclusiva de direitos para a Índia e numa base não exclusiva para os países asiáticos e africanos. Não há venda de licenças a outras partes durante o período de vigência do MOU.

- DPI resultantes de desenvolvimentos conjuntos, apresentação de DPI na Índia e noutros países, assunção de custos, etc.

- Expedição de material (equipamento, componentes, ferramentas, documentos, etc.) pelo colaborador estrangeiro.

- Cláusulas de confidencialidade

- Garantia e caução

- Questões de resolução de litígios, jurisdição, legislação governamental e cláusulas de arbitragem.

- Língua de comunicação, etc.

Deste modo, verifica-se que, quer se trate de transferência de tecnologia ou da criação de centros de demonstração conjuntos, a ARCI efectua negociações muito abrangentes e mantém os interesses da Índia em primeiro lugar.

No final do meu encontro extremamente frutuoso com o Dr. G Padmanabham, tive a oportunidade de me encontrar com o aclamado cientista Dr. G Sundrarajan, Diretor da ARCI, e escusado será dizer que os conhecimentos por ele fornecidos sobre os desenvolvimentos no domínio da nanotecnologia na ARCI e em geral foram inestimáveis para a conclusão desta dissertação.

C) <u>Empresa comum de uma empresa privada com um colaborador estrangeiro</u>

Estudo de caso -5. United Nanotech Products Ltd, Kolkatta com a NEI Corporation U.S.A. Area: Modelo de laboratório de grande escala para a produção de nanomateriais com o know-how da M/S NEI Corp e fabrico de nanomateriais à escala comercial na UNTPL Kolkatta.

<u>Perfil da empresa comum</u>

United Nanotech Products Ltd (UNTPL)

Lote n.o 3, Howrah Poly Park

Jaladhulagori, Sankrail (NH 60)

Howrah-711313

(O perfil que se segue foi fornecido pela M/s UNTPL e foi mantido sem qualquer alteração, a seu pedido).

"A United Nanotech Products Limited (UNTPL) é o primeiro fabricante indiano de materiais avançados para o mercado das baterias de iões de lítio. A UNTPL é uma empresa comum entre a NEI Corporation, Nova Jersey, EUA, e o United Credit Group, Calcutá, Índia. A NEI Corporation é uma empresa líder no desenvolvimento e fabrico de materiais baseados na nanotecnologia para diversas aplicações industriais.

Os seus produtos incorporam nanotecnologia patenteada e ciência avançada de materiais para criar melhorias significativas de desempenho em produtos manufacturados de grande volume. Fundada em 1997 e sediada em Somerset, Nova Jersey, a NEI criou uma base sólida no domínio emergente da nanotecnologia que permitiu à empresa tornar-se líder em mercados selecionados. O United Credit Group é uma empresa bem estabelecida que existe há mais de 30 anos. O grupo está diversificado em áreas como as finanças, o desenvolvimento imobiliário, a intermediação na bolsa de valores, a indústria transformadora, etc.

As instalações de última geração da UNTPL, com 40.000 pés quadrados, utilizam processos únicos para a síntese de materiais. As operações unitárias comprovadas garantem a produção de materiais de eléctrodos consistentes e de alta qualidade em várias centenas de toneladas por ano. Esta operação emprega um processo de síntese de estado sólido escalável e económico que é adaptável a composições variadas de materiais de eléctrodos e morfologias de partículas. Assim, o processo é flexível e permite a produção de materiais à escala micrónica e à escala nanométrica.

Desde a sua criação, a empresa tem recebido um bom apoio de vários institutos e organismos governamentais. Em reconhecimento da comercialização dos materiais da próxima geração, a empresa foi parcialmente financiada pelo Conselho de Desenvolvimento Tecnológico (uma parte do Departamento de Ciência e Tecnologia, Governo da Índia). A UNTPL tem colaborações com os principais institutos de investigação da Índia e os técnicos envolvidos são alguns dos melhores no seu domínio. Com o apoio dos parceiros da empresa (NEI Corporation), dos principais institutos de investigação da Índia e das suas capacidades internas em rápida evolução, a UNTPL dispõe da melhor tecnologia e dos melhores processos para o desenvolvimento de produtos, a produção e a avaliação de materiais. Desta forma, a UNTPL tem a vantagem de satisfazer a procura dos clientes e de permitir a resolução atempada de problemas.

A United Nanotech Products Limited (UNTPL) trabalha com um modelo de negócio único que actua como uma plataforma centrada na criação de valor para o cliente. Os três principais pilares do seu sucesso são os seus parceiros de risco (NEI Corporation), os seus promotores com experiência empresarial (United Credit Group) e as suas capacidades internas comprovadas.

A NEI Corporation, com vastos conhecimentos e experiência no domínio da ciência dos materiais, trouxe para a empresa uma década de experiência em materiais para baterias, tecnologia inovadora e patenteada e um vasto know-how em matéria de processamento químico. O United Credit Group, com capacidades de fabrico comprovadas na Índia, traz consigo uma vasta gama de conhecimentos especializados em questões financeiras, gestão global, fabrico, etc. A UNTPL, através das suas operações unitárias comprovadas, traz consigo a fiabilidade do sistema, a resolução atempada de problemas, capacidades de aumento rápido de escala e modificações de processos, produtos personalizados, fluxo de novos produtos e uma sólida experiência em ciência dos materiais e processamento químico no local.

Assim, com os conhecimentos tecnológicos da NEI Corporation, a experiência operacional e de gestão do United Credit Group e as instalações de classe mundial e as capacidades internas da UNTPL, a empresa está em condições de gerar "valor para os seus clientes".

"A gama de materiais "NANOMYTE" da UNTPL inclui vários nanomateriais nanoestruturados exclusivos para cátodos e ânodos, concebidos para proporcionar um elevado desempenho quando utilizados em baterias recarregáveis à base de lítio. Utilizamos nanotecnologia patenteada e ciência avançada dos materiais para fabricar materiais económicos e de qualidade consistente.

Os materiais das baterias, quando fabricados em tamanho nanométrico, podem fornecer capacidades de alta taxa. Isto será útil em aplicações que exijam necessidades de carga e descarga rápidas. Exemplo - veículos eléctricos híbridos plug-in (PHEV), veículos eléctricos híbridos (HEV), ferramentas eléctricas, aplicações militares, etc. Estes materiais também melhoram significativamente o ciclo de vida em comparação com os micro materiais convencionais. Estes materiais oferecem também uma vasta gama de temperaturas de funcionamento.

A linha de produtos inclui vários materiais catódicos e anódicos com composições e caraterísticas de partículas pré-formuladas ou conforme especificado pelo cliente.

A UNTPL, com os seus parceiros experientes (NEI Corporation) e as suas capacidades internas, pode fornecer aos clientes soluções à medida para materiais catódicos e anódicos".

Perfil da empresa parceira

Corporação NEI

400 Apgar Dr, Suite E

Somerset, NJ 08873

"Fundada em 1997, a NEI fabrica e vende produtos à escala nanométrica, presta serviços de desenvolvimento de materiais e efectua I&D por contrato para entidades públicas e privadas. A NEI criou uma base sólida no domínio emergente da nanotecnologia, impulsionada por uma equipa de gestão experiente e por um grupo de cientistas de nível mundial. A NEI construiu uma forte infraestrutura de fabrico e I&D. A carteira de propriedade intelectual da NEI, que está protegida por múltiplas patentes, permite à NEI fornecer um valor significativo aos clientes. A sua abordagem baseada na nano-engenharia torna a incorporação de nanomateriais em produtos conveniente e fácil para os clientes. A NEI forma parcerias com clientes que lhes permitem fornecer melhorias contínuas de produtos e processos.

A NEI Corporation tem instalações de fabrico e ensaio de materiais de última geração com 10.000 pés quadrados, situadas em Somerset, NJ. Os destaques das instalações incluem fornos de alta temperatura com atmosfera controlada, equipamento de mistura, mistura e secagem, revestimentos, instrumentos de caraterização de partículas, equipamento de teste de corrosão, filmes de polímeros e caraterização de revestimentos, e um laboratório de teste de baterias de iões de lítio.

Negociar a aquisição de tecnologia de produção de nanomateriais à escala laboratorial

Conversei com Shri Shiva Prasad Bevinmarad, Presidente da UNTPL, e Shri Devashish Dabriwal, Diretor Executivo da UNTPL, em 09 de novembro de 2010, nas suas instalações em Calcutá.

Os destaques das discussões, que se estenderam muito para além dos 30 minutos previstos, relevantes para as negociações durante a aquisição de tecnologia de fabrico em escala laboratorial no que respeita a pós de nanomateriais utilizados no fabrico de baterias de iões de lítio, são descritos a seguir.

Shri Shiva Prasad Bevinmarad, Presidente da UNTPL, e Shri Devashish Dabriwal, Diretor-Geral da UNTPL, estudaram no Reino Unido para obterem os seus diplomas de pós-graduação e eram amigos íntimos quando decidiram criar uma unidade de fabrico de nanomateriais a granel. Demoraram um ano a procurar o parceiro certo para adquirir a tecnologia que pretendiam para a sua fábrica. Eram muito específicos e claros nos seus requisitos e tinham efectuado um extenso inquérito, estudos de base, estudos de modelos empresariais, estudos de mercado, etc., antes de decidirem formar uma empresa comum com a M/S NEI Corp. U.S.A.

Decidiram adquirir a tecnologia de fabrico à escala laboratorial de fosfato de iões de lítio, titanato de iões de lítio, sulfato de iões de lítio e outros nanomateriais, que são utilizados no fabrico de eléctrodos de baterias de iões de lítio. Curiosamente, não existe mercado para esses materiais na Índia, uma vez que não há nenhum fabricante que produza baterias de iões de lítio com nanomateriais. Durante o seu estudo de mercado, descobriram que existe um mercado para esse produto na China.

<u>Razões para selecionar a NEI Corporation</u> Foram citadas várias razões para selecionar a NEI Corp:

-Empresa de investigação bem conhecida no domínio dos nanomateriais utilizados nas baterias de iões de lítio, já desenvolveu a tecnologia necessária para a aquisição.

- Realiza contratos de I&D para um grande número de empresas, incluindo o Governo dos EUA, a NASA e o DOD, o DOE recebe subvenções do Governo dos EUA, etc.

- Não tem colaboração com nenhum fabricante a granel no Japão, na China ou noutro país.

- Só pode fabricar até 1000 kg de nanomateriais. O aumento de escala não é uma proposta comercialmente viável nos EUA.

- Está empenhada em aumentar a sua presença na Índia.

- É uma empresa americana, segue a cultura americana no seu espírito de trabalho

- O Diretor Executivo, Dr. Ganesh Chandan, é um indiano que estudou em Calcutá

<u>Negociações</u> As negociações prolongaram-se por mais de um ano, antes da constituição da empresa comum. Na minha opinião, as capacidades de negociação de ambos os fundadores da UNTPL, nomeadamente Shri Shiva Prasad Bevinmarad e Shri Devashish Dabriwal, são excelentes, o que é evidente pela forma como negociaram com a NEI Corp:

- Não será pago qualquer montante para a criação de instalações de fabrico à escala laboratorial na UNTPL ou para a transferência dessa tecnologia para a empresa comum.

- As linhas gerais do modelo da empresa comum consistem numa parceria de 50%-50% nos lucros obtidos com as vendas a granel.

- O know-how inicial do mercado em termos de aquisição de matérias-primas junto de fontes fiáveis será fornecido pela NEI Corp.

- Mercado do produto a granel a indicar pela NEI Corp e produto a vender em seu nome, sendo a UNTPL a unidade de fabrico a granel da NEI Corp. na Índia.

- A marca Nanomyte da NEI Corp será utilizada para a comercialização e venda dos produtos a granel.

- Desenvolvimento e expansão com a ajuda da NEI Corp

- Todos os custos relativos à instalação de uma fábrica em Calcutá serão suportados pela UNTPL e toda a administração/logística, licenças, autorizações, terrenos e maquinaria, pessoal e material, etc., em Calcutá são da responsabilidade da UNTPL

- A formação, desde o início até à produção, será assegurada pela NEI Corp.

- Todas as questões jurídicas relacionadas com os direitos de propriedade intelectual, se for caso disso, serão tratadas pela NEI Corp., uma vez que a patente para o desenvolvimento inicial é detida por esta empresa.

- Não existe qualquer restrição à UNTPL para desenvolver os seus próprios produtos no seu laboratório de I&D ou para criar uma empresa comum com outras empresas em áreas diferentes das da empresa comum com a NEI Corp.

Do que precede se conclui que as negociações foram bem conduzidas e resultaram numa empresa comum bem sucedida, que se revelou benéfica para ambos os parceiros.

Em retrospetiva Quando questionados sobre as lições aprendidas com as negociações, surgiram as seguintes conclusões:

- A atenção centrou-se totalmente na aquisição de nanotecnologia, pelo que a vertente de marketing foi parcialmente negligenciada, na medida em que não houve qualquer compromisso por parte do parceiro no caso de o produto não ter sido vendido, o prejuízo teria sido totalmente da UNTPL.

- A partilha de 50% dos lucros durante todo o tempo de vida do produto é uma pena e parece ser superior ao que a UNTPL teria pago antecipadamente pela aquisição do saber-fazer.

- Poderiam ter sido incorporados benefícios suaves, como a criação da marca UNTPL ou o acesso aos mercados dos EUA. Tal teria permitido que os produtos desenvolvidos pela UNTPL chegassem ao mercado muito antes do seu ciclo de vida.

A UNTPL já tomou medidas para despoletar estes pontos, desenvolvendo os seus próprios materiais avançados, como produtos de iões de lítio revestidos a carbono, que darão às baterias uma vida útil de até 15 anos.

D) <u>Desenvolvimento de produtos intermédios no domínio da nanotecnologia e transferência para empresas indianas e estrangeiras por institutos académicos de renome</u>

Estudo de caso -6: estudo geral das caraterísticas mais salientes das negociações que precedem os memorandos de entendimento no domínio da nanotecnologia realizados pelo IIT Kanpur.

O texto que se segue diz respeito à criação de um Centro de Nanotecnologia no IIT Kanpur, pelo que, a pedido do Diretor do Centro, foi mantido tal como consta da documentação original.

"A iniciativa nacional em matéria de nanociência e tecnologia financiou uma proposta interdisciplinar única para a criação de um "Centro de Nanotecnologia" no IIT Kanpur, onde se poderá desenvolver tecnologias baseadas na nanociência em rápido desenvolvimento. No IIT Kanpur, o projeto foi formulado para levar a cabo, na sua primeira fase, o desenvolvimento tecnológico nas três áreas inter-relacionadas seguintes:

-Desenvolvimento de eletrónica orgânica imprimível com etiquetas RFID orgânicas como primeiro protótipo de demonstração,

-Tecnologias de polímeros baseadas na modelação à escala nanométrica e mesométrica com aplicações em fluidos, sensores e fabrico de estruturas programáveis, e

-Desenvolvimento de uma ferramenta versátil de feixe de iões focalizados baseada num feixe de iões de plasma de micro-ondas para aplicações de modelação e modelação de materiais macios e substratos.

O projeto foi iniciado em janeiro de 2007 com um custo atual de cerca de 12,0 milhões de euros para um período de 5 anos.

<u>Estratégias:</u>

-Parceria ativa com parceiros industriais e agências de utilizadores: O desenvolvimento tecnológico não é possível isoladamente do mercado ou dos utilizadores finais. Os investigadores e os docentes devem estar constantemente em contacto com as realidades industriais através de uma parceria ativa com as indústrias relevantes. As indústrias precisam de ser sensibilizadas para o potencial destas tecnologias emergentes. Este projeto procura reunir agências de utilizadores como os caminhos-de-ferro, as indústrias automóvel e aeroespacial numa colaboração ativa.

O desenvolvimento de produtos centra-se nos produtos essenciais que conduzem a um vasto leque de aplicações. Possibilitar a formação de equipas sinérgicas de indivíduos criativos e dar-lhes liberdade e flexibilidade.

- Dirigiu a consolidação de uma variedade de projectos de menor dimensão em projectos de nanociência e nanoengenharia.

- Criação de instalações centralizadas para equipas altamente interdisciplinares, a fim de lhes permitir contribuir a níveis progressivamente mais elevados da cadeia de valor no desenvolvimento tecnológico.

- Gerir projectos de missão com sensibilidade para as necessidades académicas de diversidade e liberdade.

Objectivos do Centro A importância da nanociência e da nanoengenharia é amplamente reconhecida e tem havido um surto de investigação, desenvolvimento e invenções nesta área. São necessários esforços concentrados e sinérgicos para completar a cadeia de inovação, permitindo a sua utilização em dispositivos práticos e, em última análise, convertendo-os em tecnologias. Nesta perspetiva, foi criado o Centro de Nanotecnologias com os objectivos de:

a) Fornecer instalações e sistemas que permitam a demonstração de protótipos de dispositivos que utilizem ideias e invenções no domínio das nanociências e tecnologias, colocar os frutos das nanotecnologias à disposição das agências utilizadoras e promover a interação entre a indústria e o mundo académico com essas tecnologias como foco;

b) Criação de instalações que permitam o desenvolvimento de dispositivos baseados em nanotecnologias, com uma incidência inicial específica na eletrónica imprimível utilizando materiais macios como sólidos moleculares e polímeros e suas heteroestruturas com sistemas inorgânicos;

c) Incentivar os investigadores em nanotecnologia a tirar partido das capacidades de nanopadronização e de estruturas em materiais moles para aplicações em fluidos, sensores e fabrico;

d) Desenvolvimento de ferramentas tecnológicas como o feixe de iões focalizados como produto e demonstração das suas capacidades na prototipagem de dispositivos baseados na nanotecnologia;

e) Proporcionar uma plataforma académica, liderança, base de conhecimentos e tecnologias facilitadoras nas áreas em rápida mutação da eletrónica de polímeros e da nanoengenharia, com base em investigação fundamental contínua, inovações, brainstorming e trabalho em rede com a indústria, organizações de investigação e instituições de ensino.

f) Formação de estudantes licenciados, investigadores associados, bolseiros de pós-doutoramento e professores de outros institutos/universidades nas áreas emergentes dos nanomateriais, nanotecnologia e dispositivos à base de polímeros, criando assim uma base de peritos no nosso país".

Alguns memorandos de entendimento relativos a projectos de nanotecnologia no IIT Kanpur Alguns dos memorandos de entendimento em vigor no IIT Kanpur são enumerados a seguir:

g) nilever Industries Private Limited, Bangalore. Projeto de investigação sobre a criação de micro-nano partículas com morfologias adaptadas através da ejeção de jactos de líquidos dissimilares em co-corrente.

h) Procter & Gamble Company, Ohio. Para o projeto de investigação intitulado "Understanding Adhesion & Contact Mechanics of Microparticles with Substrates".

i) romozInc. EUA. Para o projeto de investigação intitulado "development of drug delivery process with water soluble nanotube". Conceber e desenvolver ferramentas de bioinformática, a executar em plataformas de computação paralela, para modelação molecular e descoberta de fármacos, síntese orgânica/molecular e investigação em nanotecnologia

j) Departamento de Ciência e Tecnologia (DST) e Lifecare Innovations Pvt.Ltd. Para o desenvolvimento de PLG para nanoencapsulação de medicamentos contra a tuberculose para sistemas de libertação sustentada de medicamentos.

k) ata Research Development and Design Centre (TRDDC) 54-B, Hadapsar Industrial Estate, Pune. Para o desenvolvimento de nanofibras para purificadores de ar

l) RDO (MOD). Para fatos NBC e desenvolvimento de nanosensores

Negociar com o comprador a aquisição de tecnologia de produção de nanomateriais em escala laboratorial Visitei o IIT Kanpur em duas ocasiões no passado. Na primeira visita, em 25 de março de 2008, encontrei-me com o Dr. Bikramjit Basu, professor associado do Departamento de Engenharia de Materiais e Metalúrgica. A visita teve como principal objetivo familiarizar-me com os esforços de I&D que estão a ser desenvolvidos no IIT Kanpur no domínio da nanotecnologia. Durante a segunda visita, em 29 de dezembro de 2010, fui com o objetivo específico de discutir a forma como eram conduzidas as negociações que precediam os memorandos de entendimento, em que as indústrias privadas solicitavam tecnologias desenvolvidas ou a realização de projectos relacionados com as nanotecnologias.

Os pontos altos das minhas discussões com o Dr. Ashutosh Sharma, professor catedrático do IIT Kanpur, são apresentados nos parágrafos seguintes.

Neste centro, toda a tecnologia é desenvolvida internamente e nenhuma tecnologia foi adquirida no estrangeiro. Dado que estavam em vigor vários memorandos de entendimento e que muitos deles estavam vinculados por cláusulas de confidencialidade, decidiu-se discutir os aspectos gerais das negociações que se realizam entre o IIT Kanpur e o candidato a um produto nanotecnológico.

Pontos gerais

De um modo geral, verifica-se que as empresas indianas não estão interessadas em tecnologia de ponta e não estão interessadas em nanotecnologia.

-As multinacionais estão a explorar as fronteiras da nanotecnologia e concederam várias bolsas de investigação ao IIT Kanpur. Os acordos assumem a forma de memorandos de entendimento. O direito de primeira utilização após uma investigação bem sucedida pertence à empresa que patrocinou a investigação. Se considerar que o resultado final é útil, avança com o processo de registo de patentes. Caso contrário, o IIT Kanpur pode avançar com o processo de patentes.

-As empresas multinacionais também fazem investimentos simbólicos em I&D apenas para mostrar que estão a apoiar a investigação nacional, e estes investimentos devem ser eliminados, uma vez que não incentivam a investigação séria, embora possam trazer fundos para os institutos.

-Não é recebida qualquer tecnologia/processo do exterior, uma vez que o IIT Kanpur está ele próprio empenhado na investigação. As empresas multinacionais estrangeiras efectuam as devidas diligências, identificam os cientistas envolvidos na investigação e assinam memorandos de entendimento com as instituições em causa.

-As patentes e os direitos de propriedade intelectual são uma enorme zona cinzenta. As patentes indianas só são aplicáveis na Índia. O processo é moroso e fastidioso e qualquer pessoa dos EUA/Europa, etc. pode copiá-lo e utilizá-lo fora da Índia. Para requerer uma patente americana, as taxas são de 50000 dólares. Após dois anos, é necessário pagar um determinado montante para manter a patente. Depois de tanto esforço, esta patente só é aplicável nos EUA. É necessário apresentar pedidos de patente separados na Europa, em Taiwan, na Coreia, etc. Perante este cenário, os cientistas indianos não estão interessados em registar patentes. Agora, um diretor reformado do IIT de Bombaim, o Dr. Ashok Sharma, abriu uma empresa em Bangalore chamada "Intellectual Ventures", que recolhe estas invenções, apresenta-as às agências interessadas, regista as patentes, se necessário, e faz todo o trabalho jurídico, ou vende a invenção à parte interessada mediante o pagamento de uma determinada comissão.

-Foi também salientado que a investigação de ponta raramente resulta no desenvolvimento de produtos completos e escaláveis para os mercados comerciais. A investigação nanotecnológica, por exemplo, resulta no desenvolvimento de tecnologias incrementais que podem depois ser adaptadas por empresas interessadas para diferentes aplicações. Embora estas tecnologias incrementais estejam disponíveis no domínio público, a sua exploração efectiva não é conhecida devido ao secretismo adotado pelas empresas.

Pontos específicos da negociação

-É importante negociar os procedimentos de resolução de conflitos, a jurisdição dos respectivos tribunais, ou as cláusulas, que devem ser discutidas e não devem ser deixadas como questões de rotina, especialmente quando se trata de empresas multinacionais, uma vez que, em caso de litígio, não será possível resolver os casos no estrangeiro.

-As cláusulas de arbitragem também devem ser cuidadosamente negociadas.

-O IIT Kanpur insiste em que os DPI permaneçam em nome do IIT Kanpur e que o inventor seja o cientista que efectuou a invenção. O direito exclusivo de utilização depende novamente de negociação. O comprador retém normalmente o primeiro direito de utilização comercial, mas a determinação e o pagamento de royalties durante o tempo de vida do produto é uma questão difícil, pelo que geralmente é negociado um pagamento de montante fixo.

-O IIT Kanpur introduz uma cláusula suplementar relativa à venda do desenvolvimento pelo comprador a um terceiro; nesse caso, o IIT negoceia uma participação nas receitas. -A publicação da invenção é possível se a proteção através do pedido de patente tiver sido efectuada.

-O preço é negociado com base no custo dos novos equipamentos necessários (que passam a ser propriedade do IIT Kanpur, uma vez terminado o projeto); utilização prevista das instalações existentes, materiais de consumo, horas de trabalho necessárias, custos gerais para o instituto (cerca de 30%), encargos de consultoria, etc.

- A avaliação do projeto é geralmente feita pelo comprador.

- Os prazos são negociados, com disposições de prorrogação, porque na I&D em desenvolvimento não se tem a certeza de cumprir os prazos.

Benefícios sociais Devido à ênfase adequada nas negociações, o IIT Kanpur ganha com a produção de cientistas bons e curiosos, para além de se verificar que cerca de 80% dos cientistas permanecem no IIT.

Lições aprendidas

- Os projectos não devem ser aceites apenas devido à entrada de fundos, devendo ser julgados com base em benefícios tangíveis e não tangíveis susceptíveis de reverter a favor dos cientistas e do instituto.

- O objetivo superior de produzir bons cientistas deve ser a principal consideração; por conseguinte, o valor do projeto deve ser determinado pelo nível de aprendizagem que vai proporcionar. Este aspeto é importante, uma vez que o IIT Kanpur não é uma agência de produção, mas sim uma sede de aprendizagem.

- A flexibilidade nas negociações é muito importante.

- A tónica deve ser colocada na construção de uma relação a longo prazo, pelo que também podem ser feitos pequenos compromissos.

- Nunca se deve esquecer que o comprador também é bem qualificado, pelo que não se deve tentar ser falso. As pessoas vêm para o IIT Kanpur devido à sua reputação de investigação de primeira classe; por conseguinte, este facto deve ser sempre tido em conta nas negociações.

Estudo de caso -7: Estudo das caraterísticas principais das negociações que precedem os memorandos de entendimento em nanotecnologia celebrados pelo IIT Delhi com a M/s Lockheed Martin Corporation U.S.A.

Negociar com o comprador a aquisição de tecnologia de produção de nanomateriais em escala laboratorial

Visitei o IIT Delhi em algumas ocasiões para me familiarizar com a investigação em curso no domínio da nanotecnologia e para compreender os aspectos mais salientes do trabalho inovador que está a ser realizado neste prestigiado instituto. No passado, tive reuniões com vários cientistas, entre os quais se destaca o Dr. Vikram Kumar, que foi Diretor do Laboratório Nacional de Física, antes de assumir o cargo de professor no IIT de Deli. Em 6 de outubro de 2010, encontrei-me com o Prof. B R Mehta, no departamento de Física, a propósito de um memorando de entendimento assinado entre o IIT Delhi e a M/s Lockheed Martin Corporation U.S.A. para "Investigação nanobiológica e desenvolvimento tecnológico". O conteúdo e o trabalho real que está a ser realizado estão abrangidos pela cláusula de confidencialidade; no entanto, soube-se que o IIT Delhi está a realizar desenvolvimentos nas áreas gerais de; desenvolvimento de dendrímeros poliméricos (nanopartículas para deteção de agentes patogénicos), síntese de nanopartículas metálicas com tamanho controlável e distribuição estreita, desenvolvimento de fibras nanocompósitas bioactivas, nanopartículas poliméricas biodegradáveis e biocompatíveis para utilização em pensos para feridas, nanopartículas magnéticas como biossensores e desenvolvimento de dendrímeros poliméricos biodegradáveis para diagnóstico e tratamento do cancro.

Pontos gerais

- A M/s Lockheed Martin gere um programa de inovação Lockheed Martin, ao abrigo do qual financia vários institutos de investigação governamentais e privados de renome, em áreas de interesse que podem ser desenvolvidas e utilizadas em produtos comercializáveis.

- O IIT Delhi está interessado em acordos de cooperação com empresas comerciais de renome para:

-Fonte dos fundos de investigação.

-Experiência e reconhecimento da empresa/indústria que permite transformar o desenvolvimento num produto comercializável. Assim, o investigador pode efetivamente ver o produto sair do laboratório e entrar no mercado.

-Proporcionar aos bolseiros de investigação uma experiência de I&D industrial em tempo real enquanto trabalham no projeto.

Pontos específicos da negociação Foram negociados os seguintes pontos principais entre o IIT Delhi (IITD) e a M/s Lockheed Martin (LM):

-Informações pormenorizadas sobre o financiamento, o desembolso, os instrumentos, etc.

-A publicação pode ser efectuada após acordo prévio e ambas as partes devem ser mencionadas no artigo.

-Nenhuma das partes pode utilizar o nome da outra para fins promocionais ou publicitários.

-Os DPI continuarão a pertencer ao IITD e à LM no que diz respeito à propriedade intelectual desenvolvida exclusivamente por cada um. Em caso de desenvolvimento conjunto, os DPI serão detidos conjuntamente. No entanto, o IITD é livre de utilizar o desenvolvimento para novas investigações no domínio.

-O IITD concederá à LM direitos isentos de royalties para utilizar o desenvolvimento efectuado pelo IITD para a sua investigação interna e também para utilização nos domínios das aplicações militares e governamentais dos EUA, bem como das aplicações governamentais e de defesa do Reino Unido, Austrália e Canadá.

O custo total da patenteação do desenvolvimento conjunto seria suportado pela LM.

-O trabalho efectuado pelo IITD deve ser um trabalho de investigação original.

-Linhas de tempo provisórias.

-Revisão periódica do projeto para facilitar o alinhamento da direção da investigação com os objectivos pretendidos do LM.

-Avaliação das fases do projeto por uma terceira parte, que fornece depois um feed back ao gestor orçamental.

-Cláusulas de força maior.

-Disputas e cláusulas de arbitragem.

Capítulo 7

Conclusão

A nanotecnologia é uma ideia em que a maioria das pessoas simplesmente não acreditava. Ralph Merkle

Uma definição comum de nanotecnologia é "a *capacidade de fazer coisas - medir, ver, prever e fabricar - à escala dos átomos e das moléculas e de explorar as novas propriedades encontradas a essa escala"*. No que diz respeito à caraterização das nanotecnologias através da distinção entre os processos de fabrico de cima para baixo e de baixo para cima, a tecnologia de cima para baixo refere-se ao *"fabrico de estruturas à escala nanométrica através de técnicas de maquinagem e de gravação"*. No entanto, top-down significa mais do que apenas miniaturização, porque ao nível da nanoescala entram em ação diferentes leis da física, as propriedades dos materiais tradicionais mudam e o comportamento das superfícies começa a dominar o comportamento dos materiais a granel. Por outro lado, a tecnologia ascendente - frequentemente designada por nanotecnologia molecular (MNT) - aplica-se à criação de estruturas orgânicas e inorgânicas, átomo a átomo ou molécula a molécula. É este domínio da nanotecnologia que tem suscitado maior entusiasmo e publicidade. No que diz respeito ao financiamento das nanotecnologias pelas nações, tem-se afirmado que o poder militar está na base do impulso dado às nanotecnologias e que, no caso dos EUA, os planeadores militares podem mesmo estar a orientar a investigação governamental no domínio das nanotecnologias. O crescente interesse estratégico das grandes e pequenas nações nas nanotecnologias é evidenciado pelo aumento do investimento público em nanotecnologias. Estima-se que cerca de 4 mil milhões de dólares americanos sejam afectados à I&D global em nanotecnologias e que o investimento público dos líderes em nanotecnologias tenha aumentado rapidamente entre 1997 e 2002 (503%).

No entanto, o efeito que a nanotecnologia terá no mercado durante a próxima década é difícil de estimar devido a aplicações potencialmente novas e imprevistas. Por exemplo, se a simples redução da microestrutura dos materiais existentes puder ter um grande impacto no mercado, isso poderá, por sua vez, conduzir a todo um novo conjunto de aplicações. Parece razoável supor que, durante os próximos dois a três anos, a maior parte da atividade no domínio das nanotecnologias continuará a ser na área da investigação, e não em projectos ou produtos concluídos. Atualmente, existem 455 empresas públicas e privadas, 95 investidores e 271 instituições académicas e entidades governamentais que estão envolvidas nas aplicações a curto prazo da nanotecnologia em todo o mundo. A National Science Foundation prevê que o mercado total de produtos e serviços nanotecnológicos atinja 1 bilião de dólares em 2015. Contudo, considera-se que o pico da atividade científica ainda está para vir, possivelmente dentro de alguns anos, e que a exploração em grande escala dos resultados nanotecnológicos poderá surgir no final da década. Prevê-se na NSF que "os primeiros resultados serão obtidos nos domínios da informática e dos produtos farmacêuticos", sendo também claro que a medicina é um mercado enorme, o que implica que as receitas da nanotecnologia neste domínio poderão ser substanciais. Por outro lado, devido aos elevados custos iniciais envolvidos, "os bens e serviços baseados em nanotecnologias serão provavelmente introduzidos mais cedo nos mercados em que as caraterísticas de desempenho são especialmente importantes e o preço é uma consideração secundária".

Como nota de precaução, a utilização não controlada a longo prazo da nanotecnologia em aplicações militares pode conduzir a resultados desastrosos para a humanidade. Diz-se que "uma vez disponível a tecnologia de base, não seria difícil adaptá-la como instrumento de guerra ou de terror". Além disso, os desenvolvimentos nanotecnológicos na refinação de materiais nucleares e na conceção de armas nucleares de quarta geração, juntamente com o fabrico de novos tipos de explosivos, podem ser perigosos e desestabilizadores. Isto poderia levar a uma corrida às armas nano tecnológicas, uma vez que estas armas podem ser desenvolvidas sem comprometer o Tratado de Proibição Total de Testes Nucleares.

Aplicações da nanotecnologia. A apreciação das aplicações civis e militares da nanotecnologia foi feita nesta dissertação com algum pormenor. No que respeita à agricultura e à indústria alimentar, verifica-se que é provável que se registem enormes melhorias com as aplicações e os desenvolvimentos da nanotecnologia. Entre elas, contam-se a deteção e o tratamento de doenças em plantas, nanosensores e sistemas de distribuição para combater agentes patogénicos e vírus, e catalisadores nanoestruturados para produzir herbicidas e pesticidas muito melhores. Isto conduzirá a um ambiente melhor, juntamente com os avanços da nanotecnologia nas energias renováveis e nos agentes de eliminação da poluição do ar e da água. No domínio da energia, os projectos nanotecnológicos mais avançados são: armazenamento, conversão, melhoramentos no fabrico através da redução dos materiais e das taxas de processamento, poupança de energia (por exemplo, através de um melhor isolamento térmico) e fontes de energia renováveis melhoradas. Mais especificamente em produtos como baterias, catalisadores de fabrico, células de combustível, células solares e materiais leves e resistentes, entre outros. Há desenvolvimentos dignos de nota na nanotecnologia e na sua relevância para o domínio da energia, prevendo-se que estes conduzam a avanços e soluções para as questões da sustentabilidade, da poluição e das energias renováveis. A nanotecnologia é promissora para as tecnologias de energias renováveis. Por um lado, o controlo preciso da matéria a nível atómico e molecular é um requisito para as energias renováveis, como a energia solar fotovoltaica, que pode ser barata com uma fina camada de material ativo num substrato barato, como o plástico, que é muito mais barato e mais leve do que o vidro. Por outro lado, as tecnologias de energias renováveis poderiam beneficiar de apoios financeiros e de incentivos públicos nos primeiros anos. O principal objetivo das energias renováveis (ER) a longo prazo é serem competitivas em termos de custos. Por exemplo, a construção de células solares com nanocamadas ou nanobastões poderia aumentar significativamente a quantidade de eletricidade convertida a partir da luz solar, utilizando superfícies nanoestruturadas como absorventes de luz mais eficazes (variação dos comprimentos de onda de absorção por pontos quânticos) e eléctrodos nanoporosos. No mundo da medicina, novos testes de diagnóstico que utilizem a nanotecnologia para quantificar biomarcadores relacionados com doenças poderão oferecer uma avaliação de risco mais precoce e personalizada, antes do aparecimento dos sintomas. As nanotecnologias poderão melhorar os testes de diagnóstico in vitro, fornecendo tecnologias de deteção mais sensíveis ou melhores nanomarcadores que podem ser detectados com elevada sensibilidade quando se ligam a moléculas específicas de doenças presentes na amostra. Uma das principais aplicações da nanotecnologia é o desenvolvimento de sistemas de administração de medicamentos direcionados. Os desenvolvimentos incluem também o fornecimento de calor, luz ou outras substâncias às células afectadas. Os danos causados às células saudáveis são reduzidos, uma vez que estas partículas especialmente concebidas se ligam apenas às células doentes.

No sector da disponibilização de água potável pura para as massas, há três áreas em que os desenvolvimentos nanotecnológicos estão a centrar-se na purificação da água. A remoção de sal e metais da água está a ser tentada através da utilização de eléctrodos desionizantes à base de nanofibras. A remoção de vírus é muito promissora quando se utilizam nanofiltros para purificar a água. Por último, a remoção de produtos químicos industriais, como agentes de limpeza, etc., das águas subterrâneas está a ser tentada através da utilização de nanopartículas para os tornar inofensivos. A nanotecnologia está a ser utilizada de duas formas para reduzir a poluição atmosférica, nomeadamente, no melhoramento dos catalisadores atualmente utilizados e no desenvolvimento de nanomembranas para o futuro. Outras aplicações incluem a utilização em tecidos, artigos de desporto, produtos domésticos, tecnologia espacial e eletrónica, etc. Assim, a nanotecnologia está pronta a penetrar em quase todos os sectores da ciência e da indústria e as suas aplicações estão a crescer exponencialmente.

Em aplicações militares, a nanotecnologia tornou as PGMs mais potentes. e que "Com nano componentes de navegação, muitas munições burras - obuses, morteiros e foguetes - poderiam ser adaptadas e transformadas em armas do tipo PGM. As munições não guiadas com uma probabilidade de erro circular de 250 metros poderiam melhorar instantaneamente para alguns metros". O aumento da precisão das munições convencionais exigiria um número muito menor de munições para desativar um alvo. Além disso, o inimigo, quando confrontado com uma barragem de PGM, teria de investir em sistemas anti PGM (antiaéreos, anti-interferência, contramedidas, etc.), instalações subterrâneas, mais áreas de dispersão, etc. Isto, de um modo geral, muda o enfoque do inimigo de investimentos ofensivos para investimentos defensivos. Uma opinião do gabinete de investigação fundamental do Pentágono sugere que "a nanotecnologia é um dos programas científicos e tecnológicos de maior prioridade no Departamento de Defesa. A nanotecnologia é um "multiplicador de forças, tornar-nos-á mais rápidos e mais fortes no campo de batalha". Desde a Segunda Guerra Mundial, os EUA têm sido os primeiros a introduzir muitas novas tecnologias militares, pelo que não é de surpreender que, na Iniciativa Nacional de Nanotecnologia dos EUA, os militares recebam uma parte considerável dos fundos; entre 26 e 32% nos anos fiscais de 2000-2004.

Implicações estratégicas para a Índia. Foram salientadas três áreas com implicações estratégicas para a Índia: em primeiro lugar, o desenvolvimento de armas nucleares, em segundo lugar, o envolvimento da diáspora indiana no programa de armamento dos EUA e, por último, os progressos efectuados pela China no domínio da nanotecnologia. Estes aspectos devem ser tidos em conta na elaboração das nossas políticas futuras em matéria nuclear, na posição política na Ásia e no desenvolvimento das relações com os EUA no domínio da ciência e da tecnologia. A nanotecnologia tornou-se fundamental para as armas nucleares e o seu impacto no aperfeiçoamento e conceção de novos tipos de armas, tanto convencionais como nucleares, já não é discutível. Este facto chamou a atenção dos decisores políticos nos mais altos escalões do poder. Vimos que a caraterística subjacente a uma bomba nuclear de quarta geração reside no seu dispositivo de ativação (compressão magnética, superlaser, etc.) que inicia uma mistura de deutério-tritium conducente a uma explosão termonuclear. O dispositivo não pesa mais do que alguns quilogramas e a potência pode ser equivalente ao TNT, desde fracções de tonelada até dezenas de toneladas. Estas bombas enquadram-se bem nos limites de quilotoneladas a megatoneladas do CTBT e também não são abrangidas pelas restrições de "não utilização pela primeira vez". Utilizam material de cisão em quantidades muito pequenas, o que resulta numa precipitação radioactiva negligenciável. Os peritos afirmam que "os seus defensores defini-las-ão como armas nucleares "limpas" - e possivelmente estabelecerão um paralelo entre a sua utilização no campo de batalha e as consequências da utilização de munições de urânio empobrecido". A Índia deve orientar os esforços de I&D para o desenvolvimento não só de armas nucleares de quarta geração, mas também de armas nucleares tácticas com ogivas nanotecnológicas que não são abrangidas pelo CTBT/NPT.

"Não encontraram ouro debaixo de nenhuma pedra que tocaram e transformaram, mas transformaram em ouro sólido todas as pedras que tocaram." -Vishwamitra Ganga Aashutosh, poeta mauriciano

Nos EUA, um grande número de PIOs/NRIs está a trabalhar em vários programas de armamento e algumas das áreas foram destacadas no capítulo dois. Na minha opinião, estes poderiam constituir activos estratégicos. A Índia deve criar uma rede de conhecimentos da diáspora dinâmica e dedicada à partilha de conhecimentos estratégicos em matéria de ciência e tecnologia, à semelhança de outras redes informais que existem atualmente e também do "Virtual Laboratory Toolkit" da UNESCO.

A China parece ter entrado tardiamente na cena nanotecnológica, uma vez que não havia praticamente quaisquer pormenores disponíveis sobre o seu envolvimento na nanotecnologia antes de 2000. A acreditar nos relatórios provenientes da China, esta tornou-se atualmente uma indústria florescente de vários milhares de milhões de yuans em centros urbanos como Xangai, Pequim e Hangzhou. No domínio da investigação fundamental e da tecnologia avançada, a exploração e a inovação são as principais prioridades; nas aplicações, o desenvolvimento de nanomateriais é o principal objetivo para o futuro próximo. O desenvolvimento da bionanotecnologia e da tecnologia nanomédica é um objetivo principal a médio prazo, enquanto o desenvolvimento da nanoelectrónica e dos nanochips é um objetivo a longo prazo. Dado que o programa chinês de nanotecnologia se baseia na estratégia militar global em matéria de nanotecnologia, é necessário que melhore as capacidades e a eficiência da defesa através do desenvolvimento de nanomateriais específicos para fins militares, nanoaeronaves, nanotecnologias de motores, nanossensores e nanossatélites, etc. Há especulações sobre o programa de armas nucleares da China, mas nada de concreto foi citado até agora, mas é uma questão de tempo até que estas tecnologias de dupla utilização se transformem em armas nucleares estratégicas de quarta geração e também em armas nucleares tácticas na gama de 10 a 100 KT TNT, que é inferior aos níveis do TNP. A Índia deve intensificar o seu controlo da China nos domínios das tecnologias emergentes e capitalizar o impulso dado a áreas em que a Índia é excelente, nomeadamente centros de conhecimento e unidades de produção menores, em vez de se aventurar em áreas em que a China é forte.

Contornos económicos. Tendo obtido uma boa compreensão das nanotecnologias, é natural perguntar se e como estas afectam a segurança nacional e o poder económico de uma nação. Os conflitos modernos, desde a guerra convencional às disputas diplomáticas, têm envolvido cada vez mais a economia de alguma forma. As nações utilizam instrumentos económicos para atingir objectivos, procuram recursos económicos como metas nacionais ou são afectadas por acontecimentos económicos que influenciam a sua segurança nacional. Tanto os intervenientes estatais como os não estatais utilizam o poder económico para fazer a guerra e para influenciar acontecimentos a nível regional ou global. As considerações económicas vão desde o simples acesso a recursos como a água ou matérias-primas, passando pela transformação de recursos em produtos acabados ou serviços, até ao fornecimento de recursos financeiros. A capacidade de reunir, transformar e utilizar recursos é uma componente essencial da segurança nacional. As operações militares e outras acções de segurança nacional dependem frequentemente dos resultados da capacidade económica. Sem a capacidade de produzir, financiar ou apoiar as principais actividades de segurança nacional, uma nação teria uma capacidade limitada para proteger os seus interesses nacionais e internacionais. O ambiente em mudança alterou a ênfase nos elementos nacionais de poder, de modo que o poder militar não é necessariamente o principal instrumento coercivo nas relações internacionais, e o poder económico adquiriu uma importância crescente.

Atualmente, as questões económicas desempenham um papel fundamental nos conflitos. A tecnologia avançada, os contratantes no campo de batalha, as forças armadas voluntárias (que tendem a ser mais caras do que os exércitos de conscritos), a reconstrução de nações devastadas pela guerra e outras considerações tornam a guerra e o conflito dispendiosos. Os países não dispõem de recursos inesgotáveis para conduzir longas guerras, mesmo que exista uma ameaça direta e desesperada à sobrevivência nacional. Questões relacionadas com o tesouro nacional, a procura dos consumidores, as restrições laborais, as finanças e outras considerações económicas podem influenciar o sentimento público contra um conflito. Se uma nação travar uma guerra ou tomar outras medidas para isolar outro Estado, os investidores de todo o mundo ficam nervosos. Os mercados de acções e de mercadorias podem afetar as condições financeiras e criar reacções imprevistas. Estas reacções podem criar condições adversas susceptíveis de forçar uma mudança de estratégia por parte da nação que tenta influenciar o comportamento de um rival.

A economia é um elemento do poder nacional. Normalmente, um dos principais interesses nacionais de uma nação é manter uma economia viável para garantir um certo nível de vida aos seus cidadãos. Os Estados podem utilizar o poder económico para dissuadir, obrigar, coagir, lutar e até reconstruir um antigo adversário para satisfazer uma necessidade específica. A economia torna-se uma componente vital dos fins, formas e meios da segurança. Quer a economia seja uma forma ou um meio de alcançar um interesse nacional, quer seja uma causa ou uma motivação para tomar uma ação, os líderes nacionais devem prestar atenção a este fator de segurança cada vez mais significativo.

A intervenção económica ou a retirada da economia de uma nação estrangeira - por oposição ao apoio à sua dívida - pode ter um grande efeito na saúde financeira de uma região ou de um país. Normalmente, os governos não participam diretamente na economia de outra nação. No entanto, a participação direta na economia de outra nação através de empresas privadas é muito comum. Dependendo do clima político e empresarial do país de origem da empresa, essa participação pode proporcionar um certo grau de poder a esse país. O poder económico envolve normalmente o comércio de produtos acabados ou de matérias-primas. Poucos países podem afirmar que produzem todos os bens e serviços que os seus cidadãos utilizam. Muitas nações precisam de importar energia para subsistir. Por outro lado, os países que dispõem de petróleo, gás natural ou outras fontes de energia podem necessitar de importar alimentos ou outros serviços estrangeiros, como mão de obra especializada. O receio de uma catástrofe financeira iminente pode levar os credores a retirar capital do mercado e agravar ainda mais a situação. Infelizmente, as comunicações globalizadas podem agora espalhar os receios entre os investidores mundiais quase instantaneamente. O resultado é que questões económicas que poderiam ter sido acontecimentos localizados há apenas algumas décadas podem agora transformar-se em questões globais. Além disso, uma vez que os investidores privados podem agir de forma contrária aos desejos do governo, os esforços governamentais e mesmo internacionais para travar as crises económicas podem ser ineficazes.

As nações que dispõem de recursos suficientes podem atualizar as suas forças militares com mais e melhores capacidades. As forças militares que não dispõem de pessoal ou equipamento podem recorrer a serviços contratados ou comprar armamento avançado a outras nações. Se as

Se um Estado tiver forças limitadas, pode alterar a composição das suas forças militares contratando serviços especializados que teriam levado anos a desenvolver ou de que só precisam durante um período limitado. A utilização da economia como um elemento de poder exigirá a consideração de uma série de questões e efeitos não intencionais. Os líderes nacionais deparar-se-ão com numerosos desafios de campos nacionais e internacionais que complicarão e restringirão as opções políticas. Se a nação utilizar uma sanção comercial para forçar outro país a alterar o seu comportamento, poderá ser alvo do seu próprio conjunto de contra-sanções. Numa economia internacionalmente integrada, a força económica não é apenas o fator que permite o poder nacional, mas também o objetivo para a utilização de outros instrumentos de poder. Uma tarefa muito importante, que consome tempo e trabalho, da política externa de uma nação é fazer avançar a sua agenda económica. Nos termos dos estudos de estratégia de segurança nacional de um país, a economia é uma forma, um meio e um fim da estratégia. Os grupos empresariais desempenham um papel secundário na diplomacia tradicional; na diplomacia económica, são a atração principal. No fim de contas, a economia num mercado livre é uma questão de negócios privados. As empresas são frequentemente responsáveis pela agenda, fornecendo a maior parte da informação relevante. A diplomacia económica não está tão bem desenvolvida como o comércio e o investimento, em parte porque os países são mais relutantes em subordinar as suas políticas monetárias e fiscais a interesses externos. É praticada principalmente pelos banqueiros centrais, cuja independência do processo político e tendência para o secretismo tornam a diplomacia financeira muito menos visível do que a sua congénere comercial.

Duas tendências globais que influenciam fortemente a condução das relações externas - a globalização e a "ascensão do resto" - são fenómenos largamente económicos e, por isso, alteram profundamente a natureza da diplomacia económica. A verdadeira internacionalização das empresas e da produção coloca alguns dilemas sérios aos funcionários comerciais que procuram promover os negócios de um Estado. Será que se deve fazer lobby em nome de uma empresa sediada no Estado se a produção tiver lugar fora do Estado? Ou em nome de uma empresa estrangeira, cuja produção é maioritariamente no Estado? Ou para uma empresa que não está sediada no Estado, mas cujos cidadãos são a maioria dos acionistas?

Em geral, considera-se que a evolução do equipamento militar é acompanhada pela abertura de um grande potencial económico, e a nanotecnologia tem um vasto potencial no campo de batalha, a sua utilização reforçará a segurança nacional a longo prazo. Uma vez que a nanotecnologia ainda se encontra na sua fase inicial no mercado, a tendência geral dos economistas para avaliar a nanotecnologia baseia-se atualmente nas suas experiências passadas com outras tecnologias. Isto implica que, tradicionalmente, as novas tecnologias surgem a custos muito mais elevados do que as existentes (os custos de desenvolvimento têm de ser suportados pelos investidores!) e produzem resultados muito melhores. No entanto, a nanotecnologia pode não seguir o mesmo caminho, por exemplo, os circuitos nanoelectrónicos podem ser produzidos em massa utilizando uma via química em vez da litografia e oferecem vantagens em termos de fiabilidade, segurança, dimensão, etc. Os investimentos iniciais podem ser relativamente mais elevados devido à criação de novos acessórios, cadeias de comercialização, etc., mas as economias de escala seriam facilmente alcançadas, uma vez que os produtos nanotecnológicos produzidos em massa serão muito mais baratos do que os artigos equivalentes.

Ameaças emergentes. Os efeitos das novas tecnologias são difíceis de avaliar, uma vez que, mesmo que as demonstrações tecnológicas sejam bem sucedidas, a aceitabilidade das mesmas depende em grande medida do utilizador comum para o qual o produto é supostamente concebido. Para além disso, pode também haver necessidade de desenvolver produtos associados ou tecnologias irmãs para apoiar esses produtos. Por conseguinte, o inovador pode, na melhor das hipóteses, fazer uma estimativa do impacto que o seu produto terá, em última análise, na economia ou na sociedade. Inicialmente, o impacto das nanotecnologias far-se-á sentir, em primeiro lugar, nos produtos e serviços de gama alta para os quais existem clientes interessados e, depois, noutros produtos orientados para as massas. Os efeitos primários consistirão em fazer com que as coisas funcionem melhor, mais barato, com mais funcionalidades, etc. Isto pode, por exemplo, aumentar a produção de alimentos, criar novos têxteis para vestuário, melhorar a produção de energia ou curar uma determinada doença. Tal como já foi referido, de um modo geral, as novas tecnologias não eliminam completamente as mais antigas e, além disso, é preciso tempo para que as novas tecnologias se estabeleçam de forma substancial. Consequentemente, a nanotecnologia coexistirá durante muito tempo com as tecnologias mais antigas, em vez de as substituir subitamente. Outros efeitos secundários poderão ser alterações na procura de produtos e serviços, de modo a que as pessoas passem a esperar diferentes tipos de alimentos, cuidados médicos, entretenimento, etc.

Esta mudança na procura pode também desencadear um efeito terciário, a necessidade de infra-estruturas nanotecnológicas reforçadas - centros de investigação interdisciplinares, novos programas de ensino para fornecer nanocientistas e nanotecnólogos, etc. Outros efeitos terciários deslocar-se-iam a montante nas nossas estruturas sociais e padrões culturais, tais como mudanças nos padrões de educação e de carreira, na vida familiar, na estrutura governamental, etc. O potencial de a nanotecnologia molecular se tornar uma realidade comercial aumenta a cada dia que passa. Uma visão sobre a nanotecnologia na DARPA sugere que "é amplamente aceite que o impacto potencial da nanotecnologia pode ser maior do que o de qualquer outro campo científico que a humanidade tenha encontrado anteriormente". Na avaliação dos processos de fabrico em 2006, o NRC opinou que a auto-montagem molecular era viável nessa altura para materiais e dispositivos simples. Devido à possibilidade de aumento de erros nos processos de auto-montagem de objectos complexos, havia menos probabilidade de se desenvolverem grandes dispositivos e materiais complicados com a tecnologia existente nessa altura. Assim, vemos que podemos estar no limiar da convergência entre a indústria, as TIC e a nanotecnologia. O conceito de laboratório Fab permite a circulação de dados de conceção em todo o mundo com grande facilidade e também permite o fabrico de objectos físicos com precisão e a um custo extremamente baixo, praticamente ao preço que o fabricante pagará pela matéria-prima e pela energia, etc. Esta abordagem, tal como já foi demonstrado para macro-objectos em laboratórios Fab em todo o mundo, incorpora o engenho e a criatividade para produzir objectos feitos à medida, de acordo com as necessidades do local, sem ser perturbado pelas economias de escala, etc.

De acordo com as avaliações de ameaças efectuadas, a maior ameaça à segurança nacional será a utilização intencional indevida. A conceção e a criação de armas seriam efectuadas por elementos sem escrúpulos, que têm acesso a esta tecnologia. Os Estados disporiam de armas de alta qualidade a custos muito razoáveis e ameaçariam os Estados sem acesso a esta tecnologia. Num cenário típico, a construção de armas seria rápida, devido à prototipagem rápida inerente ao fabrico molecular em laboratórios Fab, o que poderia dar origem a uma corrida ao armamento entre Estados, não só de armas convencionais, mas também de armas nucleares tácticas de alta precisão abaixo dos limiares do TNP, bem como de bombas de vírus nanobilógicos que visam caraterísticas genéticas específicas.

Pode haver várias formas de a tecnologia facilitadora, como o programa nano Fab-lab para massas, afetar o sistema económico de um Estado. Em primeiro lugar, os líderes da anterior vaga tecnológica seriam ultrapassados, o que, por sua vez, conduziria a novos alinhamentos, tanto dentro como fora do Estado. Isto, por sua vez, criaria uma disparidade na indústria por parte dos arrivistas, que não só poderiam vender os produtos, mas também as próprias nanofábricas a custos muito atractivos em relação aos padrões actuais. Esta capacitação de grupos de indivíduos geraria uma riqueza de cerca de 1000 biliões de dólares, segundo as estimativas de Bill Joy, o que equivale a "acrescentar 100 economias americanas". A isto se juntaria a pirataria de direitos de propriedade intelectual e a espionagem de empresas numa escala muito mais alargada do que no caso das tecnologias tradicionais e dos programas informáticos.

Assim, vimos que a nanotecnologia, com abordagens "de cima para baixo" e "de baixo para cima", conduziria a situações complicadas relacionadas com alianças internacionais, preparação para a defesa, mudanças económicas, questões sociais e grupos alienados da sociedade. Isto, por sua vez, afecta a segurança nacional de uma nação e, por conseguinte, é motivo de preocupação e debate.

Negociações e nanotecnologia. As negociações na área dos negócios internacionais estão a vir ao de cima à medida que as nações vêem a necessidade da nanotecnologia como uma necessidade, os Estados estão a tentar desenvolvê-la ou adquiri-la, o que está a levar a negociações. Num cenário internacional, a perceção das partes em relação umas às outras e a forma como o processo de negociação tem progredido assumem importância. As negociações internacionais são afectadas por diferenças nas estruturas políticas dos países, na indústria, nos tipos de organizações, no estatuto, na profissão e no contexto cultural dos membros. Estas diferenças colocam desafios às equipas de negociação e exigem flexibilidade de abordagem para avaliar e tratar as diferenças de forma amigável. Uma melhor compreensão recíproca conduz a um ambiente cordial para as discussões, o que, por sua vez, contribui para a obtenção de um resultado positivo. O comércio internacional é efectuado entre representantes comerciais interessados de, pelo menos, dois países diferentes que negoceiam o acordo proposto. As negociações precedem uma miríade de transacções comerciais internacionais, sejam elas joint ventures, colaborações, transferência de tecnologia, criação de unidades auxiliares, partilha de recursos, comercialização num país terceiro, acordos financeiros, etc. De um modo geral, as transacções comerciais internacionais não podem ser feitas de forma unilateral, a não ser que sejam feitas por razões que não as transacções comerciais normais, como lucros, quotas de mercado, futuras aquisições comerciais, etc. As nações entram em empreendimentos por razões puramente de promoção dos seus interesses nacionais, sem ter em conta as consequências económicas, políticas ou jurídicas.

A progressão e o resultado da negociação dependem de vários factores externos (factores que não a questão comercial imediata). A importância de uma multiplicidade destes factores só recentemente foi reconhecida, na medida em que, anteriormente, apenas as "questões culturais" eram realçadas no contexto do planeamento de tais negociações. Os quadros que envolvem estes outros contextos só foram investigados e desenvolvidos num passado recente.

Os dois contextos básicos em que decorrem as negociações comerciais internacionais são os factores que escapam ao controlo dos negociadores (factores ambientais) e aqueles sobre os quais têm um controlo total ou parcial (contexto imediato). Um estudo pormenorizado e exaustivo realizado antes da negociação sobre os contextos ambientais e o seu impacto no resultado seria muito útil para planear a estratégia de negociação. Os factores do contexto imediato têm de ser tidos em conta posteriormente, para avaliar o seu efeito no processo e no resultado da negociação. A análise dos dados, obtidos a partir de fontes fiáveis, relativos a questões nacionais, sectoriais, específicas da indústria e relacionadas com a empresa, deve ser coligida e analisada. As negociações internacionais raramente dizem respeito a uma única questão; na realidade, dizem respeito a um conjunto de questões inter-relacionadas, que têm de ser abordadas durante a negociação para atingir os objectivos globais. Por exemplo, a questão do grande número de vistos para trabalhadores profissionais, por períodos prolongados, em projectos que envolvem a China torna-se sempre uma questão, que tem as suas próprias complicações interligadas. Além disso, enquanto uma das partes pode estar a negociar condições favoráveis na execução de um projeto, a outra parte pode, na realidade, estar a tentar entrar estrategicamente num sector competitivo. A paciência é uma virtude essencial para os negociadores, tanto em sentido figurado como literal. As negociações internacionais são discussões prolongadas que envolvem questões muito complexas, pelo que a paciência por parte dos negociadores reflecte um sentido de compromisso da sua parte. O desenvolvimento da confiança e da fé é de importância vital nas negociações internacionais, uma vez que estas negociações conduzem a relações a longo prazo que se estendem por décadas. Por conseguinte, o êxito depende de uma preparação exaustiva e de uma abordagem flexível por parte dos negociadores.

Em 1994, o Ministério do Comércio dos Estados Unidos decidiu explorar os mercados asiáticos emergentes, a fim de tirar partido do enorme potencial de exportação que apresentavam, o que, por sua vez, proporcionaria grandes ganhos aos exportadores americanos. Uma vez que as empresas americanas estavam cépticas quanto à realização de negócios nestes mercados devido às grandes diferenças culturais e ao risco que representavam, foi realizado um estudo com o objetivo de informar os empresários americanos sobre a forma de realizar eficazmente negociações bem sucedidas nos mercados chinês, coreano e japonês. Embora o estudo se tenha centrado nas negociações entre americanos e asiáticos, os resultados da investigação têm implicações significativas para todas as organizações e gestores envolvidos em negociações interculturais entre pessoas de duas culturas muito distintas. A este respeito, são relevantes para os indianos, uma vez que lidamos tanto com americanos como com chineses. Vimos em pormenor as caraterísticas dos chineses, japoneses, coreanos e americanos e a forma como abordam as negociações. Se quisermos chegar a negociações vantajosas para ambas as partes com outros países asiáticos, devemos ter em mente o seguinte: construir boas relações para o futuro, paridade no número de negociadores, continuidade dos negociadores ao longo do tempo, o compromisso é melhor do que o recurso legal, recolha de informações pormenorizadas sobre a parte contrária, flexibilidade e paciência e manutenção do espírito do contrato. Quando se negoceia com chineses, para além do que precede, há que ter em conta o seguinte: os negociadores chineses negoceiam, em grande medida, com uma perspetiva holística, esforçam-se por organizar eventos de interação social para criar uma atmosfera harmoniosa, estão sempre sob pressão para obter benefícios económicos e políticos das negociações, a moeda chinesa deixa uma área de incerteza gritante em todas as transacções e os verdadeiros intervenientes principais podem não fazer parte da equipa de negociação, uma vez que as decisões são tomadas fora da mesa de negociações.

Aquisição de nanotecnologia. No que diz respeito à aquisição de nanotecnologias, foi analisado um estudo de caso relativo aos EUA, a fim de evidenciar o modo como as nações se preparam para controlar eficazmente as tecnologias emergentes, com vista a colher benefícios económicos e de poder militar.

Nos EUA, desde a década de 1990, a nanotecnologia tem sido objeto de atenção e a sua investigação tem sido suficientemente financiada. A Iniciativa Nacional para a Nanotecnologia (NNI), criada em 2001, deu um novo impulso ao progresso da nanotecnologia. A NNI tem por objetivo coordenar a investigação e o desenvolvimento no domínio das nanotecnologias nas 24 agências federais associadas, financiar os laboratórios nacionais e apoiar os esforços de comercialização das empresas americanas. Um quadro fundamental para a investigação e o desenvolvimento em nanotecnologias nos EUA foi criado pela Lei sobre a Investigação e o Desenvolvimento em Nanotecnologias para o Século XXI, em 2003, que deu origem a uma sólida infraestrutura de I&D em nanotecnologias a nível nacional, composta por cerca de 50 centros. Em 2009, o Gabinete do Cientista-Chefe da Agência Central de Informações e o Gabinete de Alerta da Defesa da Agência de Informações da Defesa (DIA) solicitaram ao Conselho Nacional de Investigação (NRC) que revisse e analisasse as estratégias de avanço da ciência e tecnologia (C&T) de seis países - Japão, Brasil, Rússia, Índia, China e Singapura (JBRICS) - e que avaliasse o seu impacto provável na segurança nacional e na competitividade dos EUA, atualmente e nos próximos 3 a 5 anos e mais de 10 anos.

A globalização colocou a ciência e a tecnologia no centro das atenções de muitos países, uma vez que agora têm a possibilidade de colaborar (ou mesmo de celebrar acordos exclusivos) com os melhores esforços de I&D do mundo para promover os seus objectivos nos mercados internacionais. Vários países têm agora políticas de ciência e tecnologia formalizadas que visam não só aproveitar os melhores recursos e talentos, mas também anexar quotas de mercado em produtos globais. Com a facilidade de acesso decorrente da globalização, a I&D pode ser externalizada, os laboratórios já não estão confinados às fronteiras de qualquer nação e o melhor da investigação está a ser acedido em todo o mundo. Isto está a tornar-se um motivo de preocupação para as nações desenvolvidas, especialmente porque é sabido que o progresso na ciência e na tecnologia é realizado nos mesmos domínios em vários países e é uma questão de horas para que descobertas semelhantes sejam feitas em locais a milhares de quilómetros de distância.

Os EUA e os concorrentes. Os EUA consideraram necessário avaliar a situação prevalecente nos países que podem vir a ser seus concorrentes, uma vez que isso afectaria diretamente a sua liderança em termos tecnológicos e económicos. As conclusões do relatório do NRC são muito importantes para nós, na Índia, na medida em que nos dão uma visão sobre nós próprios, sobre o que os EUA podem planear para nós, qual é a sua opinião sobre outros países JBRICS, o que os restantes JBRICS estão a fazer e como devemos utilizar esta informação para melhorar as nossas políticas em matéria de C&T, formulando assim uma resposta adequada na nossa estratégia de segurança nacional. O relatório analisa as estratégias dos JBRICS em matéria de C&T para avaliar o seu impacto potencial na competitividade económica e na capacidade militar de cada país a médio e longo prazo. A avaliação de cada país depende do seu (1) planeamento de C&T para a segurança nacional, (2) progressos prováveis em matéria de C&T nos próximos 3-5 anos e 10 anos ou mais, (3) tempo mais provável necessário para atingir os seus objectivos, (4) prioridades para a investigação em C&T com elevado impacto potencial na competitividade económica e na capacidade militar e (5) indicadores específicos de cada país sobre os progressos realizados para atingir os objectivos nacionais.

Todos os seis países, reflectindo as poderosas pressões macroeconómicas da globalização e a atração do sistema nacional de inovação dos EUA, compreendem a importância dos investimentos em C&T para reforçar a competitividade económica - que é vista por todos eles como uma questão de segurança nacional - e para aumentar as capacidades militares. Em conjunto, estes seis países representam uma secção transversal de um mundo onde os países consideram cada vez mais o desenvolvimento tecnológico como uma área de alta prioridade e onde o know-how técnico flui livremente através das fronteiras. Entre os países dos JBRICS, os programas de investimento em C&T visam uma série de tecnologias de grande impacto, incluindo as tecnologias da informação (TI) e as telecomunicações (dos microchips aos supercomputadores), a energia nuclear, as energias alternativas, a purificação da água, a exploração dos oceanos, o espaço, a biotecnologia, as ciências agrícolas e as tecnologias verdes. No entanto, os países são marcadamente diferentes nas suas abordagens ao investimento em C&T, seguindo caminhos distintos para o desenvolvimento de um sistema nacional de inovação - a rede de instituições, públicas e privadas, que promovem o desenvolvimento e a difusão de novas tecnologias. Este quadro variável é representativo do atual ambiente global de C&T, que provavelmente se manterá inalterado no futuro próximo. A China e Singapura, que surgem em extremos opostos da escala do produto interno bruto (PIB), da população e dos recursos nacionais, surgem rapidamente como os países para os quais os investimentos em C&T estão mais estreitamente alinhados com o crescimento económico e a modernização militar. São os mais eficazes na gestão da tensão dinâmica entre a sua forte estratégia de investimento do topo para a base e os seus ambientes de inovação C&T da base para o topo, ainda em desenvolvimento. A globalização levou as nações, as empresas multinacionais, as organizações não governamentais e os indivíduos - entre os quais se destacam os cientistas - a explorar as redes internacionais para níveis de colaboração sem precedentes para fins nobres. A globalização também proporcionou aos actores estatais e não estatais um maior acesso a informações exploráveis, conhecimentos técnicos, financiamento internacional e capacidades destrutivas potencialmente catastróficas. As empresas multinacionais, por seu lado, operam atualmente com uma "quase soberania" fora do alcance de muitos governos anfitriões, o que lhes permite explorar o seu acesso superior aos fluxos globais de informação e aos melhores conhecimentos técnicos e profissionais. Esta paisagem geopolítica em mutação, com a sua visível deslocação de poder e influência do Ocidente para o

O Leste deu claramente um impulso e encorajou os seis governos em análise. As principais lições a retirar deste estudo para a Índia incluem: seria do interesse da Índia manter-se atenta aos desenvolvimentos em matéria de C&T nos países que são relevantes para nós, a Índia deve ter uma visão a longo prazo da inovação e adotar medidas rigorosas contra o plágio em matéria de C&T, deve acelerar a criação de centros regionais de I&D com colaboração internacional para beneficiar as MPME, criar um banco de grupos de reflexão "coordenados" que analisem, por país, diferentes aspectos para ajudar os decisores políticos a nível nacional.A Índia deveria aproveitar a sua diáspora no domínio científico e integrá-la numa rede formal de conhecimentos da diáspora, e avaliar continuamente os desenvolvimentos em matéria de ciência e tecnologia e o seu provável impacto na segurança nacional.

Nanotecnologia e comercialização. A nanotecnologia já foi suficientemente comercializada? Esta questão foi analisada em pormenor, citando vários estudos e projecções baseados no mercado. O modelo de investigação Lux previu que, na primeira fase, até 2004, a nanotecnologia seria utilizada em alguns produtos de alta tecnologia. As inovações floresceriam até 2009, especialmente na nanoelectrónica. A partir de 2010, a nanotecnologia seria cada vez mais utilizada nos cuidados de saúde, nos produtos das ciências da vida (dispositivos médicos, produtos farmacêuticos) e nos produtos manufacturados. As nanobiotecnologias contribuirão significativamente para a evolução da indústria farmacêutica. A Lux Research estimou uma quota de mercado de 4% dos produtos manufacturados em geral até 2014; no que diz respeito aos produtos com rótulos nanotecnológicos, 21% nos automóveis, 23% nos produtos farmacêuticos, 85% na eletrónica de consumo e 100% nos computadores pessoais. Assim, é provável que a nanotecnologia tenha uma quota de cerca de 15% até 2014 da produção mundial de nanoprodutos. Prevê-se um aumento anual de 50 % entre 2005 e 2012 no mercado da administração de medicamentos através de nanotecnologias. A NSF estima que, até 2015, serão criados cerca de 2 milhões de postos de trabalho no domínio das nanotecnologias em todo o mundo. Estes exigiriam empregos de apoio de cerca de 5 milhões. Por sua vez, a Lux Research estimou a criação de 10 milhões de postos de trabalho na indústria transformadora até 2014 no sector das nanotecnologias. Dois dos principais indicadores de progresso na ciência e tecnologia são, sem dúvida, as publicações científicas e as patentes. A análise das patentes constitui um método fiável para avaliar o potencial económico das nanotecnologias e identificar os domínios e intervenientes mais promissores em termos de pessoas, organizações ou países. As patentes de nanoelectrónica constituíam o maior grupo de patentes de nanotecnologias em 2003, seguidas das de nanomateriais e, depois, das de nanomagnetismo e nano-ótica.

Os artigos sobre nanotecnologia e nanociência publicados por um país são indicadores razoavelmente bons da atividade científica num determinado domínio, sendo que o número de vezes que um artigo foi citado indica o impacto e a qualidade do trabalho de investigação. A Europa é o país com maior número de artigos científicos. Verificar-se-á também que a China progrediu rapidamente neste domínio. Estão disponíveis dados suficientemente fiáveis sobre as taxas prováveis de progresso das nanotecnologias, por sector, nos principais países. Devido à natureza omnipresente da nanotecnologia, é razoável assumir que esta tecnologia tem um enorme futuro. É provável que atinja o estatuto das tecnologias da informação, comunicação e comunicação (TIC) e que penetre profundamente na indústria eletrónica e farmacêutica. A razão pela qual as TIC parecem estar prontas para ultrapassar outras indústrias é o facto de, ao contrário da biotecnologia e da indústria farmacêutica, não estarem envolvidos ensaios morosos em seres humanos, pelo que os períodos de incubação são muito menores.

Isto conduzirá a um aumento da criação de emprego a vários níveis, liderando o grupo, evidentemente, os postos de trabalho nas áreas das vendas e do marketing (onde será necessário um menor desenvolvimento de novas competências), seguidos pelos trabalhadores e investigadores especializados em nanotecnologias. O facto de a nanotecnologia vir a ser uma tecnologia-chave para a defesa está patente no financiamento da I&D militar pelos EUA, sendo provável que a Europa seja a incubadora para o desenvolvimento da nanotecnologia para utilizações civis. Começou a surgir um grande número de patentes de desenvolvimentos nanotecnológicos, muitas das quais serão convertidas em projectos comerciais e industriais e, muito provavelmente, poder-se-á assistir a uma comercialização em grande escala nos próximos cinco anos.

Produtos nanotecnológicos no mercado. Na dissertação foi apresentada uma análise dos nanoprodutos de consumo no mercado efectuada pelo Woodrow Wilson Center. Os produtos foram selecionados com base na facilidade de compra e no facto de o fabricante afirmar que se trata de nanoprodutos ou de as suas afirmações de que se baseiam em nanotecnologias serem consideradas genuínas. Os produtos de natureza genérica que utilizam nanotecnologia foram incluídos e rotulados em conformidade, uma vez que a nanotecnologia é utilizada numa vasta gama de aplicações em quase todos os domínios da tecnologia. Foram também registadas amostras de produtos semelhantes ou idênticos, que indicariam como a nanotecnologia está a fazer incursões no mercado em geral. Para garantir uma validação alargada por parte dos grupos interessados, apenas foram coligidas na análise informações de fonte aberta baseadas na Internet.

1015 produtos de consumo de nanotecnologia estavam no inventário, em 25 de agosto de 2009. O inventário cresceu quase 379% (de 212 para 1015 produtos) desde março de 2006, quando foi lançado pela primeira vez. O inventário inclui atualmente produtos de 24 países diferentes. As empresas sediadas nos Estados Unidos têm o maior número de produtos, com um total de 540, seguidas pelas empresas da Ásia Oriental (incluindo China, Taiwan, Coreia, Japão) (240), Europa (Reino Unido, França, Alemanha, Finlândia, Suíça, Itália, Suécia, Dinamarca, Países Baixos) (154) e de outros locais do mundo (Austrália, Canadá, México, Israel, Nova Zelândia, Malásia, Tailândia, Singapura, Filipinas, Malásia) (66).

Aceitação pública. Na dissertação, foi apreciado que as projecções apresentadas na secção Comercialização da Nanotecnologia não têm em conta os cenários associados à aceitação pública da nanotecnologia. Há lições definitivas que devem ser aprendidas com tecnologias emergentes do passado, como os organismos geneticamente modificados (OGM) ou a tecnologia da energia nuclear. As opiniões do público têm um impacto direto na aceitação ou não dos nanoprodutos no mercado, pelo que as percepções do público sobre os riscos e preocupações devem ser tidas em consideração. Uma vez que a aceitação pública de um produto depende da apetência pelo risco de uma determinada população ou nação, isto pode levar a problemas na distribuição global, nas vendas e, consequentemente, nos lucros dos nanoprodutos. A divisão mundial sobre a utilização de produtos geneticamente modificados é uma ilustração deste ponto. Uma vez que isto também constituiria um fator nas negociações de aquisição de nanotecnologias, considerou-se adequado apresentar nesta fase da dissertação uma breve análise dos inquéritos públicos relacionados com as nanotecnologias. A análise revelou que a maioria dos inquiridos em todos os países indicou que tinha ouvido falar "pouco" ou "nada" sobre nanotecnologias. As discrepâncias claras nos níveis de conhecimento factual sobre a nanotecnologia entre os inquiridos com os níveis mais elevados e mais baixos de educação formal têm implicações positivas e negativas. Também revelou que as percepções do público sobre as nanotecnologias não são tão simples como se supunha anteriormente - os riscos e benefícios estão ambos envolvidos num cálculo complexo de tomada de decisões. A maioria do público tem demasiadas incertezas sobre as nanotecnologias para fazer qualquer juízo sobre os seus riscos e benefícios. Existe uma forte relação entre o conhecimento da nanotecnologia e a opinião de que os benefícios superam os riscos e que as preocupações do público com a nanotecnologia diminuiriam se fossem tomadas medidas para aumentar a confiança dos leigos nas agências governamentais.

A nanotecnologia na Índia e as partes interessadas. A dissertação debruçou-se depois sobre as medidas adoptadas e o grau de penetração das nanotecnologias no nosso país. Verificou-se que o Governo da Índia tem sido o principal impulsionador no domínio da nanociência e do desenvolvimento da nanotecnologia. O mesmo acontece com os países que se dedicam às nanotecnologias, onde as políticas nacionais têm orientado os investimentos, o desenvolvimento de capacidades, a criação de infra-estruturas e as parcerias públicas e privadas. Os governos facilitam os desenvolvimentos nas fases iniciais, dado que a viabilidade comercial não é visível até o desenvolvimento do produto atingir um determinado nível e o mercado começar a orientar o desenvolvimento. A Índia encara o desenvolvimento de tecnologias emergentes do ponto de vista da elevação social, da construção da sua indústria para enfrentar a concorrência internacional e, assim, estabelecer a sua posição no mundo moderno. Por conseguinte, não é surpreendente ver o Governo interessar-se profundamente pela promoção de tecnologias nascentes como a nanotecnologia. Espera-se, por conseguinte, que o sector privado se concentre em áreas rentáveis e de elevado valor em que a nanotecnologia possa ser explorada comercialmente.

Num país como o nosso, onde as necessidades sociais têm de ser satisfeitas para um crescimento equitativo, só as empresas públicas podem investir na investigação primária em áreas para o desenvolvimento de produtos que forneçam água potável pura, medicamentos, benefícios agrícolas, vestuário em massa, poupança de energia, etc. O sector público e o governo centrar-se-ão em aplicações que beneficiem as massas e forneçam soluções para questões socialmente relevantes. Assim, verifica-se que a missão da nanociência e da tecnologia tem como objetivo centrar-se na agricultura, na água e na saúde. Os projectos bem sucedidos em matéria de aplicações nanotecnológicas na medicina incluem: administração de medicamentos esteróides através do encapsulamento de nanopartículas pelo Departamento de Química da Universidade de Deli, biochip iSense para deteção de ataques cardíacos pelo Centro de Excelência em Nanotecnologia, IIT Mumbai, kits de diagnóstico da febre tifoide e da tuberculose pelo IISc/DRDO e CSIO, e desenvolvimento de aplicações antimicrobianas de nano prata pelo Instituto Agharkar. O desenvolvimento de um filtro de água pelo ARCI Hyderabad é notável porque já foram efectuados ensaios em grande escala para verificar a sua utilidade em cerca de 40 aldeias e o produto foi transferido com êxito para o sector privado.

As principais descobertas têm vindo de institutos académicos e laboratórios de I&D financiados pelo Governo, pelo que as principais agências envolvidas no panorama nanotecnológico da Índia pertencem ao Governo. O principal ministério envolvido nesta tarefa é o Ministério da Ciência e Tecnologia (MoST), que designou o Departamento de Ciência e Tecnologia (DST) como a principal agência com o objetivo de colocar a Índia no mapa mundial no domínio das nanotecnologias. O DST dirigiu a Iniciativa de Nanociência e Tecnologia (NSTI) no período de 2001-2006, tendo posteriormente sido incumbido de dirigir a Missão de Nanociência e Tecnologia (NSTM) no período de 2007-2012. Em 2007, o Governo da Índia aprovou a criação da Missão Nano - uma missão no domínio da nanociência e da tecnologia para o período 2007-2012, que funciona com o DST como agência nodal. O principal objetivo da missão é reforçar as capacidades em nanociência e tecnologia e também utilizar as aplicações derivadas para o desenvolvimento da nação.

Verificou-se que outros departamentos e agências do Ministério da Ciência e da Tecnologia, como o Conselho de Investigação Científica e Industrial (CSIR), encarregaram alguns dos seus 40 laboratórios de estudar as aplicações que permitam às massas beneficiar das vantagens sociais e económicas da nanotecnologia. O Departamento de Biotecnologia está a investigar as aplicações da bionanotecnologia. O Ministério das Energias Novas e Renováveis (MNRE) está a desenvolver a nanotecnologia em células de combustível e células nanofotovoltaicas. O Ministério da Saúde e do Bem-Estar da Família (MoFHW) encarregou o Conselho Indiano de Investigação Médica (ICMR) de procurar aplicações em domínios da saúde para as massas. O Departamento de Energia Atómica (DAE) do governo central está a investigar aplicações no domínio da energia nuclear. As aplicações no domínio da defesa estão a ser realizadas pelo Ministério da Defesa (MOD) nos laboratórios da Organização de Investigação e Desenvolvimento da Defesa (DRDO). A nanoelectrónica está sob a alçada do Departamento de Tecnologias da Informação (DIT) do Ministério das Tecnologias da Informação e da Comunicação (MoICT). Com aplicações na agricultura, nos produtos alimentares, nas tintas, nos produtos farmacêuticos, etc., outros ministérios interessados estão a juntar-se ao comboio.

O NSTI criou onze centros de excelência em nanociências e tecnologias como parte do impulso dado à I&D pelo sector público, na prossecução de uma vasta investigação fundamental em nanociências e tecnologias. Foram também criados sete centros de nanotecnologia, mas com resultados limitados no tempo e para fins específicos, como o do Tata Institute of Fundamental Research (TIFR), que se ocupa dos nanobiossistemas. No que diz respeito ao financiamento, a Iniciativa para a Nanociência e Tecnologia (NSTI) foi lançada com um orçamento inicial de 100 milhões de rúpias para o período de 2001-2006. Posteriormente, o Governo aprovou a Missão de Nanociência e Tecnologia com um orçamento de 1000 milhões de euros para o período 2007-2012. Uma parte considerável da NSTI foi gasta na criação de centros de excelência (CoEs) e de infra-estruturas de investigação. Os recursos humanos constituem o principal objetivo das despesas orçamentais da NSTM. Cerca de 70/- Crores foram gastos pelo DIT no desenvolvimento da microeletrónica e da nanotecnologia durante 2004-06, para 2010-11 a estimativa orçamental é de Rs 100/- Crores. Foi sancionado um financiamento quinquenal de cerca de 110 milhões de rupias pelo DIT para os seus centros no NPL, IISc e IIT Mumbai. Outro financiamento da investigação em nanotecnologias é indireto e através de outras organizações como a DRDO, CSIR, DAE, etc., em que a nanotecnologia é parte integrante de um projeto mais vasto. Um aumento muito significativo entre o financiamento do NSTI e do NSTM indica que o Governo considerou a I&D em nanotecnologias como uma necessidade imperativa. As colaborações também se verificaram em grande medida a nível e iniciativas governamentais. Tendo em conta o que precede e o facto vital de a investigação fundamental em nanotecnologias exigir um financiamento que os intervenientes privados não estão dispostos a investir, devido às incertezas quanto à futura comercialização dos produtos, será razoável concluir que as limitações de recursos materiais tornam necessário o desenvolvimento das nanotecnologias na Índia sob a égide do Estado.

A incursão da indústria privada foi examinada com alguns exemplos; no entanto, os números são praticamente insignificantes em comparação com as instalações públicas de I&D.

As ONG e a nanotecnologia. O papel das ONG na Índia foi exemplificado através da análise de três ONG, nomeadamente a IndiaNano, a NSTC e a NanoAction 2007. Estas ONG exprimiram as suas dúvidas quanto à natureza "fixa" das nanotecnologias para todas as grandes questões, como a alimentação, a energia e o ambiente, sem sequer analisarem em profundidade as graves desigualdades entre ricos e pobres no que se refere ao consumo ostensivo, por um lado, e à falta de sustento básico, por outro. De um modo geral, as ONG manifestaram as suas preocupações quanto à probabilidade de as nanotecnologias poderem aumentar, em vez de reduzir, os desequilíbrios ambientais e sociais. As ONG têm desempenhado um papel fundamental na recolha de dados, na sensibilização, na interação com o público, na pressão de grupos de interesses, na publicação de guias para o público sobre produtos nanotecnológicos, na realização de seminários e conferências, na formação de comités técnicos, etc. No entanto, até à data, não conseguiram obter dos governos garantias de legislação protetora no que diz respeito à gestão dos riscos antecipados para a saúde e o ambiente por parte das agências de produção.

Com o facto de o governo da Índia ter colocado a nanotecnologia em modo de missão em 2007, é evidente que o imperativo de aproveitar o enorme potencial dessas tecnologias para o bem maior das pessoas comuns e para a construção da nação foi percebido e apreciado. O Governo indiano nunca perdeu o foco na agricultura e sempre defendeu a importância e os investimentos em I&D neste sector. Considerando a natureza interdisciplinar das nanotecnologias, um subgrupo da comissão de planeamento recomendou a criação de um Instituto Nacional de Nanotecnologias na Agricultura (NINA) e de um consórcio nacional de I&D em nanotecnologias. Este consórcio poderia aproveitar o desenvolvimento através do trabalho em rede de universidades e institutos de investigação para aumentar a produtividade, a qualidade dos produtos agrícolas e a utilização óptima dos recursos. Tal resultaria num aumento do rendimento dos agricultores, numa maior disponibilidade de produtos para as massas, numa redução dos custos agrícolas e da carga sobre o ambiente. Parece que, atualmente, a I&D neste domínio está a progredir a um ritmo mais lento do que noutros domínios, como a medicina e a eletrónica. Com as colaborações estrangeiras a serem uma certeza na agricultura para impulsionar a I&D na Índia, Shri MS Swaminathan apelou à criação de uma comissão reguladora nacional em matéria de nanotecnologia, para fornecer orientações claras sobre as transformações genéticas e os incentivos ao desenvolvimento deste domínio. A nanotecnologia tem várias aplicações no domínio das energias alternativas e renováveis, por exemplo: em células de combustível, nanocatalisadores e armazenamento de hidrogénio utilizando nanotubos de carbono (CNT); em díodos orgânicos emissores de luz baseados em pontos quânticos, materiais SPV e revestimentos CNT para células solares, etc. Estas tecnologias vão tornar a energia solar e outras fontes de energia renováveis muito mais rentáveis e eficientes, reduzindo assim a nossa dependência dos combustíveis fósseis. Na Índia, a tónica principal da intervenção nanotecnológica é colocada no domínio da energia solar e dos dispositivos de armazenamento de energia. Este facto deve-se principalmente ao atraso da nossa I&D interna em relação às suas congéneres estrangeiras e à falta de ligação em rede entre os laboratórios e a transformação comercial da investigação avançada no mercado.

A Índia enfrenta uma grave escassez de água, tanto nas fontes superficiais como subterrâneas, devido à sua utilização em grande escala na agricultura, na indústria e para fins domésticos. Além disso, a qualidade da água deixa muito a desejar. Os rios e as águas subterrâneas estão poluídos. Estima-se que as nanotecnologias possam ser úteis através de aplicações como as nanopartículas magnéticas para o tratamento e a recuperação da água, as nanomembranas para a desintoxicação e a purificação da água, a dessalinização, a degradação catalítica dos poluentes da água por nanopartículas de TiO2, os nanossensores para a deteção de agentes patogénicos e contaminantes e os polímeros nanoporosos, as argilas de attapulgite e as zeólitas nanoporosas para a purificação da água. Já se encontram no mercado indiano três filtros de purificação da água para uso doméstico, todos eles utilizando nano partículas de prata para a purificação da água. Estes filtros foram desenvolvidos pela Tata Chemicals (SWACH), pelo Advanced Research Centre for Powder Metallurgy and New Materials (ARCI) Hyderabad, que é um laboratório autónomo do DST (o filtro é comercializado pela SBI Aquatech Hyderabad) e pelo IIT Chennai, que desenvolveu um bloco de carvão ativado com nanoprata para a remoção de pesticidas (comercializado pela Eureka Forbes como Aquaguard Total Gold Nova).

Estudos de casos indianos. Na dissertação, foram apresentados sete estudos de casos relativos a várias categorias. Os estudos revelaram diferentes facetas das intensas negociações que as partes indianas conduziram, quer se trate de institutos académicos como o IIT Kanpur, o IIT Delhi ou de laboratórios governamentais como o ARCI, ou de empresas privadas como a UNTPL. Todas as negociações estudadas não tiveram apenas benefícios monetários como base principal para a aquisição/TOT, mas tiveram os interesses a longo prazo e as boas práticas como orientação para as negociações. Todas realizaram estudos pormenorizados antes das negociações e tiveram um conhecimento profundo das necessidades e dos desejos da outra parte; foram retiradas lições de cada negociação e absorvidas para o futuro. As negociações foram realizadas ao longo de um período de tempo e abrangeram questões como: DPI, registo de patentes, transferências de fundos, transferências de know-how, questões jurídicas, produção e demonstração, testes, intercâmbio de peritos, apoio, equipamento, actualizações subsequentes, partilha de lucros, prazos, sanções, arbitragem, estudos de mercado, etc.

Tendo em conta o êxito das TOT da ARCI à M/s SBP Aquatech e à M/s Resil Chemicals, e do IIT Kanpur no desenvolvimento de tecnologias para o sector privado na Índia, pode concluir-se com segurança que a parceria público-privada tem sido eficaz na aquisição de nanotecnologias na Índia.

REFERÊNCIAS

(* indica uma fonte primária)

LIVROS

Bailey Kathleen C.(1994), "Proliferation: Implications for US Deterrence", em Kathleen C. Bailey, ed., Weapons of Mass Destruction: Costs Versus Benefits, Nova Deli: Manohar, 141-142.

Brandon et al (1996), The cost of Inaction. Valuing the Economy-wide Loss of Environmental Degradation in India, Washington: Banco Mundial.

Berridge G. R. e James, Alan (2003), A Dictionary of Diplomacy, Hampshire, Reino Unido: Palgrave-Macmillan, segunda edição, p. 181.

Collins John M. (1973), Grand Strategy: Principles and Practices, Annapolis, MD: Naval Institute Press, p. 1.

Deutsch, M. F. (1993), Doing Business with the Japanese, Nova Iorque: NAL Books.

Drexler, Eric K. (1986), Engines of Creation: The coming Era of Nanotechnology, Nova Iorque: Anchor Books.

Evans Graham e Jeffrey Newnham (1998), The Penguin Dictionary of International Relations, Londres, Reino Unido: Penguin Books, p. 345.

Miller, Georgia & Scrinis, Gyorgy (2010), The role of NGOs in governing nanotechnologies: challenging the 'benefits versus risks' framing of nanotech innovation, Graeme A. Hodge (eds), UK: Edward Elgar Publishing Inc.

Morgenthau, Hans (1967), "Politics Among Nations: The Struggle for Power and Peace", quarta edição, p. 8

Neuchterlein Donald E. (1973), United States National Interests in a Changing World, Estados Unidos: Univ Press of Kentucky, ISBN 0813112877 ,p. 6-7

Neuchterlein Donald E.(1973), United Stfates National Interests in a Changing World, Estados Unidos: Univ Press of Kentucky, ISBN 0813112877 ,p. 203

Ratner, Daniel & Mark (2004), Nanotechnology and Homeland Security ,Upper Saddle River, NJ: Prentice Hall, 82.

Spector, Leonard S. (1988), The Undeclared Bomb, Washington, DC: Ballinger Publishing Company for the Carnegie Endowment: 231-279.

Yergin Daniel e Joseph Stanislaw (2002), The Commanding Heights: The Battle for the World Economy, Nova Iorque: Touchstone, p. 71

Capítulos em livros editados

Bailin Major General Sun (1996), "Nanotechnology weapons on future battlefields" in National Defense, 15 de junho de 1996; citado em "Chinese Views of Future Warfare", Editado por Michael Pillsbury, National Defence University Press , Washington DC, 1998

Blackwill Robert D. (1993), "A Taxonomy for Defining U.S. National Security Interests in the 1990s and Beyond", em Werner Weidenfeld e Josef Janning, eds., Europe in Global Change: Strategies and Options for Europe, Gutersloh, Alemanha: Bertelsmann Foundation Publishers, p. 103.

Ghauri, Pervez N. (2003), A Framework for International Business Negotiations, International Business Negotiations (2nd Edition) (eds) Pervez N. Ghauri, Jean-Claude Usunier, 2003 Pergamon

Gu, Hongchen e Schulte, Jurgen (2005), Scientific Development and Industrial Application of Nanotechnology in China, in Nanotechnology: Global Strategies, Industry Trends and Applications Editado por J. Schulte, 2005 John Wiley & Sons, Ltd

Pandya, A. A. (2008), "The shape of change: Nature, economics, politics, and ideology", em A. Pandya e E. Laipson (eds.) Transnational Trends: Middle Eastern and Asian Views, , Washington, DC: The Henry L. Stimson Center. P. 276.

Woolcock Stephen (2003), "State and Non-State Actors", em Nicholas Bayne e Stephen Woolcock, eds., The New Economic Diplomacy, Burlington, VA: Ashgate Publishing Company, pp. 61-62.

Zhenyu Mi (1998), China's National Defense Development Concepts, Editado por Michael Pillsbury, Chinese Views of Future Warfare, National Defence University Press , Washington DC, 1998

Artigos ou outros trabalhos numa revista

Aarthi T. e Madras G. (2008), "Photocatalytic reduction of metals in presence of combustion synthesized nano-TiO2" , Catalysis Communications, 9 (5):630-634.

Baraton et al (2003), "Advances in Air Quality Monitoring via Nanotechnology", Journal of Nanoparticle Research , 6(1): 107-117.

Bainbridge, W. S. (2002), "Public attitudes toward Nanotechnology", Journal of Nanoparticle Research, 4(6): 561-570.

Bayne Nicholas (2008), "Financial Diplomacy and the Credit Crunch: The Rise of Central Banks", Journal of International Affairs, 62(1): 1.

Bisht Savita et al (2008), "In vivo characterization of a polymeric nanoparticle platform with potential oral drug delivery capabilities", Molecular Cancer Therapeutics Journal, 7 (12) : 3878

Bokare A D et al (2007), "Effect of surface chemistry of Fe-Ni nanoparticles on mechanistic pathways of azo dye degradation", Environmental Science & Technology, 41 (21): 7437-7443.

Burri, R. V., & Belluci, S. (2008), "Public perception of nanotechnology", Journal of Nanoparticle

Resarch, 10(3): 387-391.

Callahan, Shannon L.(2000), "Nanotechnology in a New Era of Strategic Competition", Joint Force Quarterly,26: 1-4-110

Compano, R. e Hullman, A (2002), "Forecasting the Development of Nanotechnology with the Help of Science and Technology Indicators", *Nanotechnology;* 13 (3): 243-7.

Cobb, M. D. & Macoubrie, J. (2004), "Public perceptions about nanotechnology. Risks, benefits & trust", *Journal of Nanoparticle Research*, 6: 395-40.

Cook, A. J., & Fairweather, J. R. (2007), "Intentions of New Zealanders to purchase lamb or beef made using nanotechnology", *British Food Journal*, 109(9): 675-688.

Currall, S. et al (2006), "What drives public acceptance of nanotechnology", *Nature Nanotechnology*, 1: 153-155.

Einsidel, E. (2005), "In the public eye: the early landscape of Nanotechnology among Canadian and US Publics", *Azonano: Journal of Nanotechnology*, 1: 1-10.

Freitas Robert A. Jr.(2007), "The Ideal Gene Delivery Vetor: Chromallocytes, Cell Repair Nanorobots for Chromosome Replacement Therapy", *Journal of Evolution and Technology,* 16(1)- junho de 2007: 1-97

Fujita, Y. (2006), "Perception of nanotechnology among the general public in Japan - of the NRI Nanotechnology and Society Survey Project", *Asia Pac. Nano. Wkly,* 4: 12.

Gaskell, G. et al (2005), "Imagining nanotechnology: Cultural support for technological innovation in Europe and the United States", *Public Understanding of Science*, 14(1): 81-90.

Gsponer, A. (2002), "From the Lab to the Battlefield? Nanotechnology and FourthGeneration Nuclear Weapons", *Disarmament Diplomacy,* 67(Out-Nov) 2002.

Howard, S. (2002), "Nanotechnology and Mass Destruction: The Need for an Inner Space Treaty", *Disarmament Diplomacy*, 65 (Jul-Aug) 2002.

Kar S. et al (2008), "Potential of carbon nanotubes in water purification: an approach towards the development of an integrated membrane system", *International Journal of Nuclear Desalination*, 3(2): 143 150

Khandelwal, K. K. (1981), "The electronics industry: aspects and prospects", *Commerce*, 142 (3648) : 10-13.

Lee, C. J. et al (2005), "Public attitudes toward emerging technologies - Examining interactive effects of cognitions and affect on public attitudes toward nanotechnology", Science Communication, 27(2): 240-267.

Lee, C. J., & Scheufele, D. A. (2006), "The influence of knowledge and deference toward scientific authority: A media effects model for public attitudes towards nanotechnology", Journalism & Mass Communication Quarterly, 83(4): 819-834.

Liotta P. H. e James F. Miskel (2004), "Still Worth Fighting Over? A Joint Response", Naval War College Review, Winter 2004, 104.

Macoubrie, J. (2006), "Nanotechnology: Public concerns, reasoning, and trust in government", Public Understanding of Science, 15(2): 221-241.

Moradi, Michael (2005), "Global Developments in Nano-enabled Drug Delivery markets", Nanotechnology law and Business Journal, 2(2), artigo 14.

Mukherjee A. et al (2006), "Arsenic Contamination in Groundwater: A Global Perspective with Emphasis on the Asian Scenario", Journal of Health, Population and Nutrition, 24(2):142-163.

Nerlich, B. et al (2007), "Risks and benefits of nanotechnology: How young adults perceive possible advances in nanomedicine compared with conventional treatments", Health Risk & Society, 9(2): 159-171.

Paul, R et al (2003), "Investing in Nanotechnology", Nature Biotechnology, 21(10): 1145

Pidgeon, N. et al (2009), "Deliberating the risks of nanotechnologies for energy and health applications in the United States and United Kingdom", Nature Nanotechnology, 4: 95-98.

Priya M H e Madras G. (2006), "Photocatalytic degradation of nitrobenzenes with combustion synthesized nano-TiO2", Journal of Photochemistry and Photobiology A: Chemistry, 178(1):1-7.

Roco Mihail C. (2003), "Broader societal issues of Nanotechnology", Journal of Nanoparticle Research, 5(3-4):181-189.

Roco M. C. (2003A), "Converging science and technology at the nanoscale: opportunities for education and training", Nature Biotechnology, 21: 1247-1249.

Salacuse, J.W. (1988), "Renegotiations in International Business", Negotiation Journal, outubro de 1998.

Salamanca F. et al (2005), "Nanotechnology and the developing world", PLoS Med,2(4): e97.

Shashikala V. et al (2007), "Advantages of nano-silver-carbon covered alumina catalyst prepared by electro-chemical method for drinking water purification", Journal of Molecular Catalysis A:Chemical, 268(1-2): 95-100.

Scheufele, D. A, & Lewenstein, B. V. (2005), "The public and nanotechnology: How citizens make sense of emerging technologies", Journal of Nanoparticle Research, 7: 659-667.

Scheufele, D. A. et al (2007), "Scientists worry about some risks more than the public", Nature Nanotechnology, 2: 732-734.

Scheufele, D. A. et al (2009), "Religious beliefs and public attitudes towards Nanotechnology in Europe and the United States", *Nature Nanotech* , 4: 91-94.

Sheetz, T. et al (2005), "Nanotechnology: awareness and societal concerns" , *Technol. Soc,* 27: 329-345 .

Siegrist, M. et al.(2007A), "Public acceptance of nanotechnology foods and food packaging: The influence of affect and trust", *Appetite*, 49(2): 459-466.

Siegrist, M. et al.(2007B), "Laypeople's and experts' perception of nanotechnology hazards", *Risk Analysis*, 27(1): 59-69.

Smalley, Richard E. (2001), "Of chemistry, love and nanobots", *Scientific American*, 285(Sep 2001): 68-69.

Srivastava A. et al (2004), "Carbon Nanotube Filters", *Nature Materials*, 3:610-614.

Starr, Barbara (1995), "Plotting Revolution at the Pentagon", *Jane's Defence Weekly*, 23(23): 38.

Sundarajan, G e T N Rao (2009), "Commercial prospects for nanomaterials in India", *Journal of the Indian Institute of Science,* 89:1 Jan-Mar 2009.

Teller Edward (1991), "Guest Comment: Military applications of technology-A new turn", *American Journal of Physics*,59(10): 873

Tung, R. L. (1982), "U.S - China Trade Negotiations: Practices, Procedures and Outcomes", *Journal of International Business Studies,* outono de 1982: 25-37.

Vandermolen LCDR Thomas D. (2006), *"Molecular Nanotechnology and National Security",* Air & Space Power Journal, outono de 2006.

Venkatachalam N. et al (2007A), "Sol-gel preparation and characterization of alkaline earth metal doped nano TiO2:Efficient photocatalytic degradation of 4- chlorophenol", *Journal of Molecular Catalysis A: Chemical*, 273 (1-2):177-185.

Venkatachalam N. et al (2007B), "Alkaline earth metal doped nanoporous TiO2 for enhanced photocatalytic mineralisation of bisphenol-A" , *Catalysis Communications*, 8 (7):1088-1093.

Weiss Stephen E. (1993), "Analysis of Complex Negotiations in International Business: The RBC Perspective", Organization Science, 4(2): 269-300.

Artigos em jornais ou revistas

Dunn Carol A.(2005) NASA Announces 2005 Invention of the Year, Environmental Cleanup Technology Earns Top Honors, Technology Innovation,13(1) 2006.

Hardy Quentin (2003), "Sensing opportunity", Forbes Magazine, 2003.

Hall James (2005), "How super-cows and nanotechnology will make ice cream healthy", Daily Telegraph, 21 de agosto de 2005.

Leventhal Ted (2004), "Pentagon official says nanotechnology a high priority", National Journal's

Technology Daily, 19 de abril de 2004.

Paik, Yongsun & Tung, Rosaile L. (1999), "Negotiating with East Asians: how to attain "win-win" outcomes", Management International Review, 1 de abril de 1999.

Phatak, Arvind V e Mohammed, M. Habib (1996), "The dynamics of international business negotiations", Business Horizons, Nova Deli, maio-junho de 1996.

Shi, Xinping (2001), "Antecedent Factors of International Business Negotiations in the China Context", Management International Review, abril de 2001

Smith, R.H. (1996), "Molecular Nanotechnology: Research Funding Sources", Nanotechnology Magazine; 2 (6)

Relatórios/ Documentos ocasionais/ Teses não publicadas/ Apresentações/ Comunicados de imprensa

* A123 Systems (2007), A123Systems Introduz Células de Lítio Ion™ de Aplicação Específica da Classe Automóvel da Série 32 na Conferência de Baterias Automóvel Avançadas: Comunicado de imprensa, 16 de maio de 2007.

* AECM (2009), "Novel Nanotechnology Heals Abscesses Caused by Resistant Staph Bacteria, Albert Einstein College of Medicine; Comunicado de imprensa de 22 de dezembro de 2009",

* Altair (2006), Altair Nanotechnologies Begins Manufacturing of High-Power Lithium Ion Battery Cells: Comunicado de imprensa da Altair Nanotechnologies, fevereiro de 2006.

* Angewandte Chemie (2010), "Nanopartículas de ouro em óxido de manganês limpam os COV do ar: Comunicado de imprensa da Angewandte Chemie".

* ANL (2005), "New hydrogen sensor faster, more sensitive: Comunicado de imprensa do Argonne National Laboratory; Argonne, Illinois, 25 de maio de 2005.

* ANL (2010), Argonne "homegrown" hybrid solar cell aims for low-cost power: Laboratório Nacional de Argonne, 2010.

* ANL (2010A), Gold nanoparticles create visible-light catalysis in nanowires (Nanopartículas de ouro criam catálise de luz visível em nanofios): Argonne National Labs; Comunicado de imprensa, 15 de junho de 2010.

* ARC (2004), Boston, 09 de dezembro -- A 24ª Conferência de Investigação do Exército (2 de dezembro de 2004), recentemente concluída, prova uma vez mais que os cientistas indianos são uma componente fundamental do esforço de defesa dos Estados Unidos - representando cerca de 20% do esforço do DOD, de acordo com um inquérito recente.

* BASF (2010), Investigadores planeiam utilizar CO2 de gases com efeito de estufa com energia solar: Comunicado de imprensa de 8 de abril de 2010.

* Boston Univ. (2010), "Silicon-coated Nanonets Could Build a Better Lithium-ion Battery: Comunicado de imprensa, 15 de fevereiro de 2010".

* Brendley, Keith W. e Randall Steeb (1993), "Military applications of microelectromechanical systems", Relatório MR-175-OSD/AF/A, RAND Corporation, 1993, pp 57.

* Brown Univ. (2008), "Brown Chemists Create Cancer-Detecting Nanoparticles: Comunicado de imprensa da Universidade de Brown; 27 de maio de 2008".

Cientifica (2003), The Nanotechnology Opportunity Report, edição de 2003

* CIT (2010), "Caltech Researchers Create Highly Absorbing, Flexible Solar Cells with Silicon Wire Arrays: Comunicado de imprensa do Instituto de Tecnologia da Califórnia, 16 de fevereiro de 2010".

* CNRS (2010), Um transístor orgânico abre caminho para novas gerações de computadores neuro-inspirados: CNRS (Centro Nacional de Investigação Científica) Comunicado de imprensa, 22 de janeiro de 2010.

* CSI (2009), "Chemotherapy: Nano Medical Cures Coming Closer: CytImmune sciences Inc, 2009".

* CE (2001), "Europeans, Science and Technology", Inquérito Especial Eurobarómetro 154, organizado e supervisionado pela DG Imprensa e Comunicação, Bruxelas.

* CE (2005), "Europeans, Science and Technology", Inquérito Especial Eurobarómetro 224, organizado e supervisionado pela DG Imprensa e Comunicação, Bruxelas.

Fecht, H. J. et al (2003), "Nanotechnology Market and Company Report - Finding Hidden Pearls", WMtech Center of Excellence Micro and Nanomaterials, Ulm.

Gingrich, Newt (2001), "The Age of Transitions", em Societal Implications of Nanoscience and Nanotechnology, NSET workshop Report, editado por Mihail C. Roco e William Sims Bainbridge National Science Foundation).

* GIT (2010), Nanogeradores melhorados Sensores de potência baseados em nanofios: Instituto de Tecnologia da Geórgia; Comunicado de imprensa de 29 de março de 2010.

* Glanzel, W. et al (2003), *Nanotechnology: Analysis of an Emerging Domain of Scientiifc and Technological Endeavour*, Report of Steunpunt O&O Statistieken, K.U. Leuven, 2003

* Gleiche Michael et al (2006), "Nanotechnology in Consumer Products", um relatório do Nanoforum, outubro de 2006.

Gsponer André e Jean-Pierre Hurni (1997), The Physical Principles of Thermonuclear Explosives, Inertial Confinement Fusion, and the Quest for Fourth Generation Nuclear Weapons, Relatório Técnico INESAP n.º 1, apresentado na Conferência INESAP de 1997, Xangai, China, 8-10 de setembro de 1997, Sétima edição, setembro de 2000, ISBN: 3-9333071-02-X, 195 pp.

Hullman, Angela(2006), "The economic development of nanotechnology - An indicators based analysis", relatório para a Comissão Europeia, *Nano S&T - Convergent Science and Technologies*, versão de 28 de novembro de 2006.

* Comunicado de imprensa da IBM (2010), "IBM, KACST Unveil Research Initiative to Dessalinate Seawater Using Solar Power: 8 de abril de 2010".

* IBM (2010), IBM Scientists Demonstrate World's Fastest Graphene Transistor (Cientistas da IBM demonstram o transístor de grafeno mais rápido do mundo): Comunicado de imprensa da IBM, 5 de fevereiro de 2010.

* Indiana Univ. (2010), "Closing in a carbon-based solar cell: Comunicado de imprensa da Universidade de Indiana, 9 de abril de 2010".

* India R & D (2008), Department of Science & Technology, Background paper on Nanotechnology - The Science of the future, 2008, India R&D, New Delhi.

* Infineon Technologies (2004), Infineon Unveils World's Smallest Nanotube Transistor: Comunicado de imprensa da Infineon Technologies, 22 de novembro de 2004.

* Kulshrestha, S. (2007), "Emergence of Nanoweapons and their impact on the way we think about war", inquérito realizado no outono de 2007, no âmbito de uma tese de mestrado não publicada.

* MIT, (2006), "Researchers fired up over new battery: Comunicado de imprensa; 8 de fevereiro de 2006".

* Montana State Univ. (2010), "MSU team developing new way to fight influenza: Montana State University; Comunicado de imprensa de 19 de fevereiro de 2010".

* Motorola (2005), "Motorola Labs Debuts First Ever Nano Emissive Flat Screen Display Prototype: Motorola Inc, 09 de maio de 2005".

* mTI (2007), "mPhase Technologies' AlwaysReady, Inc., Poised to Transform Security Applications: mPhase Technologies Inc. abril de 2007".

MRI (2002), "Promoting Japanese Style Nanotechnology Enterprises": Mistubishi Research Institute 2002, citado por Kamei S.

* Nanospectra (2008), "Nanospectra inicia o seu primeiro ensaio em humanos da terapia AuroLase™::Nanospectra Biosciences,Comunicado de imprensa, 1 de julho de 2008.

* Nanobiotix (2009), Nanoparticles for enhanced x-ray treatment of cancer tumors: Comunicado de imprensa da Nanobiotix; julho de 2009.

* NASA (2000), "Audacious & Outrageous: Space Elevators: NASA, 7 de setembro de 2000".

* NJIT (2007), NJIT Researchers Develop Inexpensive, Easy Process To Produce Solar Panels [Investigadores do NJIT desenvolvem um processo fácil e económico para produzir painéis solares]: Comunicado de imprensa do Instituto de Tecnologia de Nova Jersey (NJIT); 18 de julho de 2007.

* NREL (2007), Unique Quantum Effect Found in Silicon Nanocrystals [Efeito Quântico Único Encontrado em Nanocristais de Silício]: National Renewable Energy Laboratory , Comunicado de Imprensa; 24 de julho de 2007.

* OHSU (2005), "OHSU-Led Study Finds Advantages to Iron Nanoparticles for Environmental Cleanup: Oregon Health and Science University News Release, 12 de janeiro de 2005.

ORNL (2010), "New ORNL sensor exploits traditional weakness of nano devices: Comunicado de imprensa do Laboratório Nacional de Oak Ridge, 12 de fevereiro de 2010.

PBD (2003), tema da nanoelectrónica e dos nanodispositivos reconhecido na sessão "Creating Technology Corridors with STIOs" no 2º Pravasi Bhartiya Divas (PBD) realizado em Nova Deli em janeiro de 2003.

* Purdue Univ. (2008), "Engineers make first 'active matrix' display using nanowires: Purdue University News Release 31 Mar 2008".

* Rice Univ. (2009), "First 'nanorust' field test slated in Mexico: Comunicado de imprensa da Rice University, 27 de maio de 2009".

* Rice Univ. (2008), "Nanoparticles assemble by millions to encase oil drops: Comunicado de imprensa da Universidade de Rice, 29 de maio de 2008".

* RPI (2010), "Rensselaer Polytechnic Institute: Comunicado de imprensa de 3 de março de 2010".

* Sandia (2006), "Sandia researchers to model nano-size battery to be implanted in eye to power artificial retina: National Lab Press Release Jan 12, 2006".

* SLAC (2010), SLAC National Accelerator Laboratory: Comunicado de imprensa de 26 de abril de 2010.

* Solem Johndale C. (1991), "On the mobility of military Microrobots", Relatório LA-12133, Laboratório Nacional de Los Alamos, julho de 1991: p. 17.

* Stanford Univ. (2007), "Stanford's nanowire battery holds 10 times the charge of existing ones", Comunicado de imprensa: 18 de dezembro de 2007.

* Stanford Univ. (2009), New Stanford techniques make carbon-based integrated circuits more practical: Stanford University News Release, 8 Dec 2009".

* Stanford Univ. (2010), "Stanford researchers' magnetic nanotags spot cancer in mice earlier than current methods: Universidade de Stanford, comunicado de imprensa, 26 de janeiro de 2010.

* Stanford Univ. (2010A), "Conductive eTextiles: Stanford encontra uma nova utilização para o tecido, Comunicado de imprensa 5 de fevereiro de 2010".

* TNI (2010), "The world's first junctionless nanowire transistor: Comunicado de imprensa do Instituto Nacional Tyndall, 21 de fevereiro de 2010.

Taniguchi N. (1974), "On the Basic Concept of 'Nano-Technology'," Proceedings. Conferência Internacional sobre Prod. Eng. Tóquio, Parte II, Sociedade Japonesa de Engenharia de Precisão, 1974.

* Univ. de Alberta (2005), "Single molecule transistor could revolutionize electronic miniaturization: Comunicado de imprensa da Universidade de Alberta, 2 de junho de 2005".

* Univ. of Minnesota (2010), University of Minnesota researchers clear major hurdle in road to high-efficiency solar cells: 17 de junho de 2010.

* Univ. da Califórnia (2010), investigadores da UCLA detalham a evolução da imagem de pontos quânticos na revista Science: Comunicado de imprensa da Universidade da Califórnia - Los Angeles, 2010.

* UCLA (2010), "UCLA chemists create synthetic 'gene-like' crystals for carbon dioxide capture: Universidade da Califórnia em Los Angeles, Comunicado de Imprensa, 11 de fevereiro de 2010.

* Univ. of California (2010A), Cell Phone Sensors for Toxins Developed at UC San Diego: Universidade da Califórnia em San Diego; Comunicado à imprensa em 13 de maio de 2010.

* UCB (2010), "New fiber nanogenerators could lead to electric clothing: University of California Berkely Press Release February 12, 2010.

* Univ. of Queensland (2010), "Novel material paves the way for next-generation information technology: Comunicado de imprensa da Universidade de Queensland, 9 de março de 2010".

* Univ of Texas (2008), "Ultracapacitor Using Atom thick Graphene Sheet: Universidade do Texas, 16 de setembro de 2008.

* Univ of Texas (2010), "Nanotube Thermocells Hold Promise as Energy Source: Comunicado de imprensa da Universidade do Texas em Dallas, 26 de fevereiro de 2010.

* Virginia Commonwealth Univ. (2007), "Researchers Develop Buckyballs to Fight Allergy: Comunicado de imprensa da Virginia Commonwealth University: 20 de junho de 2007".

Publicações governamentais, de organizações internacionais e de ONG

* BIC (2002), Bonn International Centre for Conversion (2002), Conversion Survey 2002 Global Disarmament, Demilitarization and Demobilization, Nomos Publishers Verlagsgesellschaft Baden-Baden, p. 46f, Alemanha.

* BIC (2003), Centro Internacional de Conversão de Bona (2003), Conversion Survey *2003 - Desarmamento Global, Desmilitarização e Desmobilização,* Nomos Publishers Verlagsgesellschaft Baden-Baden, p. 40f, Alemanha.

* BIC (2004), Bonn International Centre for Conversion (2004), *Conversion Survey 2004 - Global Disarmament, Demilitarization and Demobilization,* Nomos Publishers Verlagsgesellschaft Baden-Baden, p 40- 55, Alemanha.

* Clayton K. S. Chun (2010), Capítulo 15,Economics:A key element of National Power, The U.S. Army War College Guide To National Security Issues Volume I:THEORY OF WAR AND STRATEGY,4th EditionJ. Boone Bartholomees, Jr.Editor, julho de 2010,ISBN 1-58487-450-3

* CSIR (2006-07), Relatório Anual do Centro de Investigação Científica e Industrial, 20062007.

* DBT (2006 -07 , 2007-08), "Department of Biotechnology Annual Report", 200607 e 2007-08,

* DIT (2004-10), "Department of Information Technology Financial outlays 2004-05, 2005-06, 2006-07, 2007-08, 2008-09 and 2009-10.

* DoTI (2002), "*New Dimensions for Manufacturing: UK Strategy for Nanotechnology*. Report of the UK Advisory Group on Nanotechnology Applications", Department of Trade and Industry: REINO UNIDO

* CE (2005), "Some Figures about Nanotechnology R&D in Europe and Beyond", Comissão Europeia, DG Unidade de Investigação, dezembro de 2005

* IEP (2006), "Organização Europeia de Patentes: Relatório Anual 2006".

* GI (2006), "Report of the Steering Committee on Science and Technology for Eleventh Five Year Plan (2007-2012)", dezembro de 2006, Governo da Índia, Comissão de Planeamento

* JP 1-02 (2001), Departamento de Defesa, Dicionário de Termos Militares e Associados, 12 de abril de 2001 (com as alterações introduzidas até 13 de junho de 2007)

* NISTEP (2006)), Instituto Nacional de Ciência e Tecnologia, *Development of New Bibliometric Indicators Assessing Scientifc Activities*, estudo em preparação, Tóquio, 2006

* NRC (2006), Conselho Nacional de Investigação, A Matter of Size: Triennial Review of the National Nanotechnology Initiative, Comité de Revisão da Iniciativa Nacional sobre Nanotecnologias, 2006; ISBN: 0-309-66138-2, 200 páginas, 7 x 10, (2006)

* NSF (2001), National Science Foundation Report: 2001, Arlington, Virgínia, EUA

Phlipot Constance (2010), The U.S. Army War College Guide to National Security Issues, Vol ii,Chapter 14,Economic Diplomacy:Views of a Practioner, 4th EditionJ. Boone Bartholomees, Jr.Editor, julho de 2010,ISBN 1-58487-450-3

* Relatório TERI n.º 2006ST21:D5, (2009), "Nanotechnology Developments in India- A Status Report", projeto TERI: Capability, Governance, and Nanotechnology Developments - a focus on India, Nova Deli: The Energy and Resources Institute.

* Vary, J.P. ed. (2000), "UNESCO Report on the expert meeting on virtual laboratories" , Paris, UNESCO.

FONTE NA INTERNET

Amin (2005), ElAmin Ahmed, 04-Nov-2005 [Em linha: web] Acedido em 03 Mar 2010 URL:

http://www.foodproductiondaily.com/news/ng.asp?id=63704

Berbue (2009), Blogue, "Public-perception-of-nano-summary-of " [Online Web] Acedido em 30 Jun. 2010 URL:http://nanohype.blogspot.com/2009/10/public- perception-of-nano-summary-of.html.

* BMRB (2004), BMRB Social Research, "Nanotechnology: Views of the general public, quantitative and qualitative", Investigação efectuada no âmbito do estudo sobre nanotecnologia. Relatório internacional do BMRB 45101666 [Online Web] Acedido em 30 de junho de 2008, URL: http://ww .nanotec.org.uk/Market%20Research.pdf.

BNO (2005), Brazil Nanotechnology Overview fevereiro de 2005 Compilado por: Swiss Business Hub Brazil [Online Web] Acesso em 19 jan. 2010 URL: http://www.osec.ch/internet/osec/de/home/export/publications/reports/free.-

ContentSlot-44753-ItemList-1952-File.File.pdf/branchrepnanobrazil_en.pdf.

Bohr Mark T. et al (2007), "The High-k Solution, Oct 2007" [Online: web] Acedido em 10 Jan 2008 URL: http://spectrum.ieee.org/semiconductors/design/the-highk- solution

Brain Andy (2010), "An interview with NASA's Jet Propulsion Laboratory, Digital BITS Technology Column", [Online: web] Acedido em 12 Dez 2010 URL:http //:www.andybrain.com/extras/solar-sail.htm

* BSI (2010), "Bio delivery sciences International, [Em linha: web] Acesso em 20 de fevereiro de 2011 URL: http://www.biodeliverysciences.com/Bioral.php

Business Line (2008), "Eureka Forbes launches UV-based water purifier, Business line, Business Daily do grupo de publicações Hindu [Online web] Acedido em 20 de dezembro de 2009 URL: http://www.thehindubusinessline.com/2008/02/27/stories/ 2008022751082300.htm

CDA (2002), "Will Copper Sop Up Radioactive Pollution: Copper Development Association, Jun 2002", [Online: web] Acedido em 17 Ago 2009 URL: http://www.copper.org/publications/newsletters/innovations/2002/06/radioactive_poll ution.html

Corley & Scheufele (2009), study re-examines the 2004 and 2007 knowledge gap. survey involved using a dual frame method of national random digit dial and listed household phone survey, [Online Web] Accessed on 21 Mar. 2010 URL: http://nanohype.blogspot.com/2009/10/public-perception-of-nano-summary-of.html

* CRS (2006), Lebanon: The Israel-Hamas-Hezbollah Conflict, Congressional Research Service, Jeremy M. Sharp, Coordenador; Christopher Blanchard, Kenneth Katzman, Carol Migdalovitz, Alfred Prados, Paul Gallis, Dianne Rennack, John Rollins, Steve Bowman e Connie Veillette, Divisão de Negócios Estrangeiros, Defesa e Comércio. Atualizado em 15 de setembro [Online: web] Acesso em 02 abr. 2010 URL: http://www.fas.org/sgp/crs/mideast/RL33566.pdf.

* CRS (2007), Improvised Explosive Devices (IEDs) in Iraq and Afghanistan: Effects and

Countermeasures [Efeitos e contramedidas]. Clay Wilson. Washington, DC: Congressional Research Service Report for Congress, [Online: web] Acedido em 02 Abr. 2010 URL: http://www.usembassy.it/pdf/other/RS22330.pdf

* CWET (2010), "Centre for Wind Energy Technology, Min of New and Renewable Energy, Govt of India" [Online web] Acedido em 10 Nov 2010 URL:http://www.cwet.tn.nic.in.

Demling R, & Burel, R E. (2010), "The beneficial Effects of Nanocrystalline silver as a topical Antimicrobial Agent", [Online: web] Acedido em 19 Nov 2010 URL: http://www.cesil.com/leaderforchemist/articoli/inglese/7demlinging/7demlinging.htm

DFR (2007), "Danish food researchers list priorities for FP7 and underline relevance of nanoscience", Comunicado de imprensa, 01-09-2005, [Online web] Acedido em 10 Nov 2009 URL: www.lmc.dk

* DIT (2004), Department of Information Technology [Online Web] Acedido em 15 Jul 2009 URL: http://www.mit.gov.in/default.aspx?id=691

* DoD (2010), Quadrennial Defense Review Report (QDR), Departamento de Defesa dos EUA, p. 94. [Em linha: web] Acedido em 02 Abr 2010 URL: http://www.defense. gov/qdr.

Dunn ,John (2004) "A Mini Revolution," Food Manufacture, 1 de setembro de 2004 [Online: web] Acedido em 10 Jan 2009 URL:http://www.foodmanufacture. co.uk/news/fullstory. mini_ aid php/ /472/A_ revolution.html

Drexler, Eric (2006), Revolutionizing the Future of Technology, 2003, Revised 2006, EurekAlert - Nanotechnology In Context.mh) [Online: web] Acedido em 23 Nov 2009 URL: http://www.eurekalert.org/context.php?context=nano&show=essays

Drexler, Eric (2009), "Fabrico molecular: Onde está o progresso: 19 de dezembro de 2009", Blogue de Eric Drexler: Metamoderno, Trajetória da Tecnologia [Em linha: web] Acedido em 02 Abr 2010 URL:http://metamodern.com/2009/12/19/molecular- manufacturing-where%E2%80%99s-the-progress/

Economist, The (2002), "Trouble in Nanoland, The Economist.com: 5 Dec 2002" [Em linha: web] Acedido em 10 Mar 2008 URL:http://www. economics. com/science /displaystory. cfm?story _ id=14774 4 5

Economist, The (2008), "The Invasion of the Sovereign-wealth Funds," The Economist, 18 de janeiro de 2008, [Online: web] Acedido em 10 Nov 2008 URL: http://www.economist.com/node/10533866 Acedido em 30 Nov 2010

* Easton Inc. (2010), Website of Easton Inc, [Online: web] Acedido em 27 de dezembro de 2010 URL: http://www.eastoncycling.com/en-us/mountain/

* Grupo ETC (2002A), "No Small Matter! Nanotech Particles Penetrate Living Cells and Accumulate in Animal Organs: ETC Group Communiqué, (76) May/June 2002", [Online: web] Acedido em 22 Dez

2010 URL: URL:http://www.etcgroup.org /documents/Comm_NanoMat_July02.pdf

* Grupo ETC, (2004), "Down on the farm", [Em linha: web] Acedido em 19 de setembro de 2009 URL: http://www.etcgroup.org/documents/ETC_DOTFarm2004.pdf

FE (2004), "Government to commercialise nanotechnology products", 2004, Financial Express, [Online Web] Acedido em 20 de junho de 2009 URL: http://www.financialexpress.com/news/govt-to-commercialisenanotechnology- products/113424/

Forrest, D. (1989), "Regulating Nanotechnology Development, Foresight Institute: 23 Mar 1989", [Online Web] Acedido em 10 Abr 2009 URL:http://www.foresight.org /NanoRev/Forrest1989.html

* Freitas Robert A. Jr.(2001), "Microbivores: Fagócitos Mecânicos Artificiais usando o Protocolo de Digestão e Descarga" [Online: web] Acedido em 03 Ago 2008 URL: http://www.rfreitas.com/Nano/Microbivores.htm

* Good Food Project (2004), "Official Website of Good Food Project", [Online: web] Acedido em 21 Mar 2009 URL:http://www.goodfood-project.org

* GOI (2008), "Strategy for Increasing Exports of Pharmaceutical Products", Relatório da Task Force, Ministério do Comércio e da Indústria, Departamento do Comércio, Governo da Índia [Web em linha] Acedido em 20 de dezembro de 2008 URL: http://comerce.nic.in/WhatsNew/Report%20Tas%20Force%20Pharma%2012th%20 Dec %2008.pdf.

* GPEC (2010), "Fotovoltaicos orgânicos de moléculas pequenas (SM-OPV™): Global photonic energy corporation" [Online: web] Acedido em 12 Dez 2010 URL:http://www.globalphotonic.com/Technology/SM-OPV.aspx

Gsponer, André e Hurni, Jean-Pierre (2002), "A comparison of delayed radiobiological effects of depleted-uranium munitions versus fourth-generation nuclear weapons", Relatório ISRI-02-07, a publicar nas Actas da 4. Int. of the Yugoslav Nuclear Society, Belgrado, 30 de setembro - 4 de outubro de 2002, 14 pp. [Online Web] Acedido em 12 Jan 2009 URL: http://arXiv.org/abs/physics/0210071

Hanisch, C., Kulkarni (2008), "A. Polymer-metal nanocomposites with 2-dimensional Au, Nanoparticle Arrays for sensoric applications", Journal of Phys. : Conf. Ser. 100 052043 [Em linha: web] Acedido em 12 de fevereiro de 2009 URL: http://iopscience.iop.org/1742-6596/100/5/052043/pdf/jpconf8_100_052043.pdf

Harrington Rory (2009), "Nanotechnology targets new food packaging products", 18- Dez-2009 [Online: web] Acedido em 20 Fev 2010 URL:http://www. foodproductiondaily.com/Packaging/Nanotech-s-potential-to-boost-barrier- performance-of-plastics

Harper, T. (2002), "The Nanotechnology Arms Race: Why Nobody Wants to be Left Behind: 14 Nov 2002", [Online: web] Acedido em 12 Jan 2008 URL: http://nanotechweb.org/articles/column/1/11/1/1

Hart, Peter D. (2006), "Public awareness of nano grows - majority remain unaware", The Woodrow

Wilson International Center for Scholars Project on Emerging Technologies [Online: web] Acedido em 3 de outubro de 2009 URL: http://nanotechproject.org/78/public-awareness-of-nano-grows-but-majority-unaware.

Hart, Peter D. (2007). "Awareness of and attitude toward nanotechnology and federal regulatory agencies", [Online: web] Acesso em 10 de outubro de 2007 URL: http://www. nanotechproject.org/138/9252007-poll-reveals-public-awareness-of-nanotech-stuck- at-low-level.

Hart, Peter D.(2008), "Awareness of and attitudes toward nanotechnology and synthetic biology", The Woodrow Wilson International Center for Scholars Project on Emerging Technologies [Online: web] Acedido em 21 de outubro de 2009 URL: http://www.pewtrusts.org/uploadedFiles/wwwpewtrustsorg/Reports/Nanotechnologies /final-synbioreport.pdf.

Hindu (2004), "Indian scientists must make breakthrough in nano technology," The Hindu, 1 de julho de 2004, [Em linha: web] Acesso em 02 de janeiro de 2009 URL: http://www.nanoforum.org.

Hindu (2006), "DRDO typhoid kit in market by mid-year, 2006", The Hindu, [Online web] Acedido em 10 de abril de 2008 URL: http://www.hindu.com/2006/01/14 /stories/2006011419320200.htm

Holister, P. (2002), "Nanotech: The Tiny Revolution", CMP Cientifica: julho 2002 Online Web] Acedido em 15 de fevereiro de 2009 URL:http://www.cientifica.info/html /docs/NOR_White_Paper.pdf

* Honda, 2010, "Hydrogen fuel cells to power cars" [Online: web] Acedido em 12 Nov 2010 URL: http://automobiles.honda.com/fcx-clarity/vflow.aspx

* HP (2010), "Nanotechnology: nanoelectronics, HP Inc" [Online: web] Acedido em 21 de dezembro de 2010 URL: http://www.hpl.hp.com/research/about/nanoelectronics.html

* IBM Zurich (2010), The millipede project, A nanomechanical AFM-based data storage system: IBM Zurich Research Laboratory", [Online: web] Acedido em 15 Nov 2010 URL: http://www.zurich.ibm.com/st/storage/concept.html

* ICMR (2007), Indian Council of Medical Research, List of Extramural Research Fellowships (RA/ SRF) Sanctioned from April 2007 to March 2009 [Online Web] Acedido em 10 Jul 09 URL:http://icmr.nic.in/projects/fellowshipsanc07-09.html

* IWP (2008), "India Water Portal" [Web em linha] Acedido em 16 de agosto de 2009 URL: http://www.indiawaterportal.org/blog/wp-content.

Jahanara Parveen (2003), Nanobiotech pioneers,[Online web] Acedido em 22 Jun 2008 URL:http://biospectrumindia.ciol.com/cgi-bin/printer.asp?id=109589

Joy, Bill (2000), "Why the Future Doesn't Need Us", Wired, 8.04, [Online: web] Acedido em 26 Jan 2011 URL: http://www.wired.com/wired/archive/8.04/joy _pr.html/

John, Davis (2006), "Texas Tech Researchers Make Chemical Warfare Protective Nanofibers, Texas

Tech University", [Online: web] Acedido em 02 Set 2010 URL: http://www.depts.ttu.edu/communications/news/stories/06-08-nanofibers.php

Kahan, D. et al (2007), "Nanotechnology Risk Perceptions: The Influence of Affect and Values" [Online Web] Acedido em 7 de março de 2009 URL: http://www.nanotechproject .org/108/survey-finds-emotional-reactions-to-nanotechnology.

Kahan, D. et al (2008A), "Biased assimilation, polarization, and cultural credibility: Um estudo experimental das percepções de risco da nanotecnologia: Project on Emerging Nanotechnologies Research" Brief No. 3 [Online Web] Acedido em 15 Abr 2009 URL: http://www.nanotechproject.org/publications/archive/yale2/

Kahan, D. et al (2008B), "The Future of Nanotechnology Risk Perceptions: An Experimental Investigation of Two Hypothesis", (SSRN eLibrary, 2008) [Online Web] Acedido em 15 Abr. 2009 URL:http://papers.ssrn.com/sol3/papers.cfm? abstract_id=1089230.

Kalaugher, Liz (2010), "Alfalfa plants harvest gold Nanoparticles", [Online: web] Acedido em 12 Dez 2010 URL: http://nanonutricals.wordpress.com/2010/01/27 /nanonutricals-and-anobol/

* Kalam (2006), "Dr. A.P.J. Abdul Kalam's speech at the inauguration of the IndoUS Nanotechnology Conclave", Discurso do Presidente na Inauguração do Conclave de Nanotecnologia dos EUA, quarta-feira, 22 de fevereiro de 2006. [Online Web] Acedido em 20 de junho de 2008 URL: http://pib.nic.in/release/rel_print_page1.asp? relid=15766.

Kanellos, Michael (2006), "Taking the bling out of your engine", [Online: web] Acedido em 22 Dez 2009 2010 URL: http://news.cnet.com/Taking-the-bling-out-of- your-engine/2100-11389_3-6127969.html

* Konarka Technologies (2010), sítio Web da Konarka Technologies [Em linha: web] Acedido em 19 de dezembro de 2010 URL:http://www.konarka.com/index.php/ technology/our- technology

Kulkarni, Narayan (2006), "Nanotechnology is the buzzword" [Online Web] Acedido em 27 de novembro de 2008 URL: http://biospectrumindia.ciol.com/content/ BioBusiness/10604115.asp

Lashinsky, Adam e Schwartz, Nelson D. (2006), How to Beat the High Cost of Gasoline. Forever!, [Online: web] Acedido em 02 Jul 2009 URL: http://money.cnn.com/magazines/fortune/fortune_archive/2006/02/06/8367959/index. htm

Leo, A. (2001), "Get Ready for our Nano Future, Technology Review: maio de 2001 [Online Web] Acedido em 10 Jun 2010 [online]. URL: http://www.technologyreview. com/articles/wo_leo050401.asp

* Lux Research (2004), "The Nanotech Report: Lux Research Releases", [Online: web] Acedido em 10 Jul 2009 URL: http://www.nanoxchange.com/News Financial.asp

Malsch (2004), "Shimon Peres dreams of a nanowar," news 16 Apr. 2004 [Online: web] Acedido em 03 Jan 2010 URL: http://www.nanoforum.org

Mangels John. (2009) [Online: web] Acedido em 30 Nov 2009 URL: http://www.cleveland.com/science/index.ssf/2009/06/fabrication_labs_let_student_a.h tml

Mathiesen, Ben (2006), "Nano-scale fuel cells may be closer than we think, thanks to an inexpensive new manufacturing method", [Online: web] Acesso em 23 Jul. 2008 URL: http://www.physorg.com/news11654.html

Michael Raj (2006), "Project to develop nano herbicides", TheHindu.com [Online Web] Acedido em 22 de setembro de 2009 URL: http://www.hindu.com/2006/08/21/stories/ 2006082108960100.html

Miller, D. (2001), "Five Technologies You Need to Know, The Industry Standard: 21 May 2001", [Online Web] Acedido em 10 Jun 2008 URL:http://www.thestandard .com/article/0,1902,24308,00.html

Miles, I. e Jarvis, D. (2001), "Nanotechnology - A Scenario for Success in 2006.

Teddington, Reino Unido: HMSO. Número do relatório do Laboratório Nacional de Física: CBTLM 16", [Online Web] Acedido em 10 Mar 2009 URL: http://libsvr.npl.co.uk /npl_web/pdf/ cbtlm16.pdf

Millman Gregory J. (2004), "Virtual Vineyard", Accenture [Online: web] Acedido em 08 de maio de 2009 URL:http://www.accenture.com/xdoc/en/ideas/outlook/3_2004 /pdf/case_sensor. pdf

* MIT, (2011) [Online: web] Acedido em 23 Jan 2011 URL:http://fab.cba.mit. edu/about/labs

Moinudeen G K. (2008), "Nanotechnology-Industrial Scenario- India, Confederation of Indian Industry" [Online Web] Acedido em 18 de maio de 2009 URL: http://www.istpcanada.ca/_files/file.php?fileid=filexSbBkbaKdd&filename=file_India _Moinudeen.pdf

* MNRE (2008), "Ministry of New and Renewable Energy Annual Report 2008" [Online Web] Acedido em 20 Abr 2009 URL:http://www.mnes.nic.in

* MoD UK (2001), "Nanotechnology: Its Impact on Defence and the MoD", Nov. 2001[Online: web] Acedido em 11 de janeiro de 2008 URL: http://www.mod.uk/linked_files/ nanotech.pdf.

* Mtimicrofuelcells, (2010), An mti Company, [Online: web] Acedido em 20 Dez 2010 URL: http://www. mtimicrofuelcells.com/technology/how.asp

* NAL (2003), National Aerospace Laboratories Network, [Online web] Acedido em 24 Mar. 2010 URL: http://www.nal.res.in/pages/arupdhayadetprof.html

* NanoAction (2007), "Principles for the Oversight of Nanotechnologies and Nanomaterials", Washington, DC: International Center for Technology Assessment [Online Web] Acedido em 28 de março de 2008 URL:www.nanoaction.org/nanoaction/ page.cfm?id=223

* Nanoglowa (2010), sítio Web nanoGLOWA, 2010 [Online: web] Acedido em 07 Jan 2011 URL: http://nanoglowa.com/

* Nanosolar (2010), sítio Web da Nanosolar [Online: web] Acedido em 02 Jan 2011 URL:http://www.nanosolar.com/technology

* Nanospectra (2010A), "Terapia AuroLase®: Nanospectra Biosciences,Comunicado de imprensa [Online: web] Acedido em 29 de dezembro de 2010 URL:http://www.nanospectra.com/ technology/aurolasetherapy.html

* Nanoproject (2009), The project on emerging Nanotechnologies, [Online: web] Acedido em 02 Nov 2009 URL: http://www.nanotechproject.org/inventories/ consumer/analysis_draft/

* Nanobiotix (2008), "Preclinical Background: Nanobiotix Inc, 2008" [Online: web] Acedido em 02 Fev 2009 URL: http://www.nanobiotix.com/technology-products/ preclinical-background/

* Nanosphere (2011A), "Nanoparticles, as used in Nanosphere's Verigene" [Em linha: web] Acedido em 2 de fevereiro de 2011 URL: http://www.nanosphere.us/Nanoparticles _4516.aspx

* Nanosphere (2011B), "Verigene Genetics Tests" [Em linha: web] Acedido em 02 de fevereiro de 2011 URL: http://www.nanosphere.us/Genetics_4465.aspx

* NASA (2002), "The Right Stuff for Super Spaceships: NASA News Release 16 Sep. 2002" [Online: web] Acedido em 15 de setembro de 2010 URL:http:// science.nasa.gov/science-news/science-at-nasa/2002/16sep_rightstuff/

* NASA (2010), "Carbon Nanotube Sensors for Gas Detection", [Online: web] Acedido em 02 Set 2010 URL: http://www.nasa.gov/centers/ames/research/ technology-onepagers/gas_detection.html

* Nanowerk (2006), "Carbon nanotubes could make t-shirts bullet proof "ccessed on 02 Nov 2009 URL: http://www.nanowerk.com/spotlight/spotid=1054.php

* Nanowerk (2008), "Porque é que não temos um Programa Apollo de nanotecnologia para a energia limpa?" 30 Abr 2008 [Online Web] Acedido em 25 Mar 2009 URL: http://www.nanowerk.com/spotlight/spotid=5531.php

* NAS, NAE, IOM (2007), (Academia Nacional de Ciências, Academia Nacional de Engenharia, Instituto de Medicina), Rising Above the Gathering Storm: Energizing and Employing America for a Brighter Economic Future. Washington, DC: The National Academies Press [Online: web] Acedido em 20 Jun 2010 URL: http://www.nap.edu/catalog.php?record_id=11463.

* NEUB (2004), "Nano Machines for Space Applications: North Eastern University of Boston, [Online: web] Acedido em 23 Jun 2009 URL: http://www.niac .usra.edu/files/library/meetings/annual/oct04/914Mavroidis.pdf

* NIC (1997), Global Trends 2010, edição revista, National Intelligence Council, número OCLC 286910486 [Online: web] Acedido em 02 Abr. 2010 URL: http://www.dni.gov/nic/special_globaltrends2010.html.

* NIC (2000), Global Trends 2015: A Dialogue About the Future with Nongovernmental Experts.

dezembro. NIC 2000-02. GPO stock number 041-01500211-2 [Online: web] Acedido em 02 Abr. 2010 URL: http://www.dni.gov /nic/PDF_GIF_global/globaltrend2015.pdf.

* NIC (2004), Mapping the Global Future. dezembro. NIC 2004-13. GPO stock number 041-015-00240-6 [Online: web] Acedido em 02 Abr. 2010 URL: http://www.foia.cia.gov/2020/2020.pdf.

* NIC (2008), "Global Trends 2025: A Transformed World", National Intelligence Council 2008-003. GPO stock number 041-015-00261-9 [Online: web] Acedido em 02 Abr 2010 URL: http://www.dni.gov/NIC_2025_project.html.

NIN (2005), "NanoInvestorNews database", [Online: web] Acedido em 10 Jan. 2008 URL: www.nanoinvestornews.com, 2005

NNI (1996), National Nanotechnology Initiative, History of Initiatives of Nanotechnology Online Web] Acedido em 02 Jun 2010 URL: http://www.nano .gov/html/about/history.html.

* NRC (2010), S&T Strategies of six countries: Implications for the United States, National Research Council, Washington, DC: The National Academies Press [Online Web] Acedido em 20 de janeiro de 2011 URL: http://www.nap.edu/catalog/12920.html

* NRC (2010A), "Persistent Forecasting of Disruptive Technologies", Washington, DC: The National Academies Press [Online: web] Acedido em 01 Fev. 2010 URL: http://www.nap.edu/catalog.php?record_id=12557

* Nutralease (2010), Official website of Nutralease [Online: web] Acedido em 10 Dez 2010 URL: http://www.nutralease.com/technology.asp

OCDE (2007), Organização para a Cooperação e Desenvolvimento Económico, Science Competencies for Tomorrow's World [Em linha: web] Acesso em 25 de outubro de 2009 URL: http://www.pisa.oecd.org/dataoecd/15/13/39725224.pdf.

* ONWorld (2004), "Wireless sensor networks: A mass market opportunity", Comunicado de imprensa da ONWorld [Online: web] Acedido em 16 Ago. 2009 URL: http://www.onworld.com/html/wsn2004pp.htm

Pawar (2007), "Bionanotechnology will help India's food security" [A bionanotecnologia ajudará a segurança alimentar da Índia]: Shri Sharad Pawar, 19 de setembro de 2009 [Online Web] Acedido em 20 de novembro de 2009 URL:http://www. indiaprwire.com/businessnews/20070919/24555.html

* PCT (2005), The PEW Charitable Trust, [Online: web] Acedido em 27 Jun 2009 URL:http://www.pewtrust.org/

Popescu, Dr. Ioan-Iovitz (2001), "Science Journal Rating by Average Impact Factors, Version 2001", Online: web] Acedido em 13 de janeiro de 2008 URL: http//:www.alpha2 .infim.ro/~ltpd/Science_Journal_ranking_version2001.txt

* Principalvoices (2007), "Fab Labs: Making big ideas possible", [Online: web] Acedido em 23Abr

2008 URL: http://www.principalvoices.com/2007/technology .innovation/lab_labs.html

Priest (2006), "Telephonic survey of 1200 U.S citizens and 2000 Canadians for opinion of North Americans regarding nanotechnology", [Online Web] Acesso em 20 de maio de 2009 URL: http://nanohype.blogspot.com/

* QSI (2010), "Quantum Sphere, Inc, Advanced Materials for Clean Energy Applications", [Online: web] Acedido em 02 Dez 2010 URL:http://www.qsinano .com/apps_fuelcell.php

* Qtech (2006), "Qtech Nanosystems Pte. Ltd. é um "centro de I&D de incubação tecnológica" centrado no fabrico de produtos baseados na nanotecnologia" [Online Web] Acedido em 26 de março de 2009 URL: http://www.qtechnanosystems.com/

Rajaram M. (2010)," National Security & National Interests- Implications & Response, apresentação em power point, acedido em [Online: web] Acedido em 01 Dez 2010 URL: http://www.slideshare.net/rajaram.muthukrishnan/national-security- national-interests-implications-presentation em 01 Dez 2010.

Reich, Eugenie Samuel (2010), "Superlaser fires a blank", Scientificamerican, [Online Web] Acedido em 22 Dez 2010 URL: http://www.scientificamerican .com/article.cfm?id=superlaser-national-ignition-facility

Reynolds, G.H. (2002), "Forward to the Future: Nanotechnology and Regulatory Policy, São Francisco, CA, EUA: Pacific Research Institute", [Online Web] Acedido em 15 de janeiro de 2010 URL:http://www.pacificresearch.org/pub/sab/techno/forward_to_ nanotech.pdf

* RIG (2008), "Nanotechnology- Big or small - A question of perspective", Research in Germany, [Online: web] Acedido em 02 Jan 2009 URL:http://www.research-ingermany.de/coremedia/generator/dachportal/en/05__Topics_20in_20Focus/Nanotec hnology/Nanotechnology.html

Rickman, Doug et al (2003), Precision Agriculture: Changing the Face of Farming, in American Geological Institute, Geotimes, Nov 2010 [Online: web] Acedido em 19 Mar 2009 URL: http://www.agiweb.org/geotimes/nov03/feature_agric.html

Roco, M.C., and Bainbridge, W.S. (2001), "Societal Implications of Nanoscience and Nanotechnology", Arlington, VA, USA: National Science Foundation [Online Web] Acedido em 12 Jan 2009 URL:http://www.wtec.org/loyola/nano/NSET. Societal.Implications/nanosi.pdf

Roco, M.C. (2003), "Government Nanotechnology Funding: An International Outlook", Arlington, VA: NSF, 30 de junho de 2009 [Online Web] Acedido em 12 Dez 2010 URL: http://www. nano.gov/intpersp_roco_june30.htm.

Rowe Aaron (2008), "Nanoparticles Help Gauze Stop Gushing Wounds",4 Abr 2008, [Online: web] Acedido em 22Jul 2008 URL: http://www.wired.com/medtech/health /news/2008/04/blood_clotting

Saxl, O. (2000) "Opportunities for Industry in the Application of Nanotechnology: London, UK: Office of Science and Technology, A report for The Institute of Nanotechnology, April 2000 [Online Web] Acedido em 18 Jun 2008 URL: http://www.nano.org.uk/contents.html

Sastry, R. et al (2007), "Can Nanotechnology Provide The Innovations for a Second Green Revolution in Indian Agriculture" NSF Nanoscale Science and Engineering Grantees Conference, Dec 3-6, 2007 [Online Web] Acedido em 18 Jun 2008 URL: http://www.nseresearch.org/2007/overviews/Sastry_speaker.doc

Shalleck, Alan B. (2006), "Carbon Dioxide Emissions to Carbon Nanotubes", 21 de dezembro de 2006 [Em linha: web] Acedido em 19 de abril de 2009 URL: http://www.nanotech-now.com/columns/?article=023

Sreelata, M (2008), "India looks to nanotechnology to boost agriculture", SciDev Net 16 de maio de 2008 [Online Web] Acedido em 02 Dez 2008 URL:http://www.scidev .net/en/news/india-looks-to-nanotechnology-to-boostagriculture.html

Srivastava, Dr. Vivek (2007), "Workshop sobre nanotecnologia: Current status and Challenges" - Indian Institute of Technology, Delhi [Online Web] Acedido em 23 de setembro de 2008 URL: http://www.nanotech-now.com/columns/?article=083

* Syngenta (2011), [Online: web] Acedido em 16 Jan 2011 URL: http://www .syngentaprofessionalproducts.com/to/prod/primo/

* T2Biosystems Inc (2010), [Online: web] Acedido em 22 Nov. 2010 URL:, http://www.t2biosystems.com/Site/ScienceTechnology/tabid/54/Default.aspx

Thomasson Lynn (2006), "Using nanotechnology to improve your golf game: North Carolina Board of Science and Technology, 8 de março de 2006 [Online: web] Acesso em 18 de julho de 2008 URL: http://www.ncnanotechnology.com/public/nanotechnology /AccuFLEX.asp

TOI (2004), "CSIO develops nanotechnology for TB diagnosis kit, 2004", The Times of India, [Online Web] Acedido em 25 de dezembro de 2009 URL: http://timesofindia.indiatimes .com/articleshow/401636.cms

* Urja (2008), Akshay Urja, Renewable Energy, A Newsletter of Ministry of New and Renewable Energy, 2(1) Sep-Oct 2008, MNRE, India [Online Web] Acedido em 20 de maio de 2009 URL: http://www.mnes.nic.in

* Univ. of Queensland (2007), "New technology to reduce large-scale emissions: University Of Queensland Australia, 18 de setembro de 2007 [Em linha: web] Acesso em 19 de dezembro de 2007 URL: http://www.uq.edu.au/news/?article=12979

* Univ of Illinois (2004), "Engineers Square the Ring in Magnetic Memory Research: Univ of Illinois, Chicago", [Online: web] Acedido em 02 Jan 2009 URL: http://www.voyle.net/Nano%20Electronics/Nano%20Electronics-2004-0040.htm

* Univ. de Michiegen (2009), "Nano FET M1 & M2 :Plasma Dynamics and Electric Propulsion Laboratory" [Online: web] Acedido em 12 Fev 2010 URL: http//:www.pepl.engin.umich.edu/thrusters.html

* VLN (2010), Velbionanotech [Online web] Acedido em 10 Mar 2010 URL: http://www.velbionanotech.com/aboutus.html

* Wilson (2005), Woodrow Wilson International Centre of Scholars, [Online: web] Acedido em 26 Abr 2009 URL:http://www.wilsoncenter.org/

WWC (2009), "On-line inventory of nanotechnology-based consumer products, Project on Emerging Nanotechnologies", Woodrow Wilson Center [Online web] Acedido em 23 de janeiro de 2010 URL: http://www.nanotechproject.org/inventories/consumer /analysis_draft/

Xinhuanet (2011), sítio Web Xinhuanet [Online web] Acedido em 29 de janeiro de 2011 URL: http://news.xinhuanet.com/english2010/china/2011-01/c_13686054.htm.

* Zyvex (2002), Zyvex Web Site [Online: web] Acedido em 02 Abr 2008 URL: http://www.zyvex.com/Products/tools.html

Printed by Books on Demand GmbH, Norderstedt / Germany